职业教育机械类专业系列教材

数控铣床编程与加工项目教程

主　编　刘　鸿
参　编　陈红霞　金兴琼　刘　丰

机械工业出版社

本书是职业教育机械类专业系列教材，是根据教育部新颁布的职业院校机械类专业教学标准，同时参考相关就业岗位职业资格标准编写而成的。本书主要内容为：①数控铣削基础知识和基本操作，如开关机、手动方式、增量方式、对刀、程序录入、程序校验和自动运行等；②数控铣工操作训练（基础篇），完成数控铣削外轮廓、型腔、孔、配合件等类型零件的操作训练，介绍基础或中等复杂程度零件的编程方法和编程技巧，零件铣削加工工艺的编制，刀具、工装和切削用量的选用等知识；③数控铣工操作训练（提高篇），介绍了镜像功能、局部坐标系功能、旋转功能、缩放功能及宏程序编程加工方法；④数控铣加工自动编程。

本书可作为职业院校机械类专业教材，也可作为相关单位的岗位培训教材及数控铣工技能考核培训教材。

图书在版编目（CIP）数据

数控铣床编程与加工项目教程/刘鸿主编. —北京：机械工业出版社，2017.7（2025.1重印）

职业教育机械类专业系列教材

ISBN 978-7-111-56723-3

Ⅰ.①数…　Ⅱ.①刘…　Ⅲ.①数控机床-铣床-程序设计-高等职业教育-教材②数控机床-铣床-加工-高等职业教育-教材　Ⅳ.①TG547

中国版本图书馆CIP数据核字（2017）第092043号

机械工业出版社（北京市百万庄大街22号　邮政编码100037）

策划编辑：王佳玮　责任编辑：王佳玮　王海霞　责任校对：肖　琳

封面设计：张　静　责任印制：单爱军

北京虎彩文化传播有限公司印刷

2025年1月第1版第6次印刷

184mm×260mm · 13印张 · 298千字

标准书号：ISBN 978-7-111-56723-3

定价：39.00元

电话服务　　　　　　　　　　网络服务

客服电话：010-88361066　　机　工　官　网：www.cmpbook.com

010-88379833　　机　工　官　博：weibo.com/cmp1952

010-68326294　　金　书　网：www.golden-book.com

机工教育服务网：www.cmpedu.com

职业教育机械类专业系列教材
编写委员会

前 言

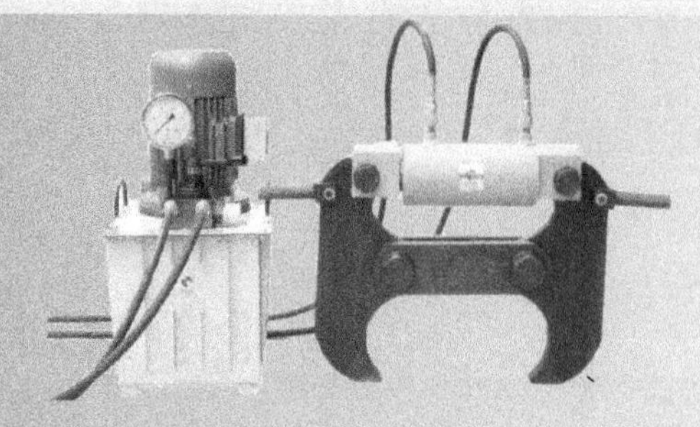

本书是职业教育机械类专业系列教材，是根据教育部新颁布的职业院校机械类专业教学标准，同时参考相关就业岗位职业资格标准编写而成的。本书力求通过理论教学与技能实操，以项目式教学的方式培养学生养成现代职业教育所倡导的崇尚劳动、敬业守信、创新务实的职业精神。本书对学生专业基础理论知识和关键能力的要求相对较高，力求培养学生跨岗位的工作能力，并达到数控铣工（中级或高级）国家职业技能标准的要求。

在本书的编写过程中，编者从生产应用角度出发，以必需、够用为度，以讲清概念、强化应用为教学重点，力求少而精、理论联系实际，突出基本知识和基本技能的培养，并使用了大量零件加工实例。本书具有以下特点：

1. 以项目实践课题为主线，便于理论与实践一体化教学法的应用，更具实用性。每个项目任务包括学习目标、任务描述、知识链接、任务实施、知识拓展、任务评价等内容。

2. 打破传统教材的知识体系，基于项目和任务去整合相关知识点和技能点，让学生系统地认识数控铣削加工。

3. 准确定位职业教育培养要求，同时注意其与更高层次相关课程的对接与区分。

4. 大量引入零件实例，增强教材的辨识性、可读性等。

5. 考虑到不同学校的特点，教材具有普适性和可操作性。

6. 目标性强。通过本书的学习，学生应达到数控铣工（中级）国家职业技能标准的要求。

本书建议学时数为 74 学时，各项目的学时分配见下表。

项　　目	学　时　数	项　　目	学　时　数
项目一	14	项目三	16
项目二	40	项目四	4

本书由刘鸿任主编，参与编写的有陈红霞、金兴琼、刘丰。编写过程中，编者参阅了国内出版的有关教材和资料，在此向其作者表示衷心感谢！

本书力求在教学环境建设、教学设计、教学方法和教学组织等多方面进行创新探索，但由于编者研究深度不够、水平有限，书中不妥之处在所难免，恳请同仁和广大读者批评指正。

编　者

目 录

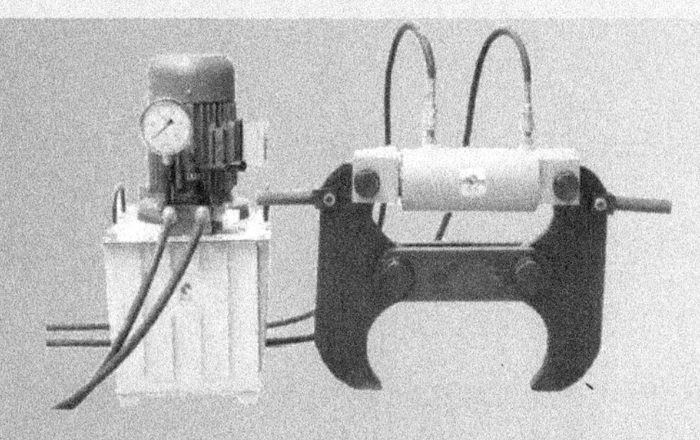

项目一

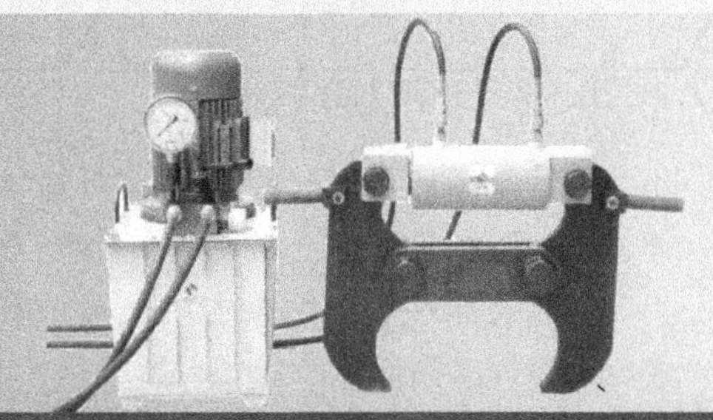

数控铣削基础知识和基本操作

项目描述

了解数控铣床及数控铣削加工工艺基础知识，通过对数控铣床基本操作，如开关机、手动方式、增量方式、对刀、程序录入、程序校验和自动运行等的练习，初步具备操作数控铣床的基本能力。

任务一　认识数控铣床及数控铣削加工工艺

学习目标

1）了解数控铣床的基本结构组成和特点。
2）理解数控铣削加工工艺基础知识。

任务描述

观察数控铣床；通过学习和参观，了解数控铣床的结构组成和特点，认识常用数控铣削刀具、夹具和辅具；通过学习和练习，初步完成零件图分析、进给路线的确定和铣削参数的选用及计算。

知识链接

1. 数控铣床简介

数控铣床（图 1-1）是用计算机数字化信号控制的铣床。在数控铣床上，把被加工零件的工艺过程（如加工顺序）、工艺参数（如主轴转速），以及刀具与工件的相对位移，用数控语言编写成加工程序，然后将程序输入数控装置，数控装置便根据数控指令控制机床的各种操作和刀具与工件的相对位移，加工工件，当零件加工程序结束时，机床自动停止。数控铣床应用十分广泛，可以加工各种平面轮廓和立体轮廓的零件，如叶片、模具等，还可进行钻、扩、铰、镗等多种工序的加工，特别适用于汽车制造业和模具制造业。

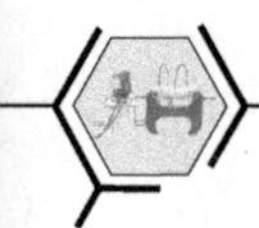

数控铣床一般由铣床主机、输入和输出装置、数控系统、伺服系统和检测装置等组成，如图 1-2 所示。

图 1-1　数控铣床

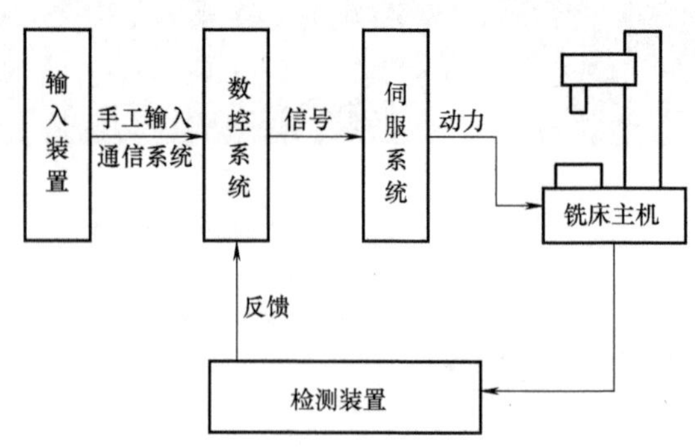

图 1-2　数控铣床的组成

铣床主机是数控机床的机械部分，包括床身、主轴传动装置、工作台、进给装置及液压装置、气动装置、冷却系统、润滑系统和排屑装置等。

数控装置是数控铣床的控制核心，它主要由输入、处理、输出三个基本体构成，本书讲述的 CNC 系统为华中世纪星 HNC—21/22M 系统。

伺服系统是数控铣床执行机构的驱动部件，包括驱动器和驱动伺服电动机。

输入和输出装置是数控装置与外部设备的接口，常用的有 RS—232 串行通信口、USB 接口、MDI 键盘。

检测装置的作用是随时检测数控机床工作的实际位置、速度参数等，将它们转换成电信号并反馈到数控装置，数控装置随时判断机床工作的实际位置、速度参数是否与编程指令的要求一致，如不一致，将随时发出相应指令，纠正所产生的误差。

数控铣床的主要规格（以 XK714D 为例）如下。

（1）工作台

工作台台面尺寸（长×宽）：400mm×800mm；

工作台 T 形槽（槽宽×槽数）：18mm×3；

工作台 T 形槽距离：125mm；

工作台左右行程（X 轴）：630mm；

工作台左右行程（Y 轴）：400mm；

工作台允许最大负载：6000N。

（2）主轴

主轴孔锥度：ISONo. 40；

主轴转速：60~8000r/min；

主轴端面到工作台台面的距离：125~625mm；

主轴驱动电动机：FANUC-8；

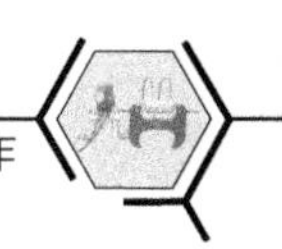

主轴电动机功率：15kW。

（3）三坐标进给电动机

X、Y 轴电动机：α8/2000i（α 系列伺服电动机）；

Z 轴电动机（带抱闸）：α8/2000i（α 系列伺服电动机）；

X、Y、Z 伺服模块：SVM3—20—20—20；

X、Y、Z 伺服电动机转速：2000r/min；

进给速度（X、Y、Z 轴）：1～5000mm/min。

（4）刀具

刀具型式：BT—40；

最大刀具重量：60N。

（5）精度

脉冲当量：0.001mm/脉冲；

定位精度：±0.012mm/300mm；

重复定位精度：±0.006mm。

2. 数控铣削加工工艺基础

（1）零件图分析　零件图分析是数控加工最基础的环节，具体任务为了解零件的类型、零件材料及热处理状况和零件毛坯的状况，分析零件需加工部位的形状特点、尺寸公差、几何公差和表面粗糙度要求，计算相关的节点坐标。

（2）装夹方案的确定　装夹方案的不同对数控加工的效率和精度有很大的影响，数控铣床加工时尽量采取基准重合原则（设计基准与定位基准重合），以减少定位误差对加工精度的影响，并尽量在一次装夹中把零件上需加工的部位都加工完。

数控铣床加工时常采用的夹具有机用平口钳、组合夹具、螺钉压板、V 形块和自定心卡盘等。

（3）进给路线的确定　进给路线的不同同样对数控加工的效率和精度有很大的影响。数控铣床加工外轮廓时，刀具切入零件一般采用从加工轮廓的延长线方向或切线方向进刀，刀具切出零件一般也采用从加工轮廓的延长线方向或切线方向退刀。数控铣床加工内轮廓时，粗加工一般采用最短加工路线的方法；精加工一般采用切线切入、切线切出的方法，如内轮廓有开口，可从开口轮廓的延长线方向进刀、退刀。

（4）加工刀具的选择　数控铣床加工时的常用刀具如下：

1）面铣刀：一般用于加工大平面或大的台阶面，如图 1-3 所示。

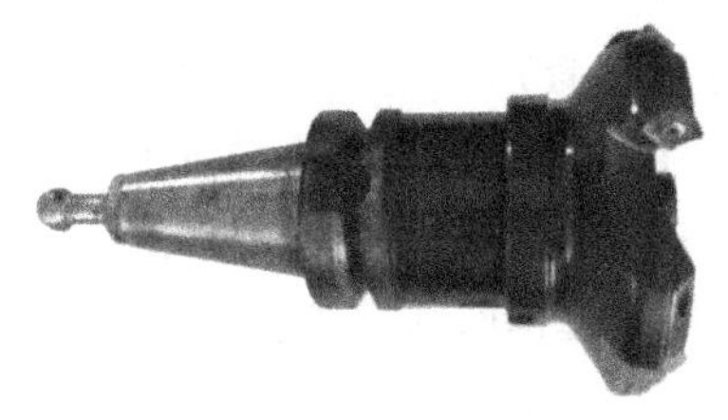

图 1-3　面铣刀

2）立铣刀（一般为三齿）：一般用于加工外轮廓表面和已有引导孔的内轮廓表面和

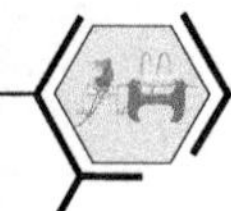

槽，如图 1-4 所示。四齿立铣刀可加工外轮廓表面、内轮廓表面和槽，如图 1-5 所示。

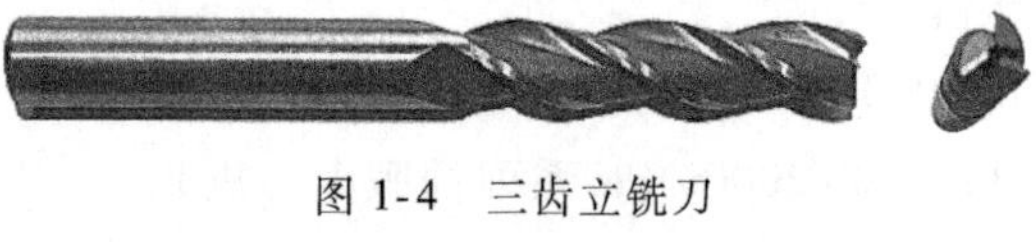

图 1-4　三齿立铣刀

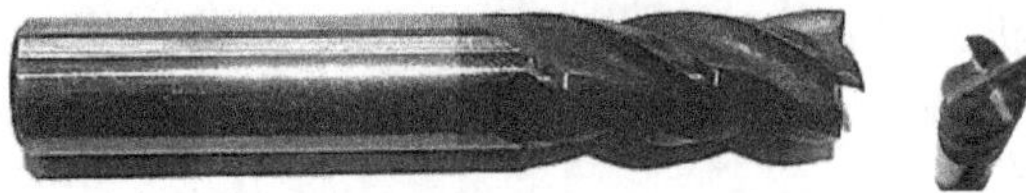

图 1-5　四齿立铣刀

3）键槽铣刀（两齿）：一般用于加工沟槽和内轮廓表面，如图 1-6 所示。

图 1-6　键槽铣刀

4）模具铣刀（球头）：一般用于光滑成形面的精加工，如图 1-7 所示。

图 1-7　模具铣刀

5）孔加工刀具（钻头、铰刀、镗刀、丝锥、中心钻）：一般用于不同类型、大小、精度孔的加工，如图 1-8 所示。

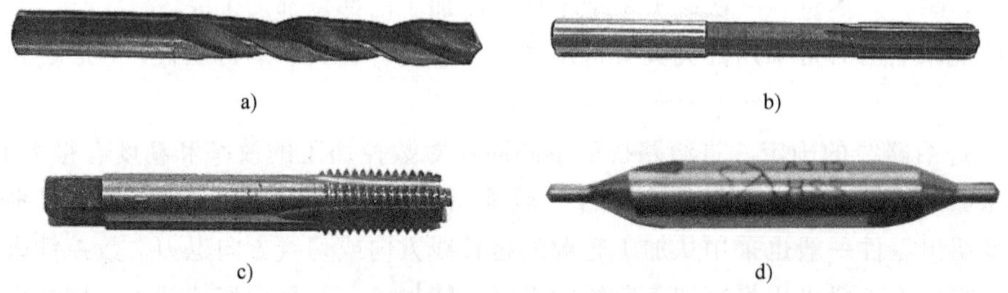

图 1-8　孔加工刀具

a）钻头　b）铰刀　c）丝锥　d）中心钻

（5）切削参数的确定　数控铣床加工时的切削参数包括铣削宽度 a_c、铣削深度 a_p、进给量 f（实际工作时常采用进给速度 v_f）和铣削速度 v_c，如图 1-9 所示。

对铣削温度（间接影响刀具的使用寿命）影响最大的切削参数依次是铣削速度、进给量、铣削宽度、铣削深度。对铣削力（间接影响机床精度和刀具强度）影响最大的切削参数依次是铣削深度、铣削宽度、进给量、铣削速度。因数控铣床的精度较高、冷却系统完善，所以数控铣床加工时切削参数的选择原则为较高的铣削速度、较大的进给量、合适的铣削宽度和铣削深度。

确定切削参数的常用方法如下：

1）铣削深度。$a_p=(1/3\sim1/2)d$（铣刀直径），最大一般不超过 7mm。

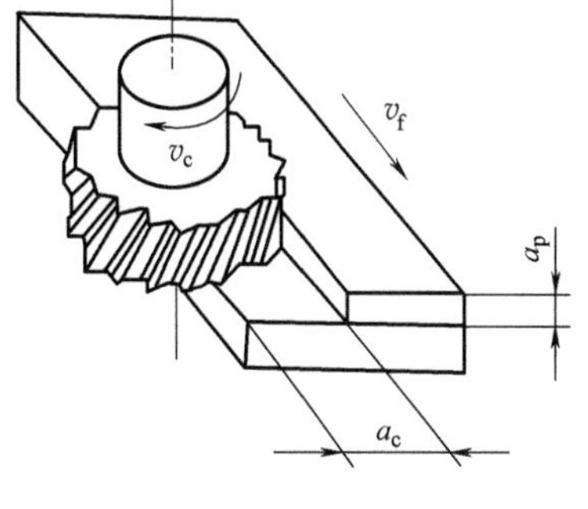

图 1-9　切削参数

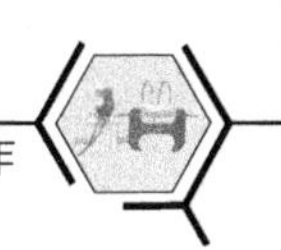

2）铣削宽度。粗加工时取（0.6~0.9）d（铣刀直径），精加工时一般取 0.5mm 左右（根据刀具的锋利程度进行调整）。

3）进给量。根据附表 2 查每齿进给量，计算每转进给量，再计算每分钟进给量（进给速度），其公式为

$$F(v_f)=nf=nzf_z$$

式中　n——主轴转速；
　　f——每转进给量；
　　z——铣刀齿数；
　　f_z——每齿进给量。

4）铣削速度。根据附表 1 查切削速度，计算主轴转速，其公式为

$$n=1000v_c/(\pi d)$$

式中　v_c——切削速度；
　　d——铣刀直径。

任务实施

1. 零件图分析

图 1-10 所示零件为板类零件；材料为铝合金；毛坯为已经过粗加工，尺寸为 110mm×110mm×30mm 的方板；需加工的部位为正上方的 75mm×75mm×3mm 带圆角方台和宽 16mm、深 2mm 的十字内腔。因尺寸公差和表面质量要求较高，需分粗、精加工；同时，因与尺寸 110mm×110mm 有对称度要求，所以工件坐标原点建立在工件上表面中心。则 1 点 X 坐标值为 75mm/2−15mm=22.5mm，Y 坐标值为 75mm/2=37.5mm；11 点 X 坐标值为 50mm/2−16mm/2=17mm，Y 坐标值为−16mm/2=−8mm。

2. 装夹方案的确定

根据零件图分析已知零件的设计基准为工件中心，需加工部位为正上方带圆角方台和十字内腔，采取基准重合原则（设计基准与定位基准重合），并尽量在一次装夹中把零件上需加工的部位都加工完，装夹方案如图 1-11 所示，零件伸出钳口的高度不小于 4mm。

3. 进给路线的确定

数控铣床加工外轮廓时，刀具切入零件一般采用从加工轮廓的延长线方向或切线方向进刀，刀具切出零件一般也采用从加工轮廓的延长线方向或切线方向退刀。图 1-10 所示零件的外轮廓加工进给路线如图 1-12 所示；其内轮廓为开口轮廓，从开口轮廓的延长线方向进刀、退刀，加工进给路线如图 1-13 所示。

4. 加工刀具的选择

因零件内轮廓为开口轮廓，加工刀具选择高速工具钢或硬质合金立铣刀。外轮廓最小加工余量=(110−75)mm/2=17.5mm，内轮廓最大尺寸为 16mm，兼顾内、外轮廓的加工，

技术要求
锐边去毛刺。

$\sqrt{Ra\ 3.2}\ (\sqrt{\ })$

设计			十字内腔台				(单位)	
制图								
工艺							材料	铝合金
标准化			重量		比例			
审核			共 张 第 张				SKX-0	

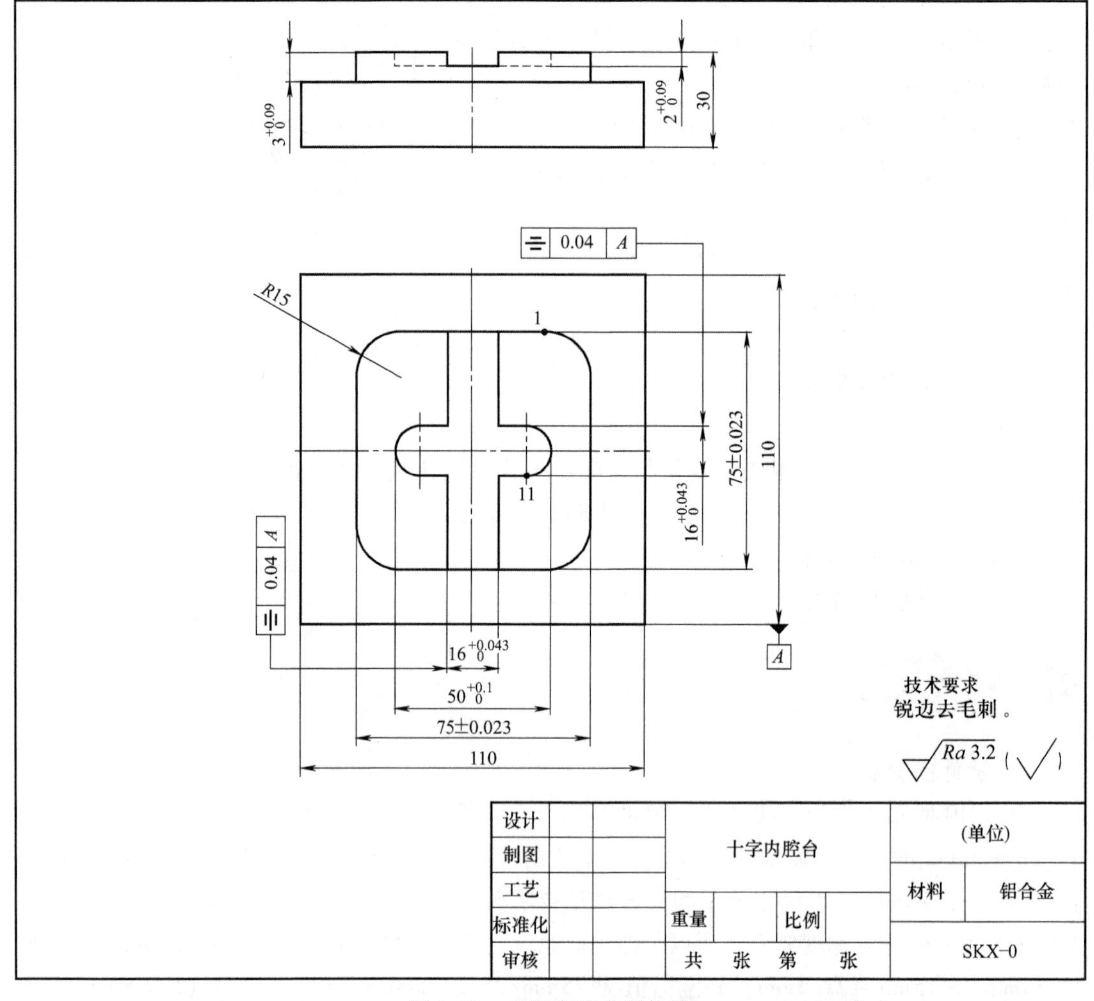

图 1-10 十字内腔台零件图

立铣刀尺寸不超过 16mm，可选择 14mm 或 12mm 的立铣刀。

图 1-11 装夹方案

5. 切削参数的确定（以 14mm 高速工具钢立铣刀为例）

1）铣削深度：外轮廓 3mm，内轮廓 2mm。

2）铣削宽度：外轮廓粗加工分两次完成，内轮廓一次加工，精加工取 0.5mm。

3）进给量：根据附表 2 查每齿进给量为 0.05 ~ 0.12mm/z，粗加工取 0.1mm/z，精加工取 0.05mm/z，计算进给速度如下：

$F_{粗} = nzf_z = 4000 \times 3 \times 0.1 = 1200$（mm/min），取 $F_{粗} = 1200$mm/min。

$F_{精} = nzf_z = 5600 \times 3 \times 0.05 = 840$（mm/min），取 $F_{精} = 840$mm/min。

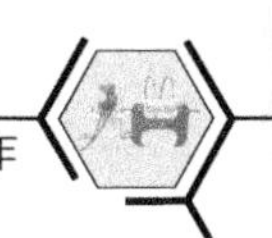

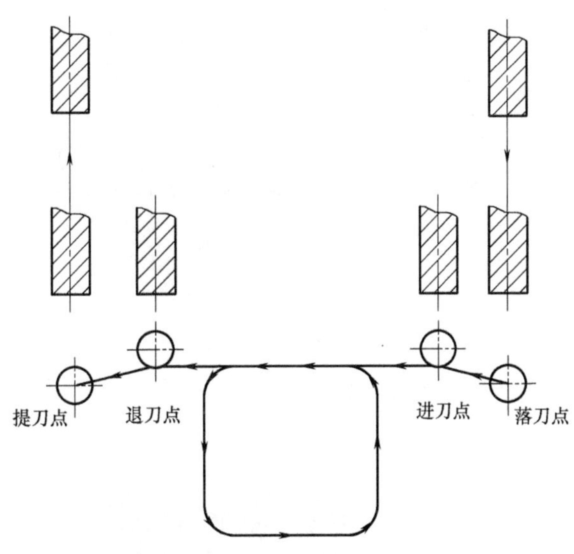

图 1-12　外轮廓加工进给路线

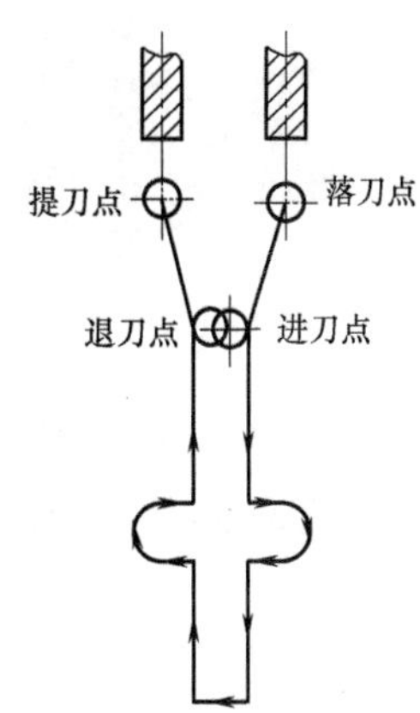

图 1-13　内轮廓加工进给路线

4）铣削速度：查切削速度为 180～300m/min，粗加工取 180 m/min，精加工取 250 m/min，计算主轴转速如下：

$n_{粗}=1000v_c/(\pi d)=1000\times180/(\pi\times14)=4095(r/min)$，取 $n_{粗}=4000r/min$。

$n_{精}=1000v_c/(\pi d)=1000\times250/(\pi\times14)=5686(r/min)$，取 $n_{精}=5600r/min$。

知识拓展

数控铣床加工时的常用辅具有以下几种。

（1）刀柄　刀柄用来装夹各类铣刀，并使铣刀和主轴相连完成主运动。刀柄与主轴的配合锥面一般采用 7∶24 的锥度，刀柄上端面键槽与主轴上端面键相配合传递动力。常用刀柄有以下三种：

1）面铣刀刀柄：用于装夹面铣刀，如图 1-14 所示。

2）钻夹头刀柄：用于装夹钻头、丝锥、中心钻，如图 1-15 所示。

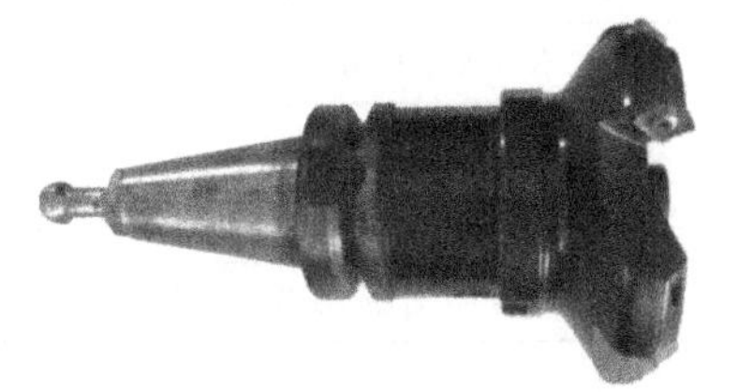

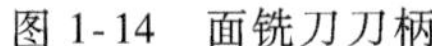

图 1-14　面铣刀刀柄

图 1-15　钻夹头刀柄

3）立铣刀刀柄：用于装夹立铣刀、键槽铣刀、模具铣刀、铰刀，如图 1-16 所示。

（2）拉钉　通过拉钉和主轴内的拉刀装置使刀柄固定在主轴上。

（3）卸刀座　卸刀座用于装拆铣刀和拉钉，如图 1-17 所示。

图 1-16　立铣刀刀柄

图 1-17　卸刀座

（4）寻边器　寻边器用于 X 轴、Y 轴对刀，如图 1-18 所示。

（5）Z 轴设定器　Z 轴设定器用于 Z 轴对刀，如图 1-19 所示。

图 1-18　寻边器

图 1-19　Z 轴设定器

 任务评价（见表 1-1）

表 1-1　认识数控铣床及数控铣削加工工艺评分表

序号	考核项目	考核内容及要求	配分	评分标准	得分
1	机床认识	数控铣床组成	10	缺一项扣 2 分	
2	工艺分析	零件图分析	10	分析不合理不得分	
		坐标计算	20	计算错误一项扣 5 分	
		装夹方案的确定	10	不合理不得分	
		进给路线的确定	10	不合理不得分	
		加工刀具的选择	20	选择错误一项扣 10 分	
		切削参数计算	20	计算错误一项扣 10 分	

课后练习

1. 数控机床由哪些部分组成？试比较数控铣床与普通铣床的区别。
2. 数控铣削加工工艺步骤有哪些？

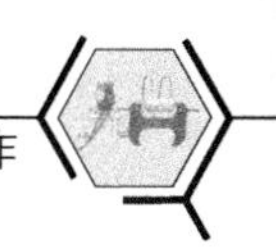

3. 数控铣削加工的切削参数的选择原则是什么？

4. 采用直径为10mm的三刃立铣刀加工零件，切削速度为120m/min，计算加工时的进给速度 v_f 及主轴转速 n。

任务二　学习安全操作规程

学习目标

掌握数控铣床的安全操作规程。

任务描述

从着装要求、操作规范、维护保养等方面学习数控铣床的安全操作规程，按照规范进行数控铣床的操作和维护保养。

知识链接

1. 着装

1）操作者必须着工装，衣袖口要扣紧。女生必须戴工作帽，并将头发纳入帽内。

2）操作者必须戴安全防护眼镜，穿安全防滑鞋。

3）严禁戴手套操作数控铣床。

2. 操作

1）操作者应根据机床使用说明书的要求，熟悉机床的基本性能和一般结构。

2）开机前，操作者必须清理好机床。机床工作台面、机床防护罩顶部不允许放置工具、工件及其他杂物，上述物品必须放置在指定的工位器具上。

3）开机前，操作者应按机床使用说明书的规定给相关部位加油，并检查油标、油量，以及是否畅通有油；检查空气压力是否在正常范围内。

4）操作者应熟悉机床动力控制开关，尤其是急停开关的位置。

5）机床开机时应遵循先回零，再手动、点动、自动的原则。机床运行应遵循先低速、中速，再高速的原则，其中低速运行时间为2~3min。当确定机床无异常情况后，方能开始工作。

6）操作者必须在确认工件和刀具夹紧后，再进行下一步工作。

7）机床开始加工之前，必须采用程序校验方式检查所用程序是否与被加工零件相符，待确定无误后，方可关好安全防护罩，开动机床进行零件加工。

8）操作者更换刀具或工件、调整工件或夹具、测量工件、调整冷却喷嘴时，必须停止机床运行。

9）操作者不得任意拆卸和移动机床上的保险和安全防护装置。

10）应妥善保管机床附件和量具、刀具，保持其完整和良好，丢失应赔偿。

11）机床在工作中发生故障或出现不正常现象时，应立即停机，保持现场，同时应立即报告指导教师。

3. 维护保养

（1）日常维护

1）检查自动润滑系统的油面高度，需要时应及时加油。

2）检查切削液液面高度，必要时应及时加切削液。

3）检查供气气压是否达到要求。

4）检查增压缸侧油杯，液压油液面高度不应低于油杯的1/4。

5）检查电气柜通风装置工作是否正常。

6）操作完毕后应清扫机床，保持清洁，将机床Z轴上移，工作台移到机床中间位置，关机，切断电源。

（2）每周维护

1）清除整个机床的切屑和脏物，并擦洗干净整个机床。

2）给机床工作台台面、机床导轨及其镶钢面加少量油。

3）检查空气过滤装置，如果其上污物较多需清洗或更换元件。

4）清洗板式过滤器，并从切削液液面撇去漂浮的导轨润滑油。

（3）长期维护

1）每月清洗切削液箱，清除切屑，清洗过滤网。

2）每半年必须给丝杠支承轴承补充润滑脂。

3）不定期检查电路连接情况、冷却过滤装置状况、导轨刮板状态、供气过滤元件状况、主轴传动带状况和机床导轨状况。

任务实施

检查自己及他人的着装、操作是否规范，维护保养是否正确，完成以下问题。

1. 进工厂前检查着装

穿着工装和安全防滑鞋，领口、袖口______，女生必须戴______，并将头发纳入______内。

2. 加工前检查事项

1）机床______、机床______不允许放置工具、工件及其他杂物。

2）检查自动润滑系统的油面______，需要时应及时加油；检查空气______是否在正常范围内；检查切削液液面______，必要时应及时加切削液；检查电气柜______装置工作是否正常。

3. 操作注意事项

1）操作者必须戴安全防护眼镜，严禁戴______操作数控铣床。

2）熟悉机床动力控制开关，尤其是______开关的位置。

3）机床开机时，应遵循先回零，再手动、点动、自动的原则。机床运行应遵循先

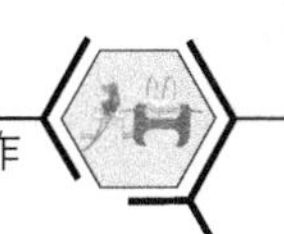

______、______，再______的原则，其中低速运行时间应为 2～3min。当确定机床无异常情况后，方能开始工作。

4）操作者必须在确认工件和刀具______后，再进行下一步工作。

5）机床开始加工之前，必须采用程序校验方式检查所用程序是否与被加工零件相符，待确定无误后，方可关好______门，开动机床进行零件加工。加工过程中不允许打开______门。

6）操作者更换刀具或工件、调整工件或夹具、测量工件、调整冷却喷嘴时，必须停止______运行。

7）机床在工作中发生故障或出现不正常现象时应立即停机，保持现场，同时应立即报告指导教师。

4. 加工完成后注意事项

1）操作完毕后应清扫______，将机床 Z 轴______，工作台移到机床______位置，关机，切断电源。

2）操作完毕后，应妥善保管机床附件和量具、______，将其放入相应工具柜中。

知识拓展

1. 数控铣床的工作条件

1）工作温度：0~45℃；相对湿度：不大于 75%；周围环境：室内，防腐、烟、雾、尘。

2）安装机床时，必须可靠接地，以保护操作人员和设备安全。

3）定期清洗风扇过滤网能有效延长数控系统寿命，一般每三个月清洗一次。

4）开学首次使用时，应进行清尘、干燥处理，再通电一段时间后，方可操作机床。

2. 刀具的安装

1）安装前，要检查铣刀的磨损情况，发现有缺陷的铣刀时应予更换。

2）安装前，应把卡簧、刀柄、铣刀擦干净，防止上面有污物，而影响刀具安装的准确性。

3）装卸铣刀时，不可用锤子任意敲打。

4）铣刀安装好后，旋转主轴确定铣刀安装得是否正确，安装正确才能进行加工。

5）为了提高切削系统的刚度，铣刀在主轴上的伸出长度应尽量短。

3. 工件的安装

1）安装试件时，应按照工艺要求，选定安装基准面，安装时应符合六点定位原则，夹紧力方向应在试件刚度大的方向。

2）安装试件时，用百分表等对基准面进行找正。

3）夹压已加工面时，应加垫纯铜皮，以防止试件夹压面被夹坏。

4）安装平口钳时以键定位，应找正固定钳口面，使其与机床纵向或横向平行或垂直。安装试件时，基准面应紧贴固定钳口。

5）安装试件时，试件位置要适当，不要靠一端，以提高铣削时的稳定性。

6）试件的加工面应高于钳口，如试件低于钳口平面，可在试件下垫放适当厚度的平行垫铁，装夹时应使试件紧靠在平行垫铁上，装夹后应检查垫铁，不得松动。

4. 切削用量的选择

1）选择切削用量时，应考虑加工要求，刀具、夹具和试件材料等因素，否则，将影响加工效率和工件精度，严重时甚至会损坏机床、刀具和工件，出现安全事故。

2）粗铣时，应保证刀具具有一定寿命，在铣床-夹具-刀具系统刚度足够的情况下，尽量提高生产率，但严禁超负荷切削。切削用量的选择顺序，是先把切削深度选得大一些，其次选较大的进给量，然后选择适当的切削速度。精铣时，为了保证试件的表面质量，应尽可能增大切削速度，适当减少进给量，切削深度可根据加工余量和零件技术条件的要求而定。加工过程中，应根据实际工作情况调整机床进给倍率。

（见表 1-2）

表 1-2 学习安全操作规程评分表

考核项目	考核内容及要求	配分	评分标准	得分
安全规程	着装	20	不遵守一项不得分	
	操作	40	不遵守一项不得分	
	维护保养	30	不遵守一项不得分	
	加工刀具、工件的安装	10	不遵守一项不得分	

任务三 认识数控铣床的数控操作系统

学习目标

1）了解数控铣床操作系统各组成部件的功能及用途。
2）掌握数控铣床的开、关机操作。
3）掌握数控铣床手动控制机床运行操作。
4）掌握数控铣床增量控制机床运行操作。
5）熟悉数控铣床相关坐标系。

熟悉数控铣床操作面板及其各按键、按钮、旋钮和手轮的含义和用途；学习数控铣床的开、关机操作，使用按键和手轮控制机床主轴、工作台移动；认识数控铣床相关坐标系，找出各个坐标系间的相互关系；学习如何控制机床主轴按不同速度运行；学会装卸刀具。

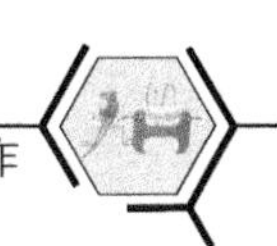

知识链接

1. 数控操作系统

数控操作系统用于控制机床的动作或加工过程，它包括液晶显示器、编辑区、控制面板、功能键、MPG 手持单元、数控系统上电按钮、数控系统断电按钮和数控系统急停开关等，如图 1-20 所示。

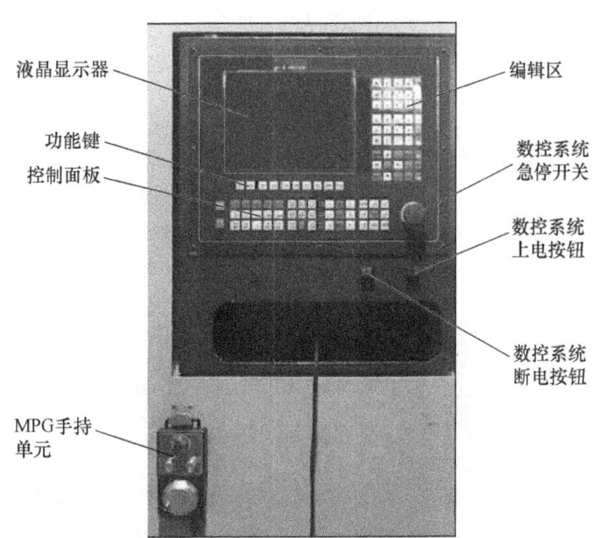

图 1-20　数控操作系统

（1）液晶显示器　液晶显示器反映数控铣床运行的各种信息，如图 1-21 所示。

1）反映当前加工方式（自动、单段、手动、增量、回零、急停、复位等）、运行状态（运行正常、出错）、当前系统时间。

2）反映当前加工或将要加工的程序段。

3）显示窗口反映当前加工程序、机床坐标、图形显示、坐标值联合显示，通过功能键 F9 进行调整。

4）反映当前加工状态，包括进给倍率、快速倍率、主轴倍率。

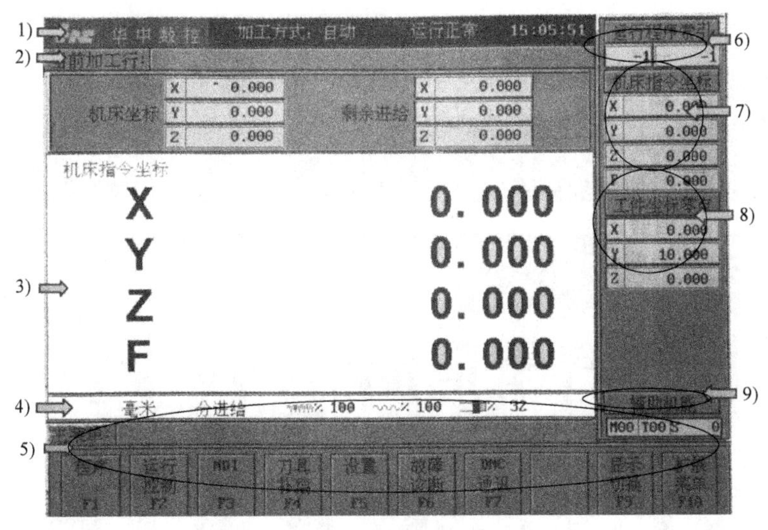

图 1-21　液晶显示器

5）菜单命令条，通过功能键 F1～F10 完成系统功能的操作。

6）反映当前加工的程序名和程序段行号。

7）反映当前的坐标（机床坐标系、工件坐标系、相对坐标系）。

8）反映工件坐标系零点在机床坐标系中的坐标。

9）反映当前加工中的 M、T、S 值。

（2）编辑区　用于零件程序的编制、参数输入、MDI 及系统管理操作等，如图 1-22 所示。

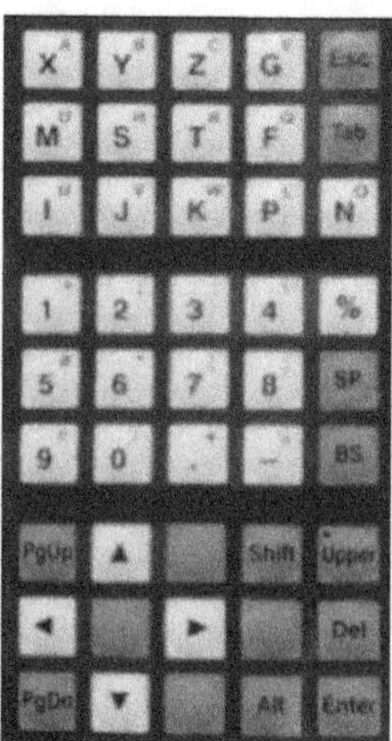

图 1-22　编辑区

（3）控制面板　控制面板直接控制机床的动作或加工过程，一般情况下，机床动作控制采用二级管理方式，首先选择液晶显示器下面的方式选择键（自动、单段、手动、增量、回零），相应按键灯亮后，如图 1-23 所示，再通过按键或手轮控制机床的具体动作。

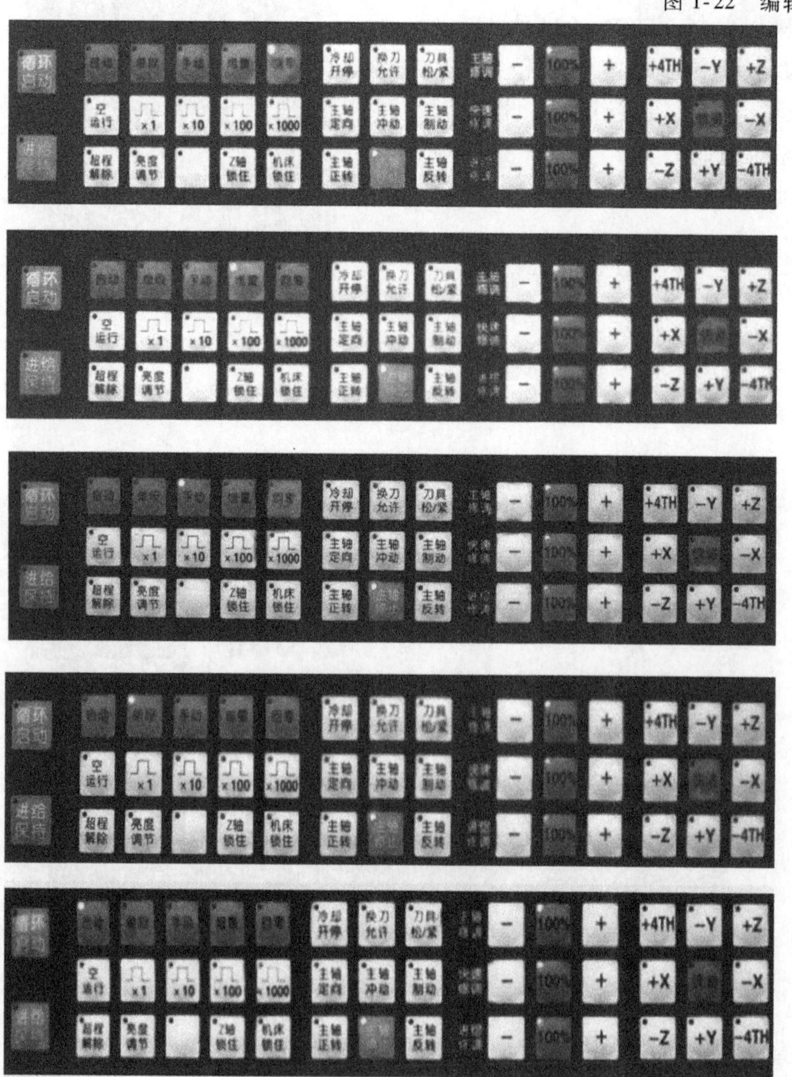

图 1-23　方式选择

（4）功能键　通过功能键 F1～F10 完成菜单命令条中系统功能的操作，如图 1-24 所示。由于每个功能包括不同的操作，菜单采用层次结构，即在主菜单下选择一个菜单项后，数控装置会显示该功能下的子菜单，可根据子菜单的内容选择所需的操作。当要返回主菜单时，按下“F10”键即可。

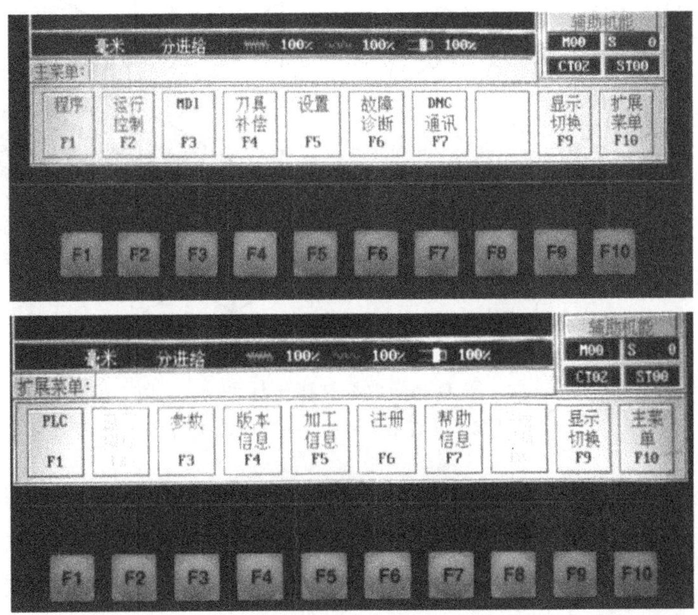

图 1-24　功能键

（5）MPG 手持单元　在增量方式下，通过 MPG 手持单元可控制机床在 X、Y、Z 轴方向不同速率的具体动作，如图 1-25 所示。

图 1-25　MPG 手持单元

（6）数控系统上电按钮　用于数控系统的通电，避免数控系统因突然通电而损坏。

（7）数控系统断电按钮　用于数控系统的关闭，避免数控系统因突然断电而损坏。

（8）数控系统急停开关　保护开关，用于数控机床的紧急关机。

2. 坐标系

数控铣床坐标系采用右手笛卡儿直角坐标系，如图 1-26 所示。

坐标轴设定顺序为 Z 轴、X 轴、Y 轴。Z 轴为主轴方向，其正方向规定为增大工件与刀具之间距离的方向。X 轴为主要切削方向（纵向），其正方向规定为从操作者操作方向看的右手方向。Y 轴根据右手笛卡儿直角坐标系中 Z 轴和 X 轴的方向自然确定，如图 1-26b 所示。

旋转坐标轴 A 轴、B 轴、C 轴的正方向根据右手螺旋法则确定，即从坐标轴的正方向向负方向看，右手握轴的旋转方向为正方向。

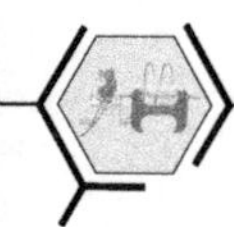

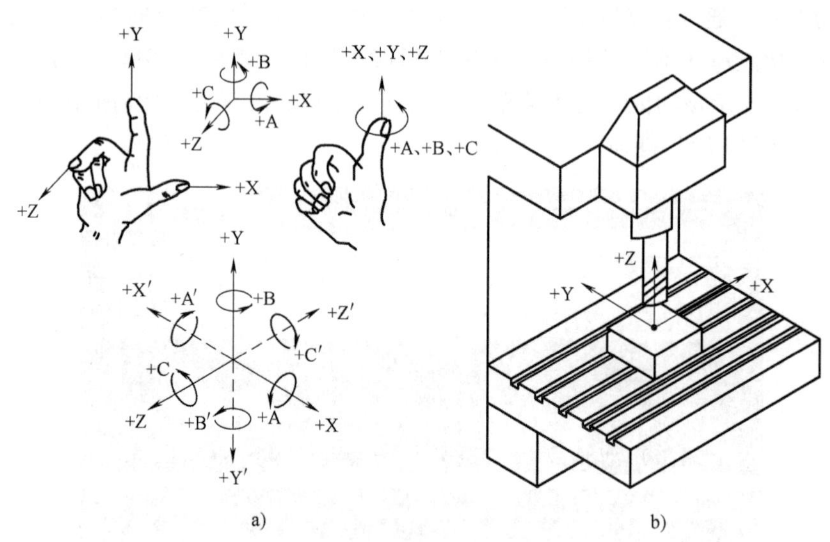

图 1-26　数控铣床坐标系

a）右手笛卡儿直角坐标系　b）机床坐标方向

数控铣床坐标系有机床坐标系和工件坐标系，它们之间对应的坐标轴是平行关系。

机床坐标系是以机床原点为坐标系原点建立的坐标系，一般机床生产厂家已经设定，机床开机后，执行机床回零操作后就设置了机床坐标系，此时机床坐标系的坐标值全部为零。

工件坐标系是编程人员为编程、计算方便，在工件上（一般以工件上表面中心或角点为原点）建立的坐标系，通过对刀完成工件坐标系的建立，具体内容见本项目任务四。

任务实施

1. 开机

1）车间总电源上电。

2）数控铣床工作区电源上电。

3）插入数控铣床控制钥匙并旋转至“开”位置，如图 1-27a 所示。

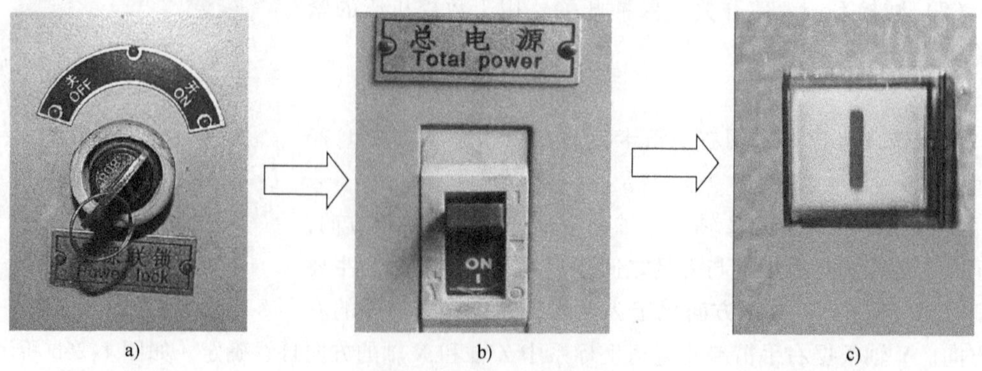

图 1-27　开机操作开关及按钮

a）开关钥匙　b）开关　c）数控系统上电按钮

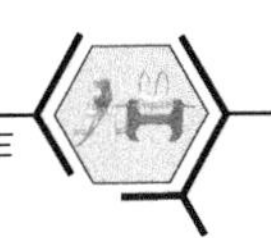

4）机床上电，机床总电源开关如图 1-27b 所示。

5）数控系统上电。按一下控制面板上的绿色按钮，如图 1-27c 所示，此时液晶显示器显示为“急停”状态，如图 1-28 所示。

6）机床复位。顺时针旋转控制面板和 MPG 手持单元上的“急停”按钮使系统复位，接通伺服电源，此时液晶显示器显示为“手动”状态，如图 1-29 所示。

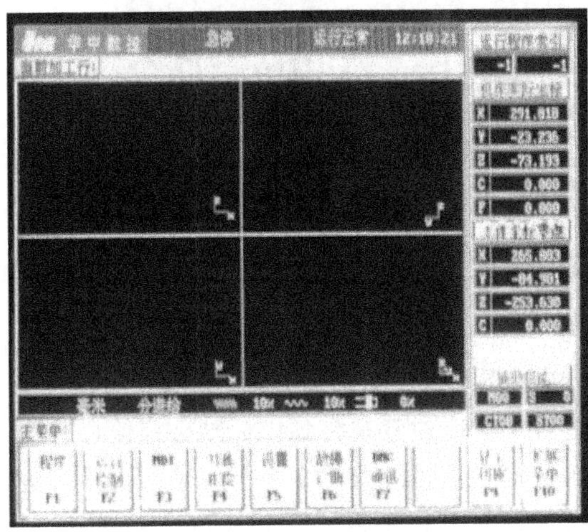

图 1-28　开机界面

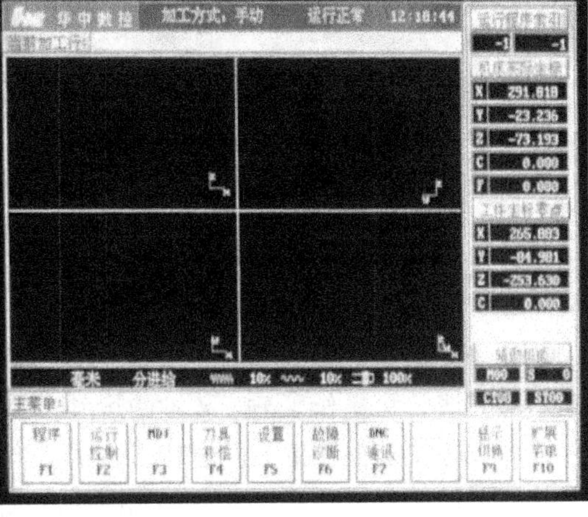

图 1-29　机床复位界面

7）返回机床参考点（机床坐标系回零操作）。按下控制面板上的“回零”键，确保系统处于回零方式（回零指示灯亮），分别按下控制面板上的“+Z”键、“+X”键和“+Y”键，完成返回机床参考点操作后，液晶显示器显示如图 1-30 所示，机床坐标系坐标值全部为零，同时“+Z”键、“+X”键和“+Y”键指示灯亮。

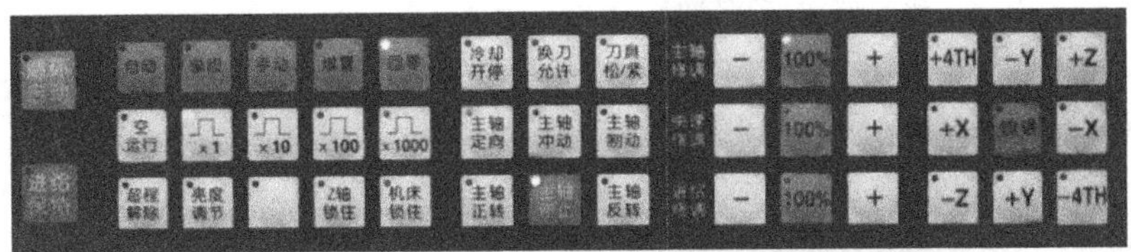

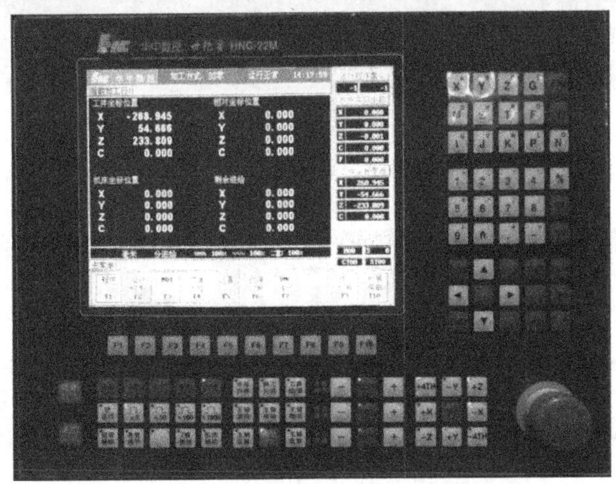

图 1-30　机床回零界面

2. 数控铣床手动操作训练

按下控制面板上的“手动”键，确保系统处于手动方式（手动指示灯亮），如图 1-31 所示。

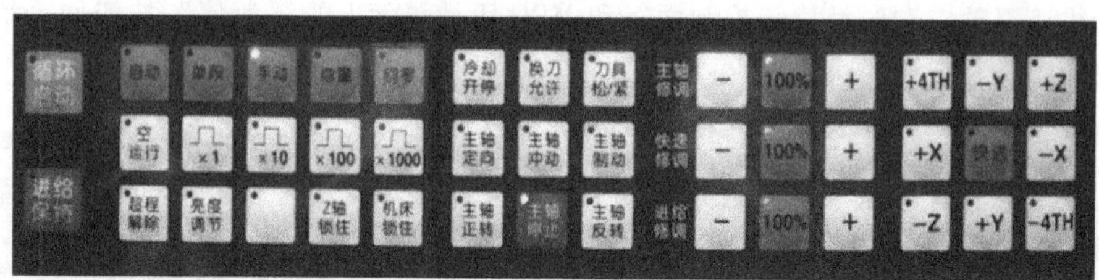

图 1-31　手动状态

（1）坐标轴移动　按下“+X”键或“-X”键（相关指示灯亮），X 轴将产生正向或负向连续移动。按下进给修调右侧“100%”键（相关指示灯亮），进给修调倍率置为 100%，按一下“+”键，修调倍率递增 10%；按一下“-”键，修调倍率递减 10%。用同样的方法，可操作 Y 轴、Z 轴的运动。操作过程中，应注意观察各坐标轴坐标值增减变化方向和运动极限位置。同时按下多个方向的轴按键，能连续移动多个坐标轴。在手动进给时，若同时按下“快进”键（相关指示灯亮），则产生相应轴的正向或负向快速移动。按下快速修调右侧“100%”键（相关指示灯亮），快速修调倍率置为 100%，按一下“+”键，修调倍率递增 10%；按一下“-”键，修调倍率递减 10%。

（2）主轴控制　按下“主轴正转”键或“主轴反转”键（相关指示灯亮），如图 1-32所示，主轴将以机床参数或操作员设定的转速正转或反转。按下主轴修调右侧“100%”键（相关指示灯亮），主轴修调倍率置为 100%，按一下“+”键，修调倍率递增 10%；按一下“-”键，修调倍率递减 10%。

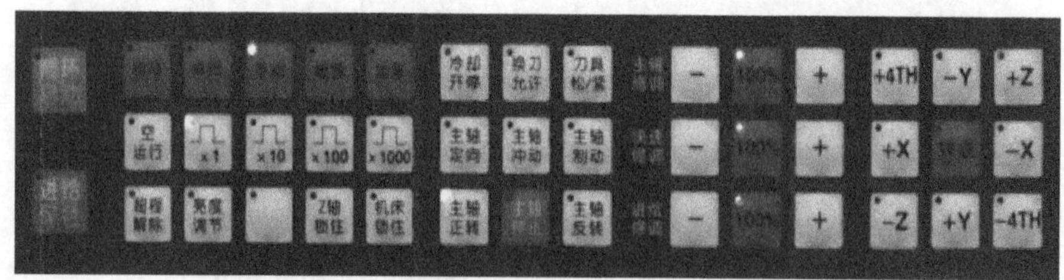

图 1-32　主轴正转

按下“主轴停止”键（相关指示灯亮），主轴电动机停止运转，如图 1-33 所示。

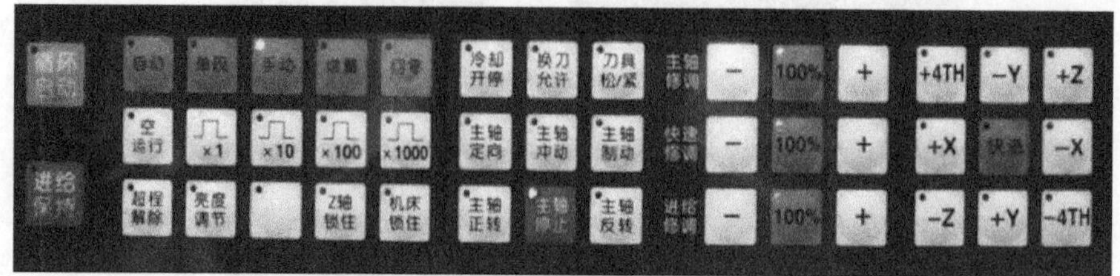

图 1-33　主轴停止

主轴处于停止状态时，按一下“主轴制动”键（相关指示灯亮），主轴电动机被锁定在当前位置。

当“主轴制动”键无效时（相关指示灯灭），按一下“主轴冲动”键（相关指示灯亮），主轴电动机会以一定的转速瞬时转动一定的角度，以便装夹刀具。

当“主轴制动”键无效时（相关指示灯灭），按一下“主轴定向”键（相关指示灯亮），主轴会转动到某一固定位置准确停止，以便装夹刀具。

（3）换刀操作

1）当主轴处于停止状态时，“主轴停止”键指示灯亮，按一下“换刀允许”键（相关指示灯亮），如图 1-34 所示，一手握住刀柄，一手按压主轴箱上的“松拉刀”按钮，可完成卸刀操作，如图 1-35 所示。此时“刀具松/紧”键指示灯亮，如图 1-36 所示。

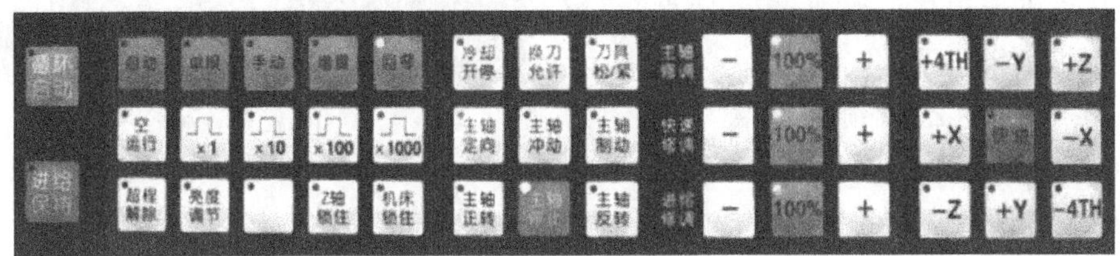

图 1-34　换刀允许状态

图 1-35　卸刀

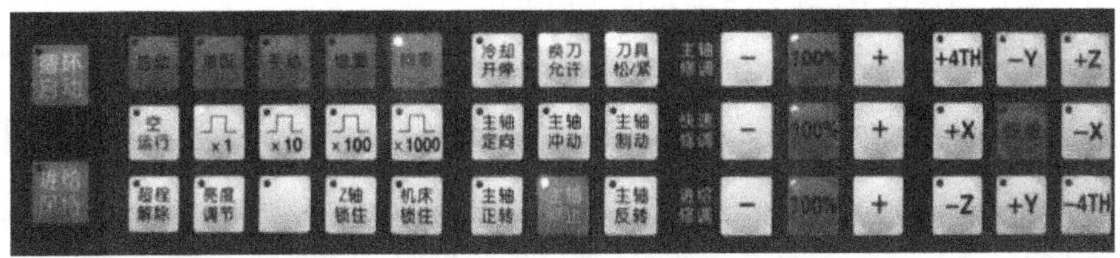

图 1-36　卸刀状态

2）换一刀柄对准主轴内孔（注意：主轴上端面键与刀柄上键槽对齐），按压主轴箱上的“松拉刀”按钮，可完成装刀操作，如图 1-37 所示，此时“刀具松/紧”键指示灯灭。

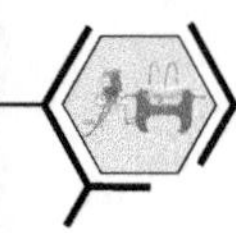

3）再按一下“换刀允许”键（指示灯灭），完成换刀操作。

图 1-37　装刀

（4）切削液控制　按一下“冷却开停”键（指示灯亮），如图 1-38 所示，机床的切削液开；再按一下“冷却开停”键（指示灯灭），机床的切削液关。

（5）机床锁住与 Z 轴锁住

1）按一下“机床锁住”键（指示灯亮），如图 1-39 所示，机床禁止所有运动；再按一下“机床锁住”键（指示灯灭），解除机床锁住功能。

2）按一下“Z 轴锁住”键（指示灯亮），切换到自动方式运行加工程序，Z 轴不运动，可观察 X Y 平面的机床运动轨迹；再按一下“Z 轴锁住”键（指示灯灭），解除 Z 轴锁住功能。

图 1-38　冷却开状态

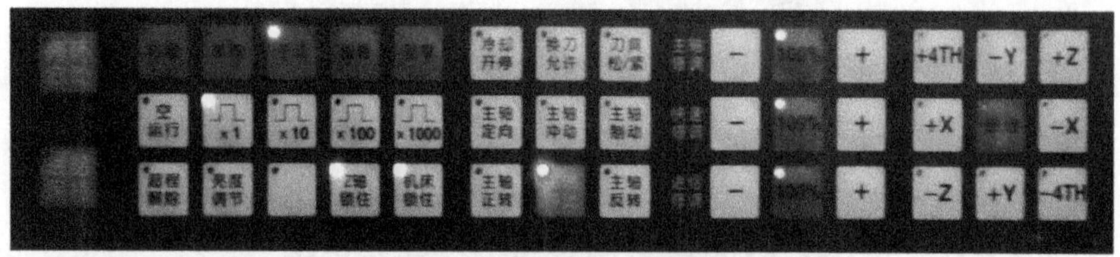

图 1-39　机床锁住状态

3. 数控铣床增量或 MPG 手持单元操作训练

按下控制面板上的“增量”键，确保系统处于增量方式（指示灯亮），如图 1-40 所示。

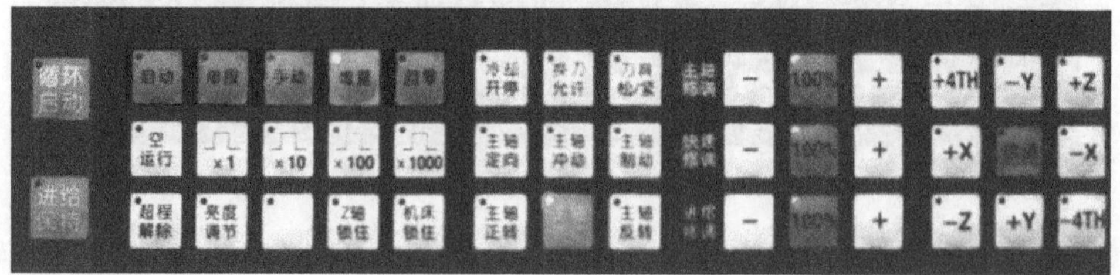

图 1-40　增量状态

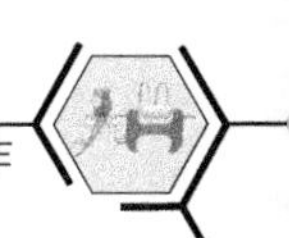

当 MPG 手持单元的坐标轴选择波段开关置于“X”档（指示灯亮）时，如图 1-41 所示，顺时针或逆时针旋转手摇脉冲发生器，可控制 X 轴正向或负向运动；顺时针或逆时针旋转手摇脉冲发生器一格，X 轴将向正向或负向移动一个增量值。用同样的方法可操作 Y 轴、Z 轴的运动。操作过程中，应注意观察各坐标轴坐标值增减变化方向和运动极限位置。但这种控制方式每次只能增量移动一个坐标轴。旋转 MPG 手持单元上的增量倍率波段开关，使其置于“×1”“×10”“×100”时，可改变增量值，增量倍率波段开关位置和增量值的对应关系见表 1-3。

图 1-41　坐标轴选择波段开关

a）X 轴　b）Y 轴　c）Z 轴

表 1-3　增量倍率波段开关位置和增量值的对应关系

增量倍率波段开关位置	×1	×10	×100
增量值/mm	0.001	0.01	0.1

在增量方式下，主轴转动、切削液开关操作与手动方式下的操作是相同的。

4. 关机

1）按下控制面板和 MPG 手持单元上的急停按钮，断开伺服电源。

2）断开数控电源，按一下控制面板上的红色按钮，如图 1-42a 所示。

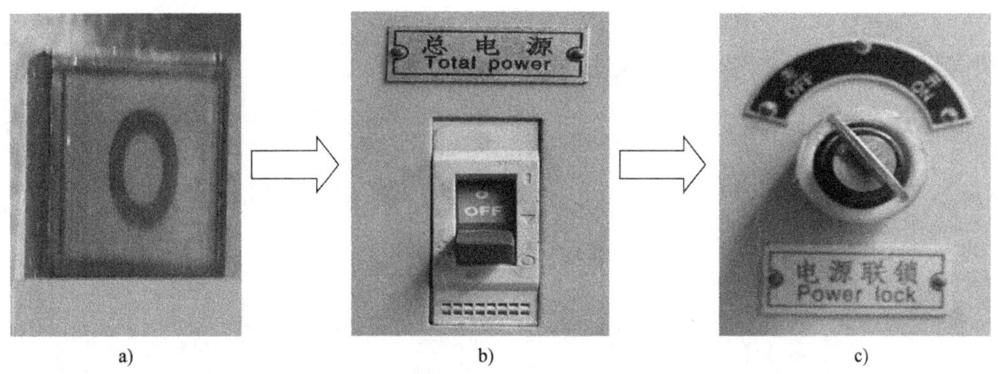

图 1-42　关机操作

a）数控系统断电按钮　b）开关　c）开关钥匙

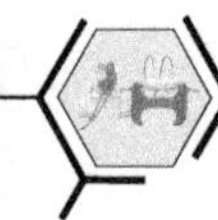

3）断开机床电源，如图 1-42b 所示。

4）将数控铣床控制钥匙旋转至“关”位置，并取下钥匙，如图 1-42c 所示。

5. 注意事项

1）正确控制机床运动的前提是正确建立机床坐标系，因此在每次接通电源后，必须先完成各轴返回机床参考点的操作。

2）为保证机床运行安全，应选择 Z 轴先回参考点，然后将刀具抬起，再完成 X 轴、Y 轴的操作。

3）如开关后机床处于机床参考点附近，应先手动操作机床离开机床参考点一定距离后，再完成返回机床参考点操作。

4）如操作机床过程中出现超程报警，应按住控制面板上的“超程解除”键，在手动方式下向相反方向手动移动该轴使其退出超程状态，如图 1-43 所示。

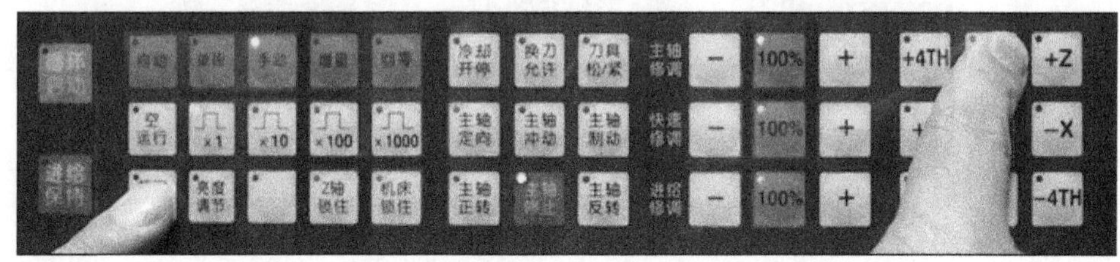

图 1-43　超程解除

5）不同机床厂商把机床参考点设置在机床的不同位置，返回机床参考点操作时，应注意 X 轴、Y 轴的按键方向。

知识拓展

主轴转速的设定方法如下：

1）按下控制面板上的“单段”键，确保系统处于单段方式（指示灯亮），如图 1-44 所示。

2）在主菜单下按“F3”键进入 MDI 功能子菜单，命令行的底色变成白色，如图1-45 所示。

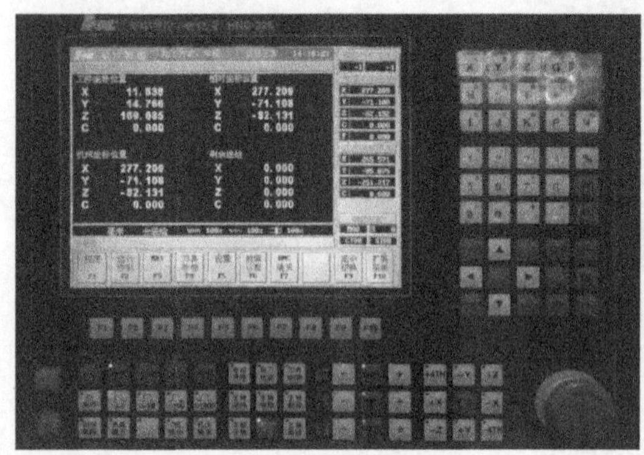

图 1-44　单段状态

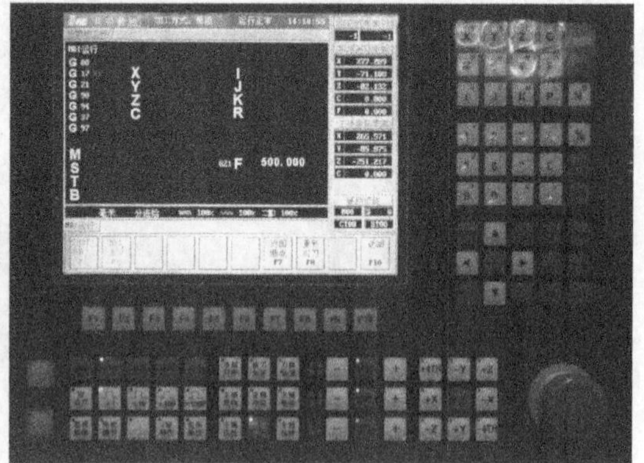

图 1-45　MDI 功能子菜单

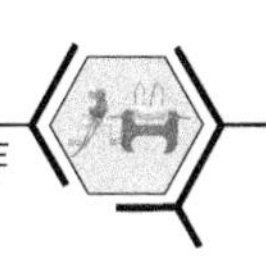

3）在编辑区用键盘输入“M03S100”（图 1-46），并按“Enter”键（图 1-47），再按“循环启动”键（图 1-48）。

4）此时，主轴以 100r/min 的转速旋转。如需主轴以 500r/min 的转速旋转，则在编辑区用键盘输入“S500”并按“Enter”键，再按“循环启动”键；如需主轴停止运行，则在编辑区用键盘输入“M05”并按“Enter”键，再按“循环启动”键。

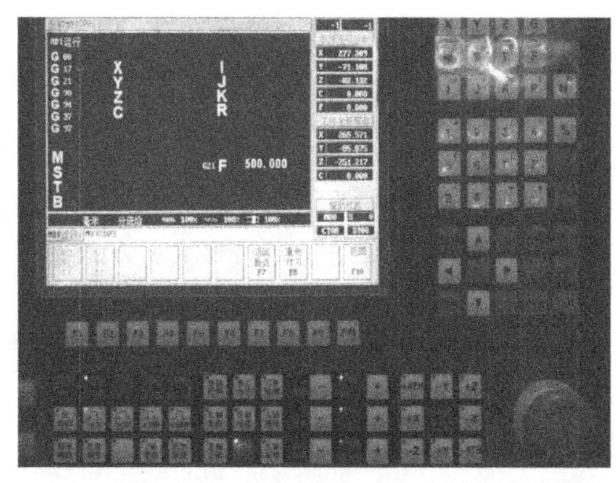

图 1-46　输入转速

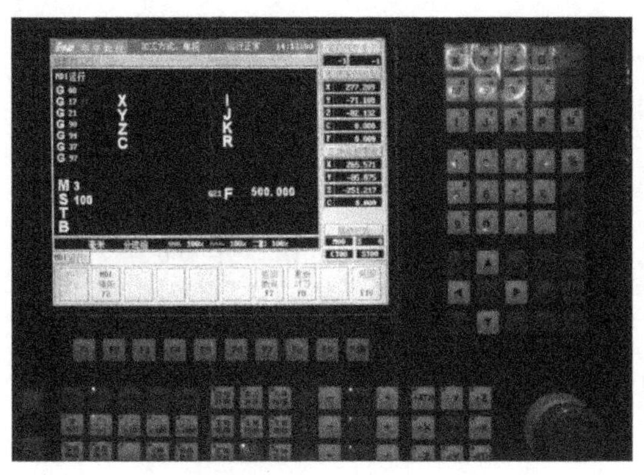

图 1-47　确认输入

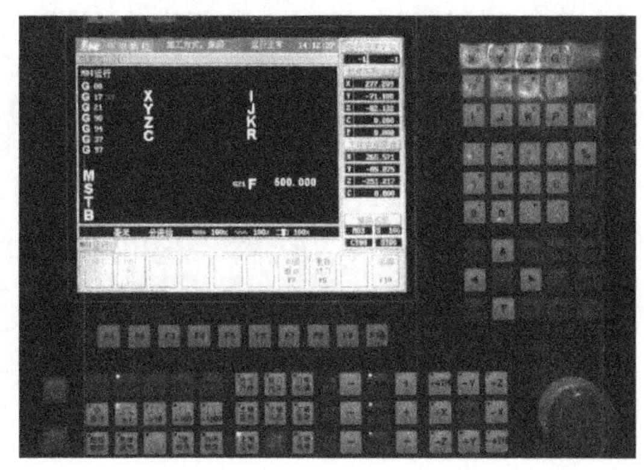

图 1-48　执行

任务评价（见表 1-4）

表 1-4　认识数控操作系统评分表

序号	考核项目	考核内容及要求	配分	评分标准	得分
1	认识	数控操作系统	10	不认识一项扣 5 分	
2	操作	开机、回零	20	操作步骤错误不得分	
		关机	10	操作步骤错误不得分	
		手动方式操作坐标轴移动、主轴转动、换刀、切削液开关、机床锁住	30	操作错误一项扣 10 分	
		增量方式操作坐标轴移动、主轴转动、换刀、切削液开关、机床锁住	30	操作错误一项扣 10 分	

课后练习

1. 数控铣床操作面板由哪几部分组成？它们的作用分别是什么？
2. 开关机回零的作用及注意事项有哪些？
3. 数控铣床在手动方式和增量方式下分别可进行哪些操作？

任务四　数控铣床对刀操作训练

学习目标

掌握数控铣床 X、Y、Z 轴的对刀方法。

任务描述

观察教师对刀示范及讲解，运用对刀工具独立完成对刀操作，建立工件坐标系，并能熟练地完成对刀校验。

知识链接

数控铣床坐标系分为机床坐标系和工件坐标系，每台数控铣床的机床坐标系已经由机床生产厂家设定，它是唯一的。工件坐标系是编程人员为编程、计算方便在工件上建立的坐标系，如图 1-49a 所示，工件坐标系建立在工件上表面中心；如图 1-49b 所示，工件坐标系建立在工件上表面右上角点。数控铣床对刀的目的就是定位工件坐标系，即确定工件坐标系原点在机床坐标系中的坐标值，利用指令 G54 ~ G59 将其输入数控系统，运行程序时使用 G54 ~ G59 指令调用，即可使刀具和工件准确地按照工件坐标系位置完成加工。

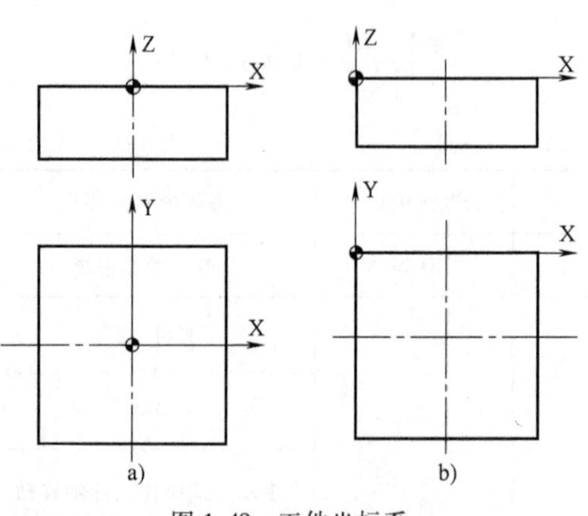

图 1-49　工件坐标系

常用对刀方法有对刀工具对刀法、试切法、仪器测量法、刀柄找正法和湿纸法。

本任务以图 1-49a 所示工件为例，讲述采用对刀工具对刀法的操作步骤。

任务实施

按图 1-11 所示装夹好待加工工件（按照金工实习要求找正平口钳口和垫铁）后，对

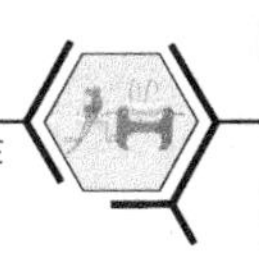

刀步骤如下。

（1）X、Y 轴对刀

1）安装一把寻边器（含刀柄），按下控制面板上的“增量”键，确保系统处于增量方式（指示灯亮），使选择波段开关置于“X”档（指示灯亮）、增量倍率波段开关置于“×100”档（指示灯亮），旋转手摇脉冲发生器控制 X 轴运动，使寻边器在工件左侧。然后将选择波段开关置于“Z”档（指示灯亮），旋转手摇脉冲发生器控制 Z 向运动，使寻边器头部与工件在 Z 向有一定的重叠，如图 1-50 所示。

2）将选择波段开关置于“X”档（指示灯亮），旋转手摇脉冲发生器使寻边器靠近工件左侧；将增量倍率波段开关置于“×10”档或“×1”档，旋转手摇脉冲发生器控制 X 轴运动，直至寻边器出现红光并听到报警声时停止旋转手摇脉冲发生器，如图 1-51所示。

图 1-50　寻边器左侧对刀一

图 1-51　寻边器左侧对刀二

3）记下此位置下 X 轴的机床坐标系坐标值 X_1 = 208. 339mm，如图 1-52 所示。

4）将选择波段开关置于“Z”档（指示灯亮），增量倍率波段开关置于“×100”档（指示灯亮），旋转手摇脉冲发生器，使寻边器上升到工件上方；将选择波段开关置于“X”档（指示灯亮），旋转手摇脉冲发生器，使寻边器在工件右侧，然后将选择波段开关置于“Z”档（指示灯亮），旋转手摇脉冲发生器控制 Z 向运动，使寻边器头部与工件在 Z 向有一定的重叠，如图 1-53 所示。

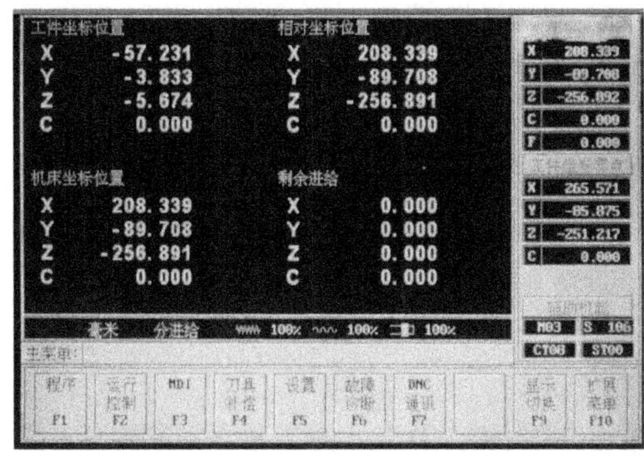

图 1-52　左侧坐标值

图 1-53　寻边器右侧对刀一

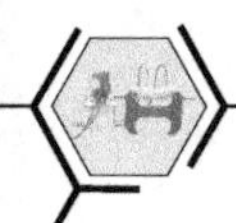

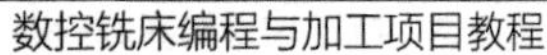

5）将选择波段开关置于“X”档（指示灯亮），旋转手摇脉冲发生器使寻边器靠近工件右侧，将增量倍率波段开关置于“×10”档或“×1”档，再旋转手摇脉冲发生器控制 X 轴运动，直至寻边器出现红光并听到报警声时，停止旋转手摇脉冲发生器，如图 1-54 所示。

6）记下此位置下 X 轴的机床坐标系坐标值 X_2 = 325. 219mm，如图 1-55 所示。

图 1-54　寻边器右侧对刀二

图 1-55　右侧坐标值

7）将选择波段开关置于“Z”档（指示灯亮），增量倍率波段开关置于“×100”档（指示灯亮），旋转手摇脉冲发生器，使刀具上升到工件上方。

8）将记下的工件左、右侧 X 轴的机床坐标系坐标值相加再除以 2，此值即为工件坐标系原点的 X 轴坐标值 X = 266. 779mm。用同样的方法确定工件坐标系原点的 Y 轴坐标值。

9）将选择波段开关置于“Z”档（指示灯亮），增量倍率波段开关置于“×100”档（指示灯亮），旋转手摇脉冲发生器，使刀具上升到工件上方，然后取下寻边器（含刀柄）。

（2）Z 轴对刀

1）安装一把加工用立铣刀（含刀柄），把 Z 轴设定器放在工件上方，调整 Z 轴设定器至“0”位置，如图 1-56 所示。

2）将选择波段开关置于“Z”档（指示灯亮），旋转手摇脉冲发生器控制 Z 向运动，使刀具靠近 Z 轴设定器；将增量倍率波段开关置于“×10”档或“×1”档，旋转手摇脉冲发生器控制 Z 轴运动，直至刀具把 Z 轴设定器压至“0”位置时停止旋转手摇脉冲发生器，如图 1-57 所示。

3）记下此位置下 Z 轴的机床坐标系坐标值 Z_1 = −201. 281mm。

4）旋转手摇脉冲发生器，使刀具上升到工件上方。将记下的 Z 轴机床坐标系坐标值加 50mm，此值即为工件坐标系原点在机床坐标系 Z 轴上的坐标值 Z_1 = −251. 281mm，如图 1-58 所示。

（3）输入坐标值

1）在主菜单（图 1-59），按“F5”键进入设置功能子菜单（图 1-60），再按“F1”键进入自动坐标系 G54 界面，命令行的底色变成白色，如图 1-61 所示。

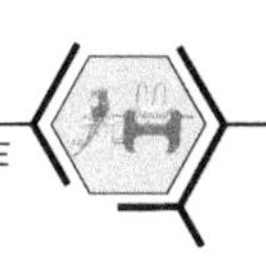

图 1-56　Z 轴设定器对刀一

图 1-57　Z 轴设定器对刀二

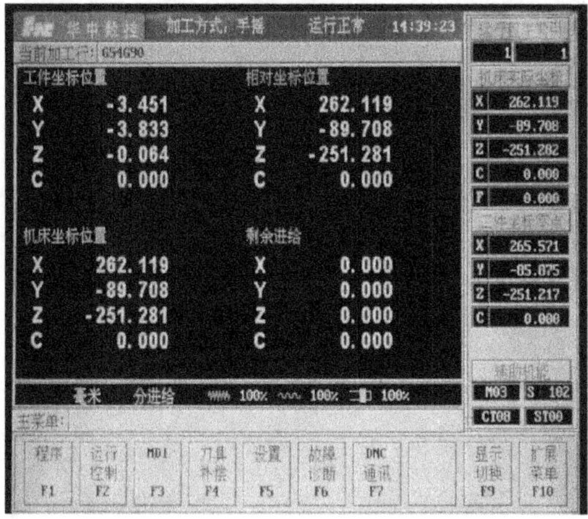

图 1-58　Z 向坐标值

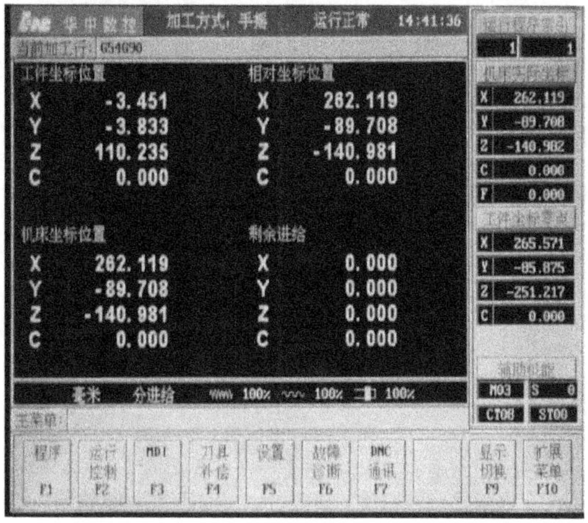

图 1-59　主菜单界面

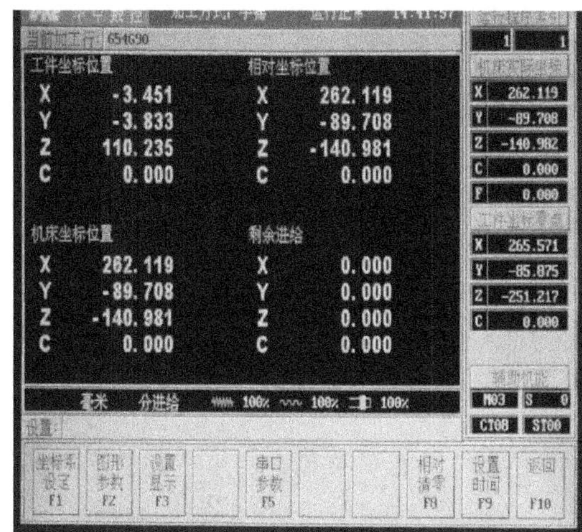

图 1-60　设置界面

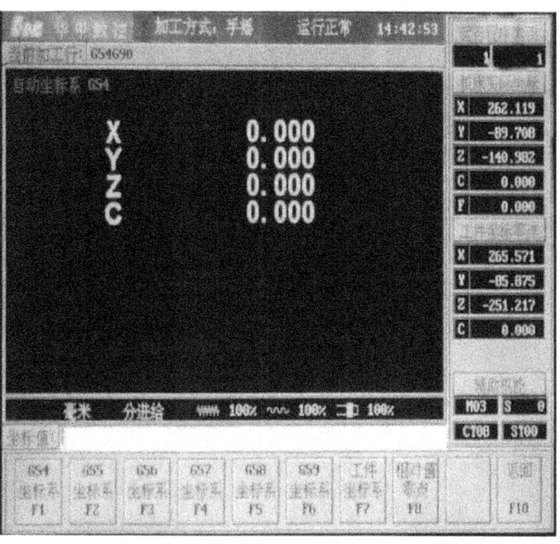

图 1-61　G54 界面

2）分别输入工件坐标系的 X 轴、Y 轴、Z 轴坐标值，如图 1-62 所示。

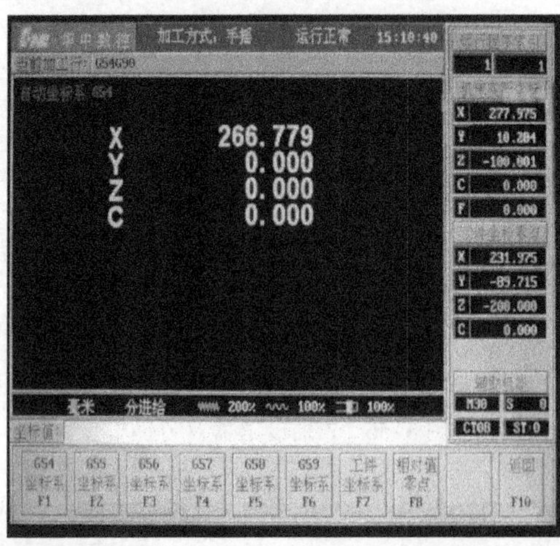

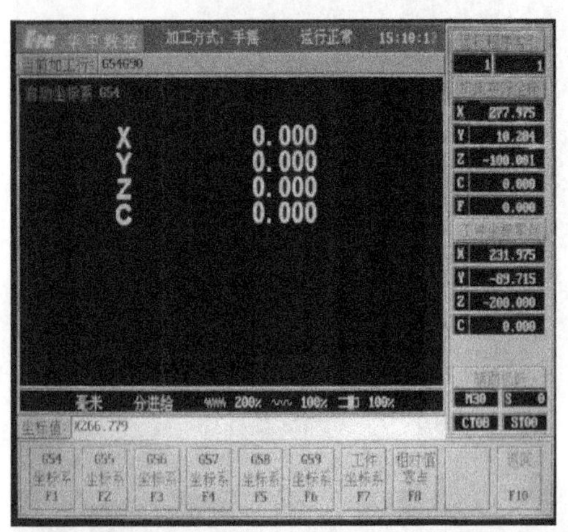

a)

b)

c)

d)

图 1-62　坐标值输入

（4）完成对刀操作

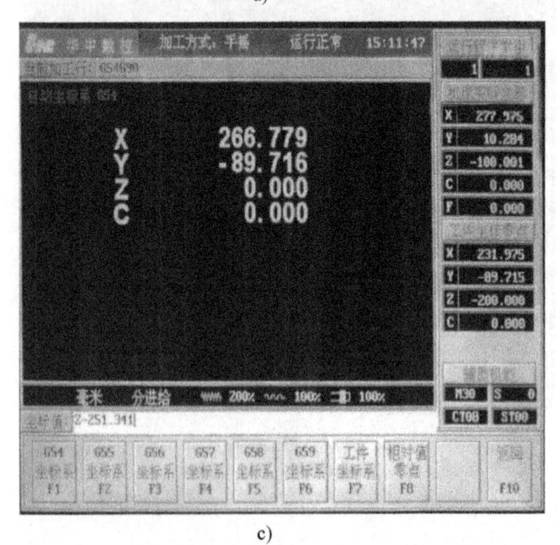

1）按下控制面板上的“单段”键，确保系统处于单段方式（指示灯亮），如图 1-63 所示。

图 1-63　单段状态

2）在主菜单（图 1-64）下，按“F3”键进入 MDI 功能子菜单，命令行的底色变成白色，如图 1-65 所示。

3）在编辑区用键盘输入“G54”（图 1-66）并按“Enter”键，如图 1-67 所示；再按“循环启动”键，工件坐标零点显示为工件坐标系的坐标值，如图 1-68 所示，对刀完成。

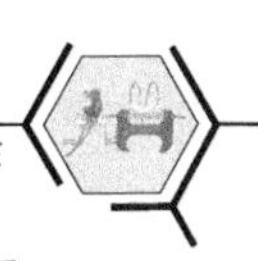

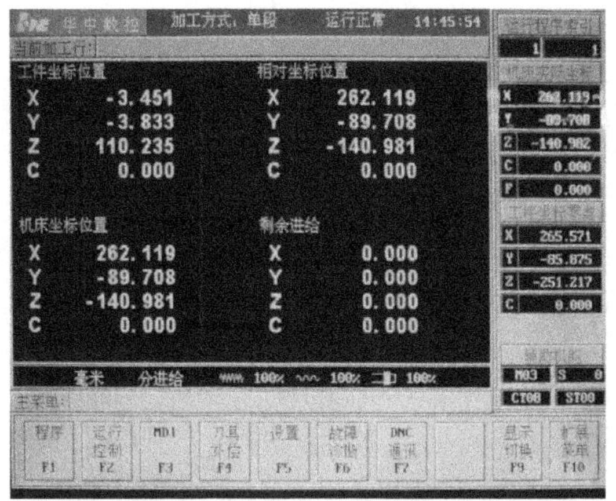

图 1-64　主菜单界面

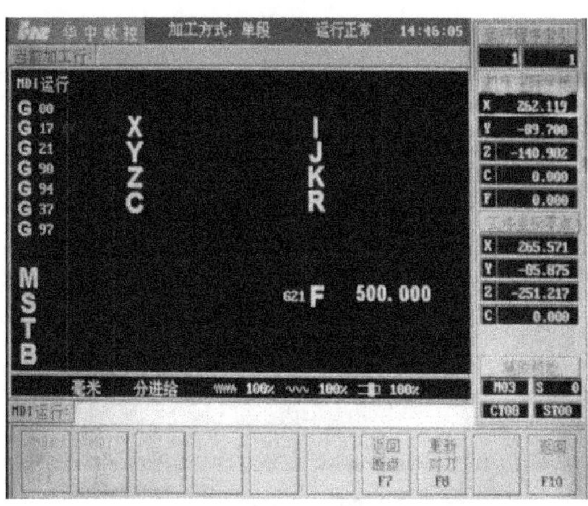

图 1-65　MDI 功能子菜单

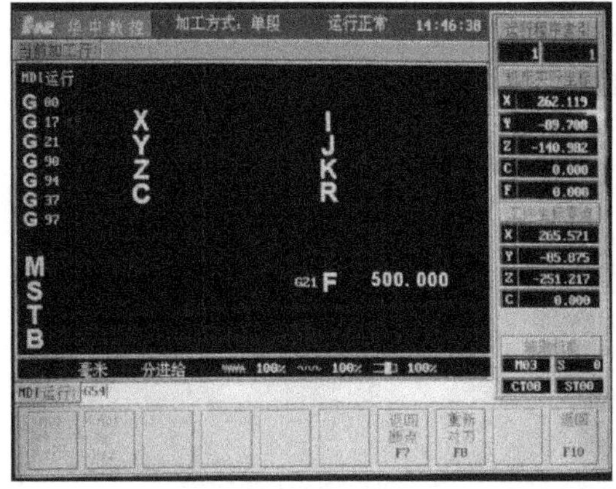

图 1-66　输入“G54”

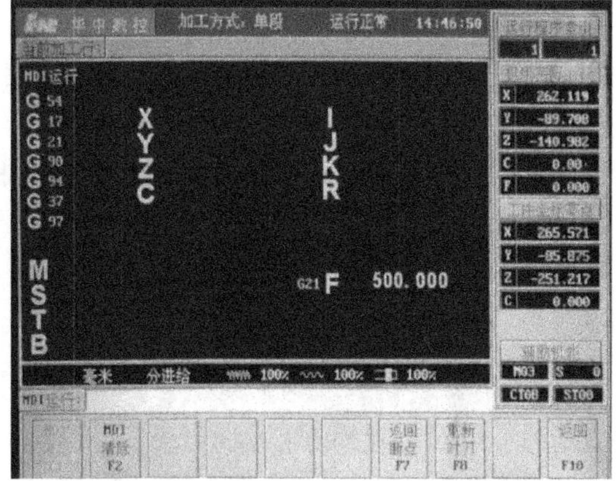

图 1-67　“G54”输入确认

(5) 对刀校验

1) 在编辑区用键盘输入“G54G90G00X0Y0”(图 1-69) 并按“Enter”键，如图 1-70 所示；再按“循环启动”键，工件坐标系的坐标值显示如图 1-71 所示，工件运行至主轴的正下方，如图 1-72 所示。

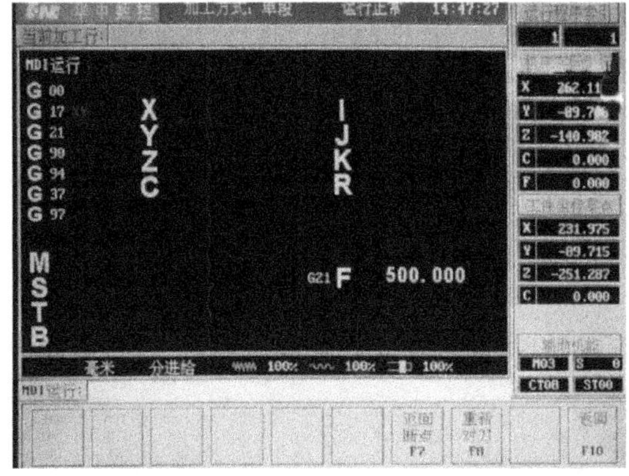

图 1-68　执行“G54”指令

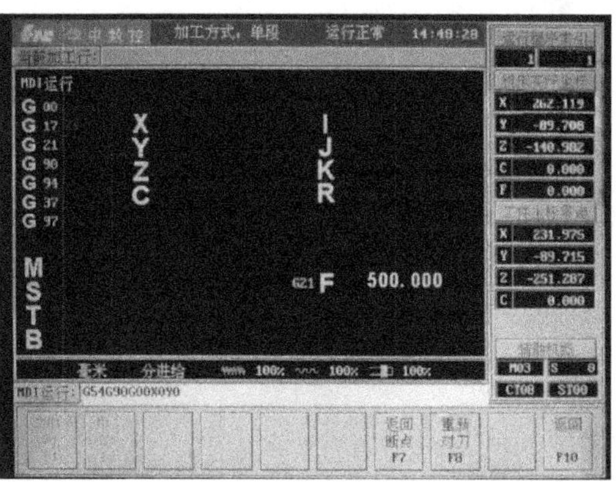

图 1-69　对刀校验一

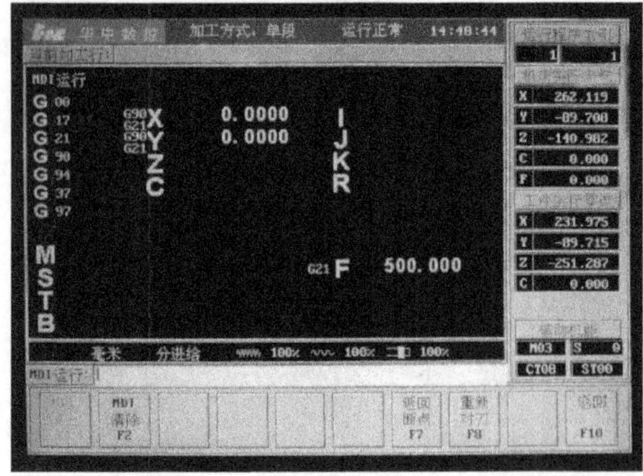

图 1-70　对刀校验二

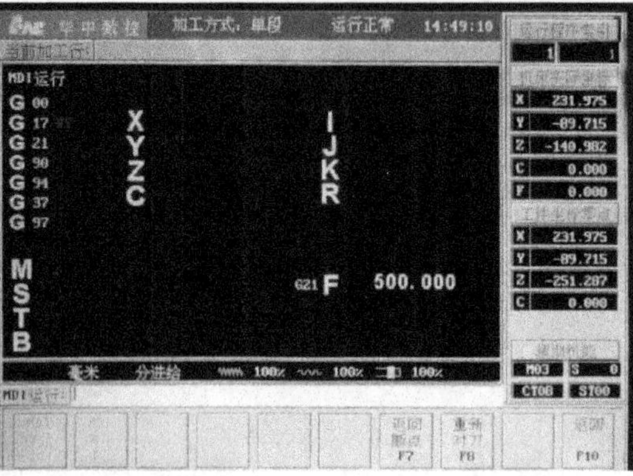

图 1-71　对刀校验三

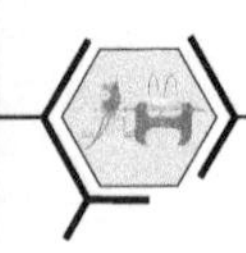

2）按下控制面板上的“增量”键，确保系统处于增量方式（指示灯亮），将选择波段开关置于“Z”档（指示灯亮），按下“主轴正转”键（指示灯亮），旋转手摇脉冲发生器控制 Z 向运动，使刀具慢慢靠近工件至和工件上表面接触，工件坐标系的坐标值显示如图 1-73 所示。

此时对刀检测完成，如工件坐标系的坐标值不符，则需重新对刀。

图 1-72　对刀校验四

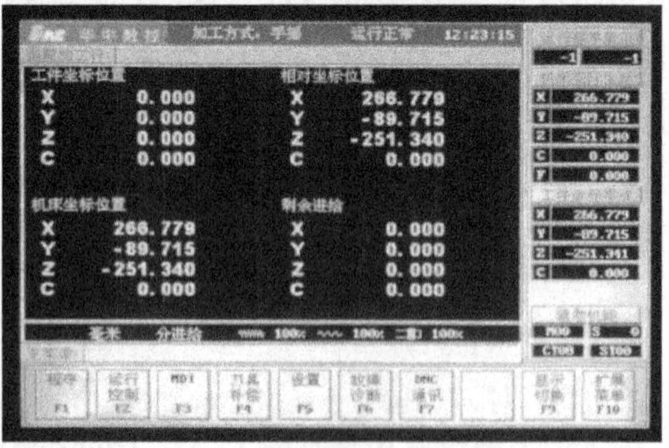

图 1-73　对刀校验五

 知识拓展

图 1-49b 所示工件的对刀步骤与图 1-49a 所示工件的对刀步骤相同，但其工件坐标系建立在工件上表面左上角点，对刀步骤的唯一区别在于 X、Y 轴对刀，寻边器只在工件左侧和后侧确定工件坐标系原点在机床坐标系中 X 轴和 Y 轴方向的坐标值。如图 1-52 所示，此位置下 X 轴的机床坐标系坐标值 $X_1=208.339\text{mm}$，标准寻边器头部尺寸为 10mm，半径为 5mm，工件在寻边器右边，则工件坐标系原点在机床坐标系中 X 轴方向的坐标值 $X=208.339\text{mm}+5\text{mm}=213.339\text{mm}$。用同样的方法确定 Y 轴的工件坐标系坐标值。

 任务评价（见表 1-5）

熟练掌握数控铣床对刀操作过程，认识对刀工具。

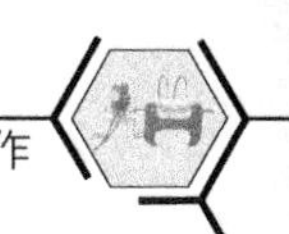

表 1-5　对刀操作训练评分表

考核项目	考核内容及要求	配分	评分标准	得分
操作	对刀	100	操作错误不得分	

课后练习

1. 为什么要对刀？结合实际操作，简述立铣刀的对刀步骤。
2. 对刀的方法有哪些？
3. 如图 1-74 所示，当工件坐标系建立在工件上表面右上角时，应如何对刀？

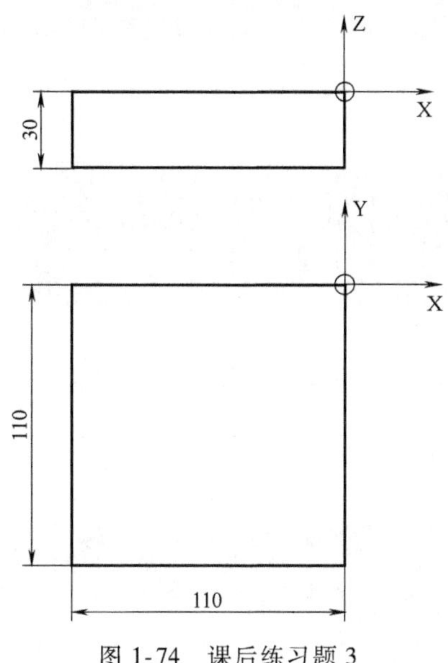

图 1-74　课后练习题 3

任务五　数控铣床程序编辑、校验与自动加工操作训练

学习目标

1）熟练操作数控铣床的编辑键盘。
2）掌握数控铣床程序的编辑、校验方法。
3）掌握数控铣床刀具半径补偿值的设置方法。
4）掌握数控铣床使用程序自动加工的操作方法。

任务描述

通过操作数控铣床的编辑键盘，熟练地完成数控铣床程序调用、新建、编辑和校验操

作；熟练完成数控铣床刀具半径补偿值的设置；在教师指导下运用指定程序加工零件。

知识链接

1. 选择程序

数控铣床能够存储许多程序（程序数量根据机床内存决定），包括已完成加工的和待加工的，需要时调出即可使用。例如，调出O0002号程序的步骤如下。

1）在主菜单（图1-75a）下，按“F1”键进入程序功能子菜单（图1-75b），再按“F1”键进入选择程序界面（图1-76）。

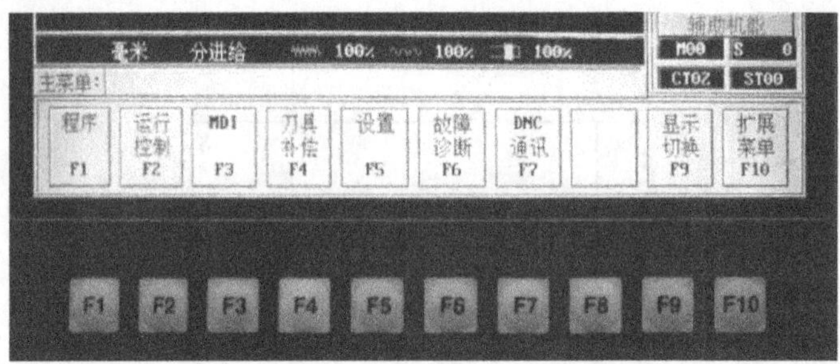

a)

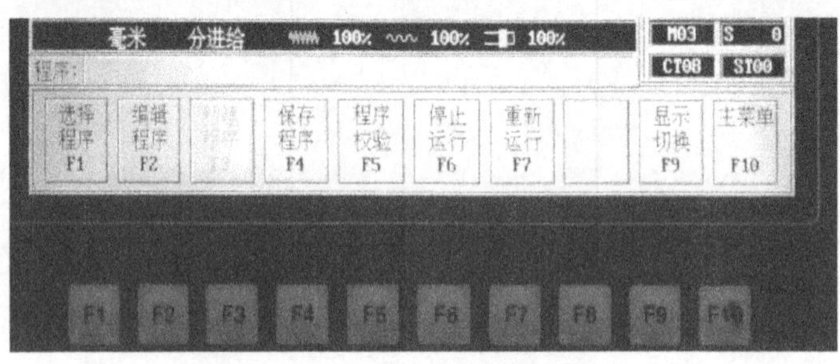

b)

图1-75 主菜单和程序子菜单

a）主菜单 b）程序子菜单

2）通过编辑区的光标选中所需用的程序名（图1-77），再按“Enter”键，操作结果如图1-78所示。

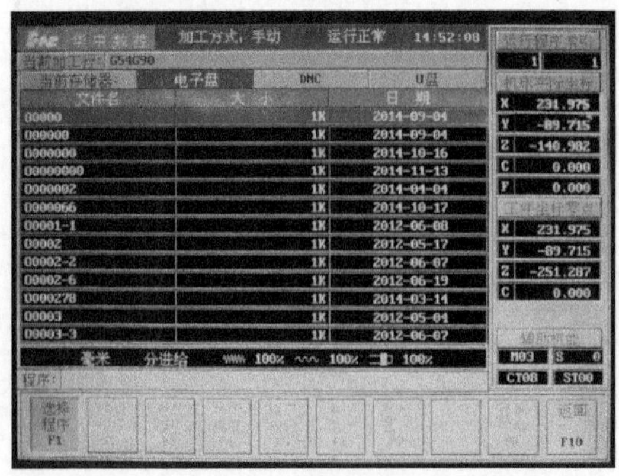

图1-76 选择程序界面一

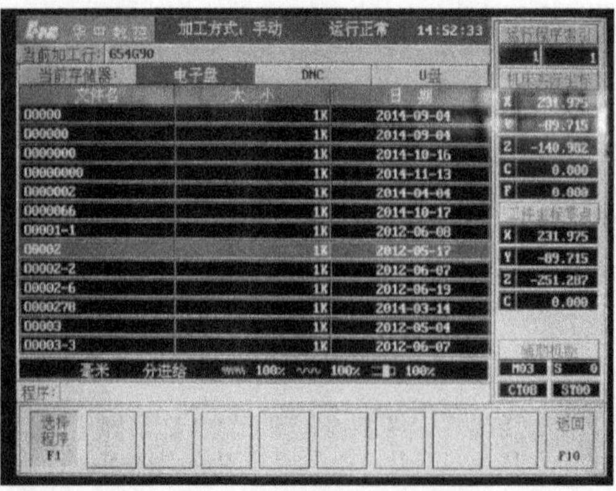

图1-77 选择程序界面二

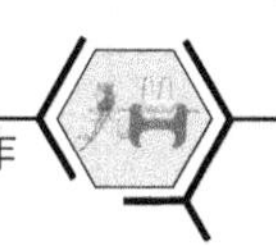

2. 编辑程序

调出并编辑已有程序的步骤如下。

1）在主菜单下按“F1”键，进入程序功能子菜单，再按“F2”键进入编辑程序界面（图 1-79）。

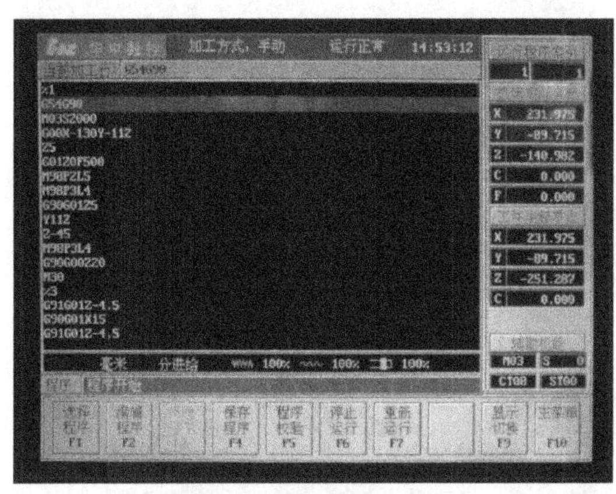

图 1-78　选择程序界面三

图 1-79　编辑程序界面

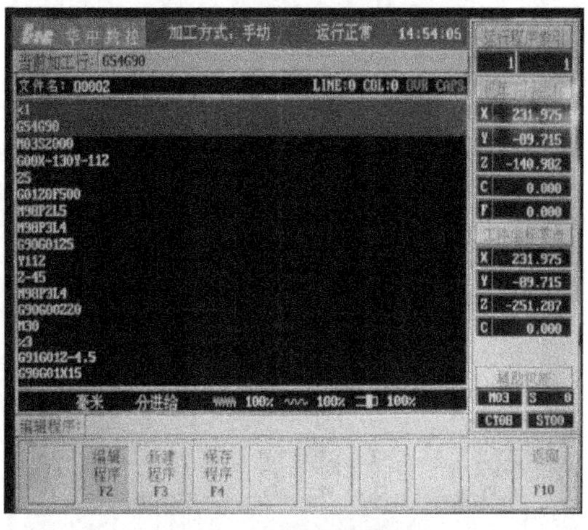

2）通过编辑区的光标、按键对程序进行编辑和修改。

3. 新建程序

新建程序是指完成新程序的输入。例如，新建 O0001 程序的步骤如下。

1）在主菜单下按“F1”键，进入程序功能子菜单，再按“F2”键进入编辑程序界面（图 1-80），然后按“F3”键进入新建程序界面（图 1-81）。

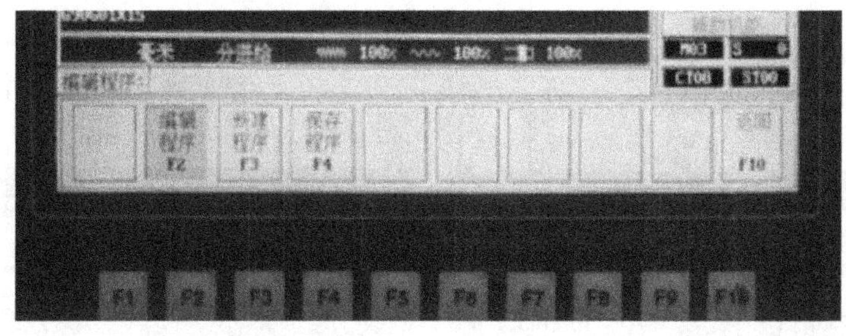

图 1-80　编辑程序界面

2）系统提示输入新建文件名，输入新建文件名后（文件名第一个字母为“O”）如图 1-82 所示，然后按“Enter”键即可输入程序（程序的第一行输入“%”加数字，第二行开始输入程序内容），如图 1-83 所示。输入程序结束，如图 1-84 所示。

4. 保存程序

对编辑后的程序和新建程序一定要进行保存，否则程序容易丢失，编辑完和新建输入完程序后按“F4”键，如图 1-85 所示，然后按“Enter”键，结果如图 1-86 所示。

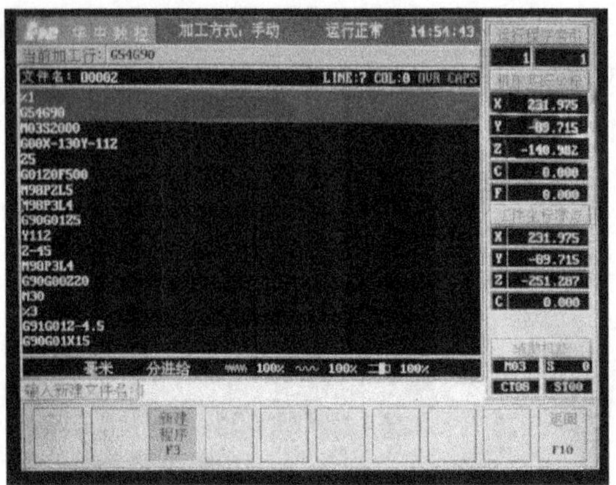

图 1-81　新建程序界面一

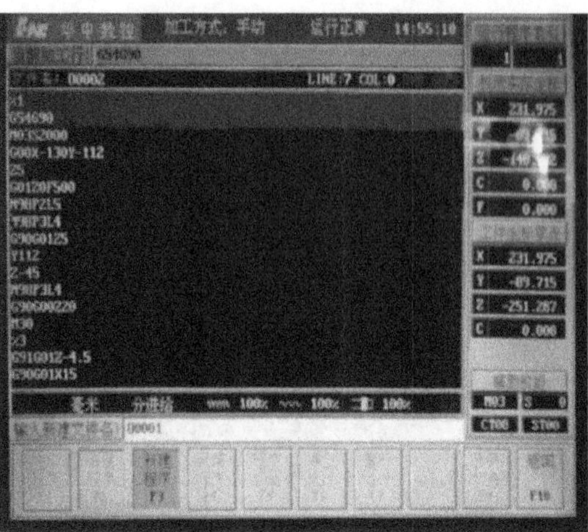

图 1-82　新建程序界面二

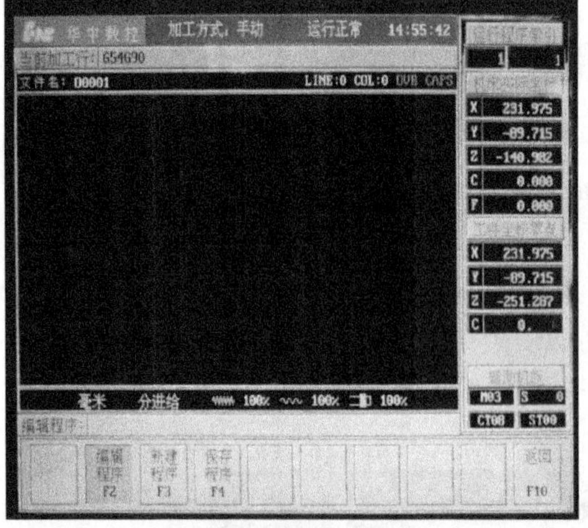

图 1-83　新建程序界面三

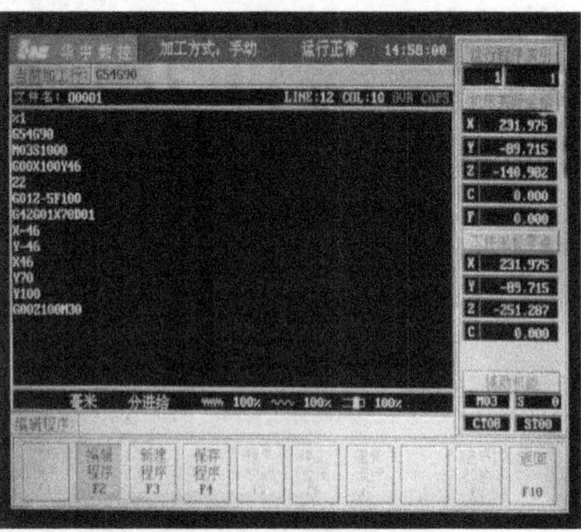

图 1-84　输入程序结束

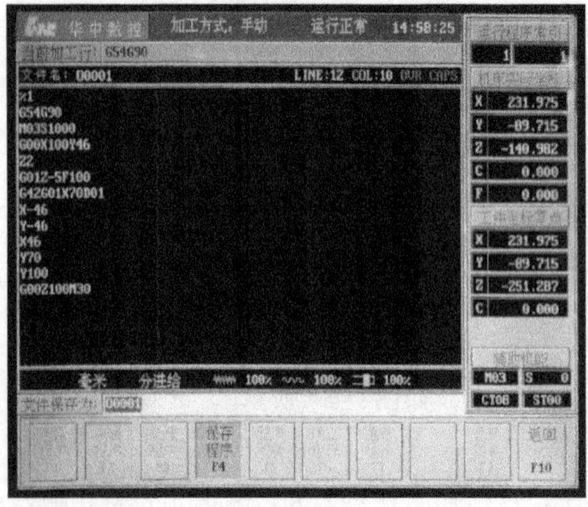

图 1-85　保存程序界面一

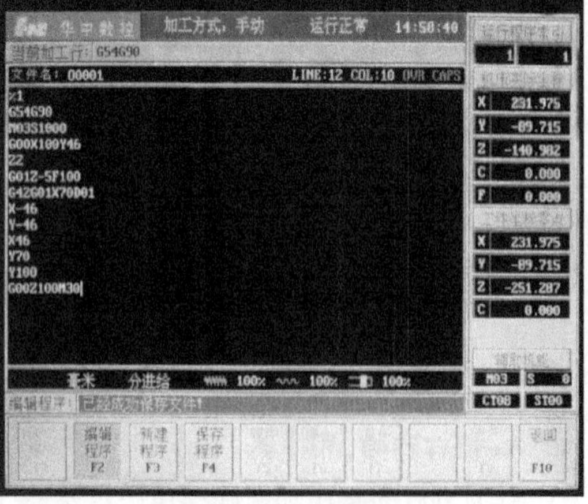

图 1-86　保存程序界面二

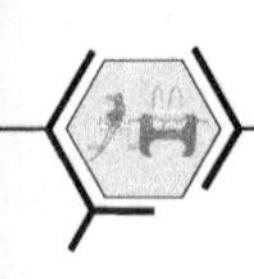

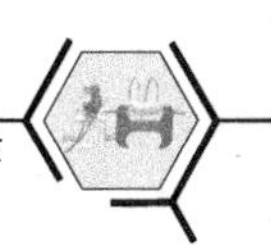

5. 删除程序

在主菜单下按“F1”键进入程序功能子菜单，再按“F1”键进入选择程序界面，然后通过编辑区的光标选中所需用的程序名，再按“Del”键，系统弹出图 1-87 所示对话框，系统提示是否要删除选中的程序文件，按“Y”键将选中的程序文件从当前存储器中删除，按“N”键则取消删除操作。

6. 程序校验

程序校验用于对调入加工缓冲区的程序文件进行校验，并提示可能的错误（如代码格式、轨迹等）。对于新建程序和编辑后的程序，应先进行校验，正确无误后再自动运行，以免出现安全事故。

1）调入加工程序。

2）按下控制面板上的“手动”键，确保系统处于手动方式（指示灯亮），按一下“机床锁住”键（指示灯亮），机床将禁止所有运动，如图 1-88 所示。

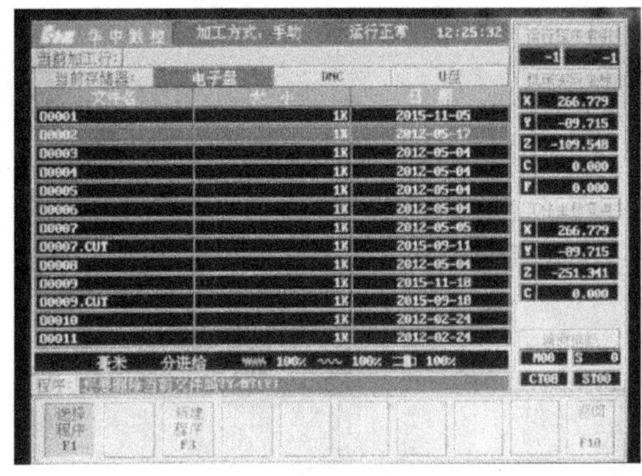

图 1-87　删除程序对话框

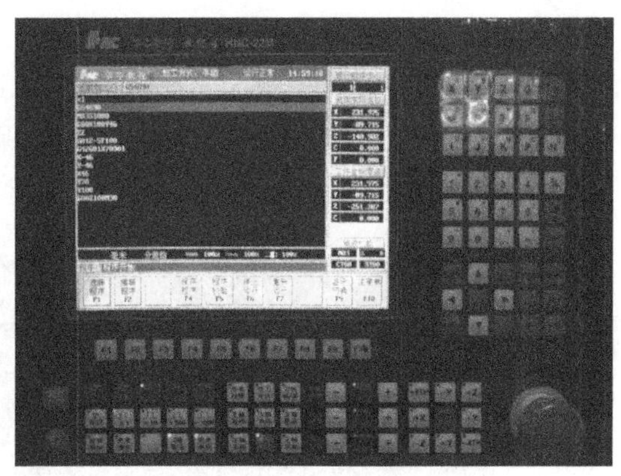

图 1-88　机床锁住

3）按下控制面板上的“自动”键，确保系统处于自动方式（指示灯亮），如图 1-89 所示。

4）在程序功能子菜单下按“F5”键，此时液晶显示器中工作方式显示为“自动校验”，在程序功能子菜单下按“F9”键，把液晶显示器中显示窗口转换为图形显示，如图 1-90 所示。

5）按控制面板上的“循环启动”键，程序校验开始，如图 1-91 所示。

若程序正确，则校验结束后光标将返回程序头（蓝色），且液晶显示器中工作方式显示为“自动”；若程序有错误，则命令行提示程序哪一行有错，修改后继续校验，直到程序正确。

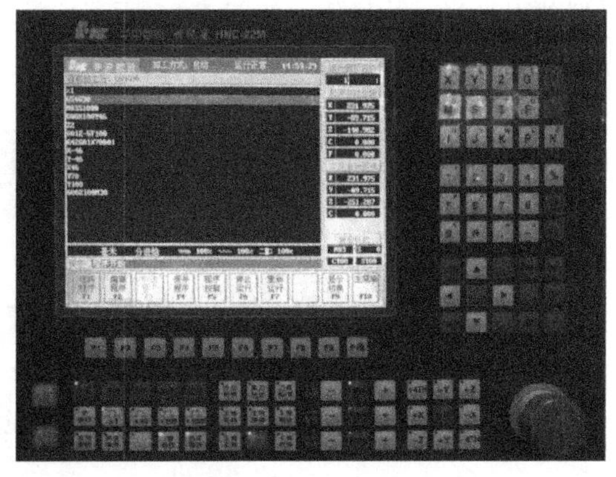

图 1-89　程序校验界面一

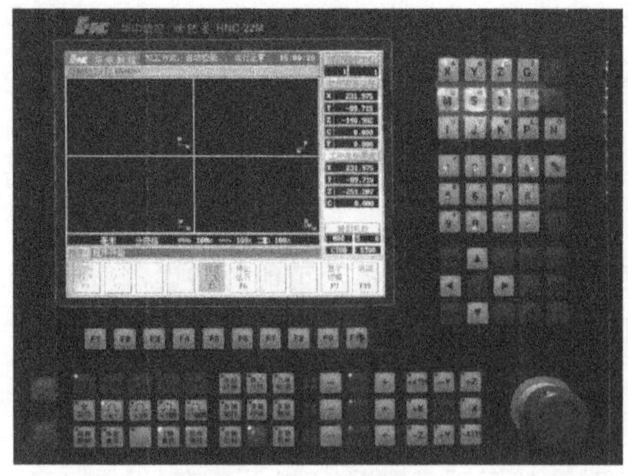

图 1-90　程序校验界面二

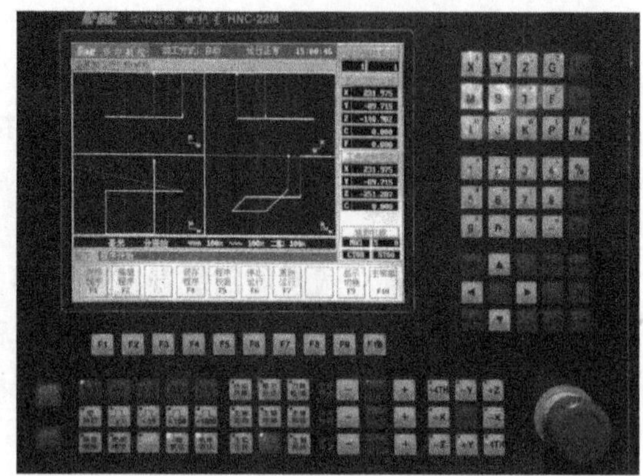

图 1-91　程序校验界面三

7. 自动加工

1）调入经校验无误的加工程序。

2）按下控制面板上的“自动”键，确保系统处于自动方式（指示灯亮），如图 1-92 所示。

图 1-92　自动状态

3）在主菜单下按“F4”键，进入刀具补偿功能子菜单（图 1-93），再按“F2”键进入刀具设置界面，移动光标到相应刀具补偿号位置，如图 1-94 所示（如程序中有 D01，则移动到#0001 半径处，依此类推）。然后按“Enter”键，光标处底色变成白色，输入需要设置的刀具半径补偿值，如图 1-95 所示，最后按“Enter”键，即完成了刀具半径补偿的设置。

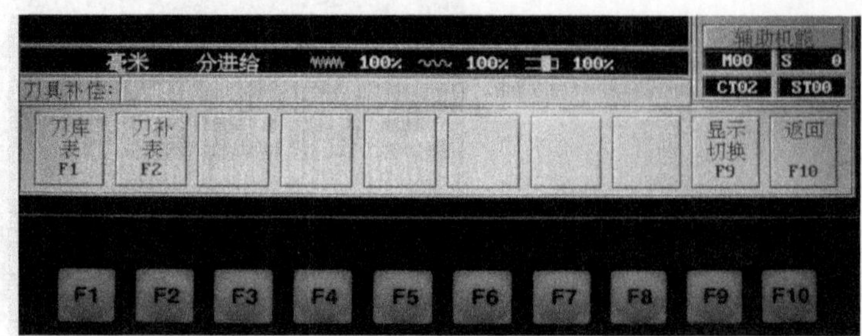

图 1-93　刀具补偿子菜单

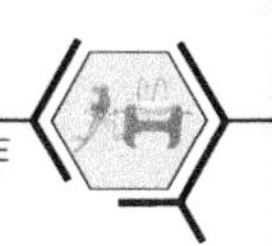

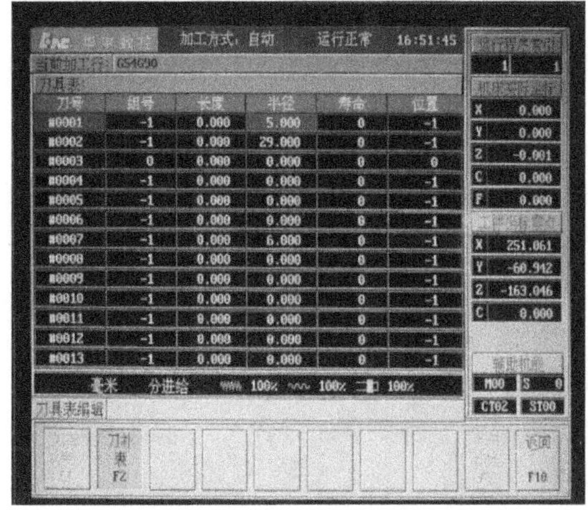

图 1-94　刀具补偿界面一

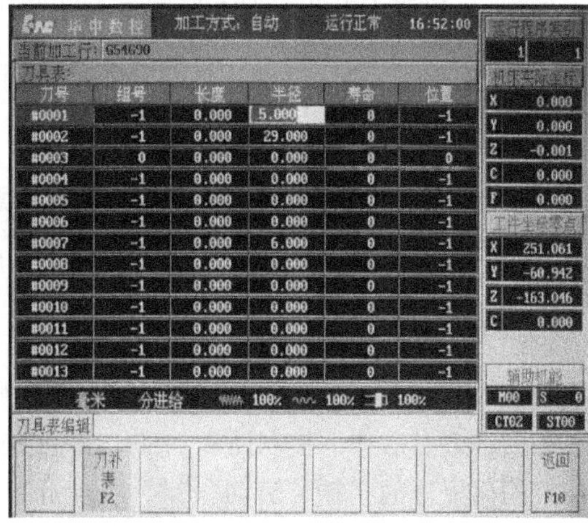

图 1-95　刀具补偿界面二

4）按控制面板上的“循环启动”键，机床开始自动运行加工。

任务实施（独立完成操作）

安装好直径为 12mm 的立铣刀和尺寸为 110mm×110mm×50mm 的工件，完成对刀。

1）新建 O0001 程序，程序如下：

```
O0001
%1
G54 G90
M03 S1000
G00 X100 Y46
Z2
G01 Z-5 F100
G42 G01 X70 D01
X-46
Y-46
X46
Y70
Y100
G00 Z100
M30
```

2）保存 O0001 程序。

3）校验 O0001 程序。

4）设置 D01 刀具半径补偿值为 6.00mm。

5）再校验 O0001 程序，观察其与步骤 3）的区别。

6）自动加工工件，加工后测量工件尺寸为 X=92mm，Y=92mm，Z=5mm。

1）机床自动加工过程中，操作者应注意把手放在修调倍率按键和“急停”按钮附近，根据加工状态调整主轴转速和进给速度，使加工处在最佳状态。当出现加工不正常状态时，应及时按下“急停”按钮以免发生安全事故。

2）初学者进行自动加工时，最好先按下控制面板上的“单段”键，确保系统处于单段方式（指示灯亮），再按控制面板上的“循环启动”键，一行一行地执行程序，执行到加工的进刀点后按下控制面板上的“自动”键，确保系统处于自动方式（指示灯亮），再按控制面板上的“循环启动”键，自动运行加工。

3）当在自动加工中中止自动运行后，希望程序重新开始运行时，在主菜单下按“F1”键进入程序功能子菜单，再按“F7”键，然后按“Y”键使光标返回程序头（蓝色）。此时按控制面板上的“循环启动”键，机床将开始从首行重新自动运行加工。

表 1-6 程序编辑、校验和自动加工操作训练评分表

序号	考核项目	考核内容及要求	配分	评分标准	得分
1	操作	程序编辑	20	操作错误不得分	
2	操作	程序校验	20	操作错误不得分	
3	操作	刀补设置	20	操作错误不得分	
4	操作	自动加工	40	不完成不得分	

简述程序自动加工的步骤及注意事项。

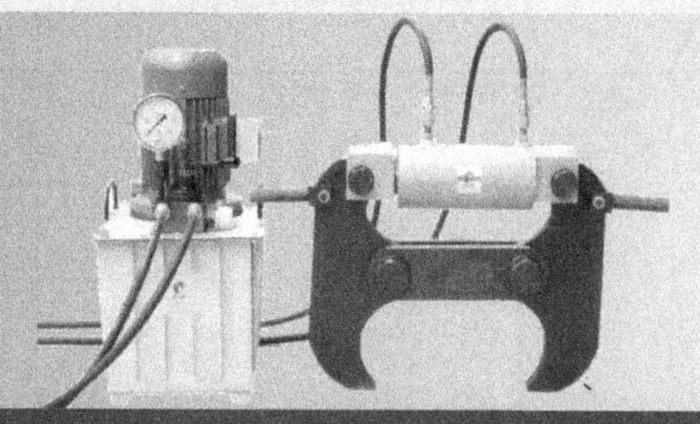

项目二

数控铣工操作训练（基础篇）

项目描述

本项目以安装华中世纪星数控系统的数控铣床为例，对数控铣削外轮廓、型腔、孔、配合件等类型零件进行操作训练。通过学习应掌握基础或中等难度零件的编程方法和编程技巧，零件铣削加工工艺的编制方法，选用合适的刀具和工装、合理的切削用量的方法；能够正确设置工件坐标系，并掌握刀具的半径补偿和长度补偿方式；能够根据编写的程序完成基础或中等难度零件的加工和质量控制，达到数控铣工（中级）国家职业技能标准要求。

任务一　四棱柱平面铣削编程加工

学习目标

1. 知识目标

1）了解程序结构，理解常用字符的含义和功用；掌握零件平面的加工工艺。

2）掌握平面加工的编程方法。

3）能够正确使用 G54、G90、G91、G00、G01 等指令。

2. 技能目标

1）掌握零件平面的加工工艺。

2）学会选用平面加工刀具及合理的切削用量。

3）能够正确设置工件坐标系。

4）能完成本次零件加工任务。

任务描述

分析零件图 2-1，通过学习数控铣削加工编程的基本知识，结合编程代码 G00、G01 等指令的学习和应用，完成零件平面加工工艺的制订，并编写加工程序单，完成零件的加工和检测。

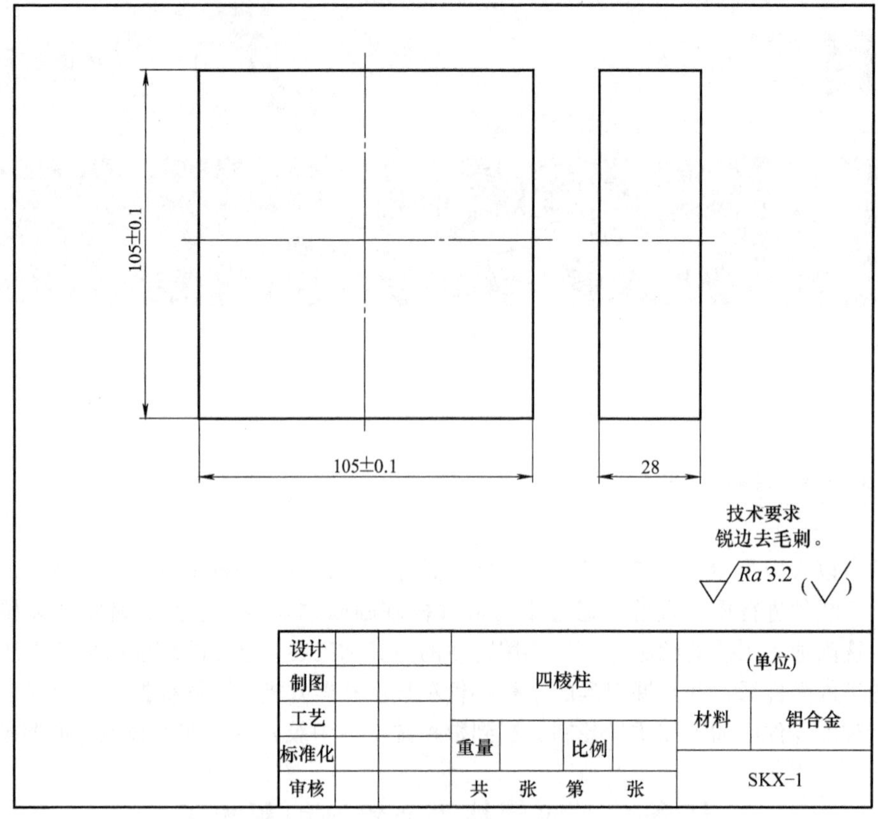

图 2-1 四棱柱零件图

知识链接

1. 坐标系

数控铣床坐标系采用右手笛卡儿直角坐标系，如图 2-2 所示。

坐标轴设定顺序为 Z 轴、X 轴、Y 轴。Z 轴为主轴方向，其正方向规定为增大工件与刀具之间距离的方向。X 轴为主要切削方向（纵向），其正方向规定为从操作者操作方向看的右手方向。Y 轴根据右手笛卡儿直角坐标系中 Z 轴和 X 轴的方向自然确定。在右手笛卡儿直角坐标系中，右手的大拇指表示 X 轴，食指表示 Y 轴，中指表示 Z 轴，相互处于空间垂直状态。

旋转坐标轴 A 轴、B 轴、C 轴的正方向根据右手螺旋法则确定，即从坐标轴的正方向向负方向看，右手握轴的旋转方向为正方向。

数控铣床坐标系有机床坐标系和工件坐标系，它们之间对应的坐标轴是平行关系。

机床坐标系是以机床原点为坐标系原点建立的坐标系，一般机床的生产厂家已经将其设定好，机床开机后，执行机床回零操作后就设置了机床坐标系。

工件坐标系是编程人员为编程、计算方便在工件上（一般以工件上表面中心或角点为原点）建立的坐标系，通过对刀完成工件坐标系的建立。

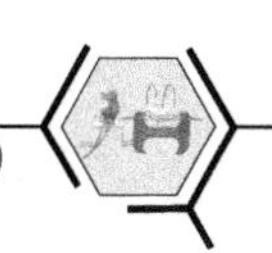

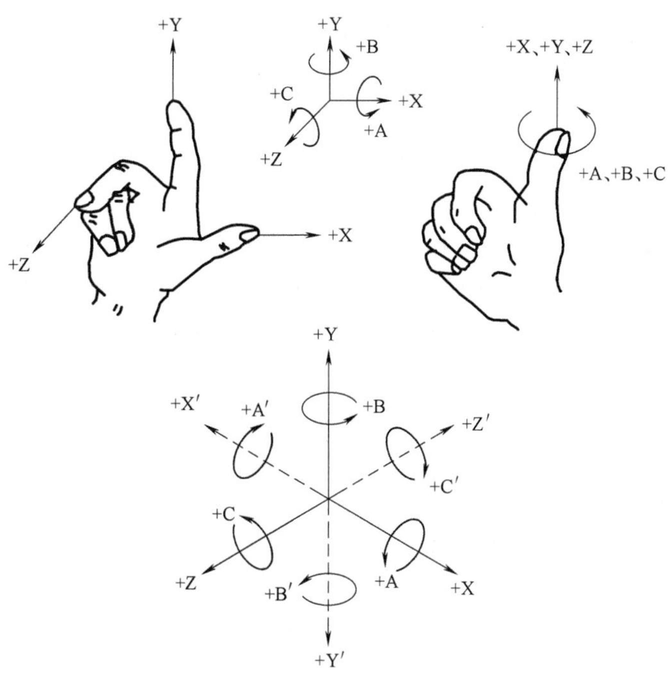

图 2-2 右手笛卡儿直角坐标系

2. 程序结构

一个完整的程序包括程序名和程序两部分。

华中系统程序名的格式为 O×××× （地址 O 后面必须有四位数字或字母）。主程序、子程序必须写在同一文件名下。

华中系统程序由程序起始符、程序内容、程序结束符组成。

程序起始符的格式为%后加数字，如%×××× （%后的数字可取 1~9999）。程序起始符应单独一行，并从程序的第一行、第一格开始。

程序内容是整个程序的核心，由若干程序段组成。一个程序段由多个编程指令组成，一个编程指令由指令字（字母）和数字组成。将数控机床要完成的每个动作按顺序用一个或多个指令编制每一个程序段。

程序结束符为 M02 或 M30。

例如：

```
O0001                 程序文件名
%1                    程序起始符  ┐
G54 G90               ┐           │
M03 S800              │ 各程序段   │ 程序结构
G00 X0 Y0 Z100        │           │
…                     ┘           │
M30                   程序结束符  ┘
```

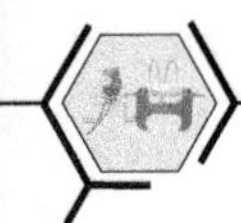

3. F、S、M 功能指令

（1）进给功能（F 功能） 在地址 F 后指定数值，用于控制刀具的进给速度。进给功能有两种，即快速移动和切削速度。

快速移动是指刀具以 CNC 设置的快速移动速度移动；切削速度是指刀具以程序中编制的切削进给速度移动。使用机床操作面板上的“快速修调”“进给修调”功能，可以对快速移动或切削速度的倍率进行调节。

（2）主轴转速功能（S 功能） 在地址 S 后指定数值，控制主轴转速。

主轴速度可以直接使用地址 S 后最多 5 位数值指定。所指定的主轴转速的单位取决于机床制造厂商的规定。例如，S3000 表示主轴转速为 3000r/min。主轴转速可根据以下公式计算

$$n=\frac{1000v}{\pi d}$$

式中 n——主轴转速；

v——切削速度，可查相关工具书；

d——刀具直径。

（3）辅助功能（M 功能） M 功能有非模态 M 功能和模态 M 功能两种形式（非模态指令只在书写了该段代码的程序段中有效；模态指令是一组可相互替代的指令，这些指令在被同一组的另一个指令替代前一直有效）。M 代码及其功能见表 2-1。

表 2-1 M 代码及其功能

代 码	是否模态	功能说明	代 码	是否模态	功能说明
M00	非模态	程序停止	M03	模态	主轴正转
M01	非模态	选择停止	M04	模态	主轴反转
M02	非模态	程序结束	M05	模态	主轴停止转动
M30	非模态	程序结束并返回程序起点	M07	模态	切削液开
			M08	模态	切削液开
M98	非模态	调用子程序	M09	模态	切削液关
M99	非模态	子程序结束			

（4）准备功能（G 代码） 准备功能 G 代码由 G 及其后的 1~2 位数值组成，它用来规定刀具和工件的相对运动轨迹、机床坐标系、坐标平面、刀具补偿、坐标偏置等多种加工操作。

华中数控装置的 G 代码及其功能见表 2-2。

表 2-2 G 代码及其功能

G 代码	组	功能	格式	备注
G00	01	快速定位	G00 X_Y_Z	
G01	01	直线插补	G00 X_Y_Z_F	※
G02	01	顺时针圆弧插补	G17/G18/G19 G02 X_Y_Z_R_/I_J_K_F	
G03	01	逆时针圆弧插补	G17/G18/G19 G03X_Y_Z_R_/I_J_K_F	
G04	00	暂停	G04 P_	

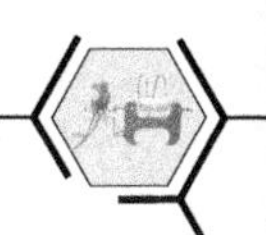

（续）

G代码	组	功能	格式	备注
G17	02	选择XY平面	G17	※
G18	02	选择ZX平面	G18	
G19	02	选择YZ平面	G19	
G20	08	英寸输入	G20	
G21	08	毫米输入	G21	※
G22	08	脉冲当量	G22	
G24	03	镜像开	G24 X_Y_Z_	
G25	03	镜像关	G25	※
G28	00	返回参考点	G28 X_Y_Z	
G29	00	由参考点返回	G29 X_Y_Z	
G34	00	螺纹切削	G34 K_F_P_	
G40	09	刀具半径补偿取消	G40	※
G41	09	刀具半径左补偿	G41 G00/G01 X_Y_D_F_	
G42	09	刀具半径右补偿	G42 G00/G01 X_Y_D_F_	
G43	10	刀具长度正向补偿	G43 G01 Z_H_F_	
G44	10	刀具长度负向补偿	G44 G01 Z_H_F	
G49	10	刀具长度补偿取消	G49	※
G50	04	缩放关	G50	※
G51	04	缩放开	G51 X_Y_Z_P	
G53	00	直接机床坐标系编程	G53 X_Y_Z	
G54	11	工件坐标系1选择	G54	
G55	11	工件坐标系2选择	G55	
G56	11	工件坐标系3选择	G56	
G57	11	工件坐标系4选择	G57	
G58	11	工件坐标系5选择	G58	
G59	11	工件坐标系6选择	G59	
G60	00	单方向定位	G60 X_Y_Z_	
G61	12	精确停止校验方式	G61	※
G64	12	连续方式	G64	
G68	05	旋转变换	G68 X_Y_Z_P_	
G69	05	旋转取消	G69	※
G73	06	深孔钻削循环	G73 X_Y_Z_P_Q_R_I_J_K_	
G74	06	逆攻螺纹循环	同上	
G76	06	精镗循环	同上	
G80	06	固定循环取消	同上	※
G81	06	中心钻循环	同上	
G82	06	带停顿钻孔循环	同上	
G83	06	深孔钻循环	同上	
G84	06	攻螺纹循环	同上	
G85	06	镗孔循环	同上	
G86	06	镗孔循环	同上	
G87	06	反镗循环	同上	

（续）

G代码	组	功能	格式	备注
G88	06	镗孔循环	同上	
G89	06	镗孔循环	同上	
G90	13	绝对值编程	G90	※
G91	13	增量编程	G91	
G92	00	工件坐标系设定	G92 X_Y_Z_P_	
G94	14	每分钟进给	G94	※
G95	14	每转进给	G95	
G98	15	固定循环返回起始点	G98	※
G99	15	固定循环返回R点	G99	

注：1. ※标记表示默认值，上电时将初始化为该功能。
2. 00组中的G代码是非模态的，其他组的G代码是模态的。

非模态G代码是指该代码只在所规定的程序段中有效，程序段结束时被注销。

模态G代码是指一组可相互注销的G代码，这些功能一旦被执行则一直有效，直到被同一组的其他G代码取代为止。

4. G54～G59和G90、G91指令

（1）选择工件坐标系指令G54～G59

1）功能。G54～G59为11组模态代码，用于选择工件坐标系，如G54指令为工件坐标系一、G55指令为工件坐标系二，以此类推，常用于机床对刀时选择工件坐标系。通过对刀，在系统内设定6个工件坐标系，编程时可根据需要任意选用。

2）指令格式：G54～G59。

（2）绝对值编程G90和增量值编程G91

1）功能。G90指令为绝对值编程，即每个编程坐标轴上的值是以工件坐标系原点为基准进行计算的，它是13组模态代码。

G91指令为增量值编程，即每个编程坐标轴上的值是相对于前一位置进行计算的，它是13组模态代码。

2）指令格式：G90或G91。

5. G20、G21指令

1）功能：G20指令为寸制输入制式，单位为in；G21指令为米制输入制式，单位为mm。

2）格式：G20或G21。

6. G00、G01指令

（1）快速定位G00

1）功能。G00指令为01组的模态G代码，其功能是控制刀具快速移动到指定的位置。

2）指令格式：G00　X＿Y＿Z＿

3）格式说明。

① 绝对编程时，快速定位终点绝对坐标值；增量编程时，快速定位终点相对于起点

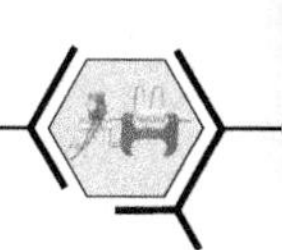

的增量坐标值。如图 2-3 所示，G00 指令定义的铣削路径可能是直线，也可能是折线。

② 快速定位速度由机床参数设定，可通过机床控制面板快速修调按钮调整速度快慢。

（2）直线插补 G01

1）功能。G01 指令为 01 组的模态 G 代码，其功能是控制刀具直线插补到指定的位置，移动速度由编程人员设定。

2）指令格式：G01 X__Y__Z__F__

3）格式说明

① 绝对编程时，直线插补终点绝对坐标值；增量编程时，直线插补终点相对于前一点的增量坐标值。如图 2-4 所示，G01 指令的实际铣削路径与编程路径相同。

② F 是指进给量或合成进给速度，其中合成进给速度由编程人员设定，加工时可通过机床控制面板进给修调按钮调整速度快慢。

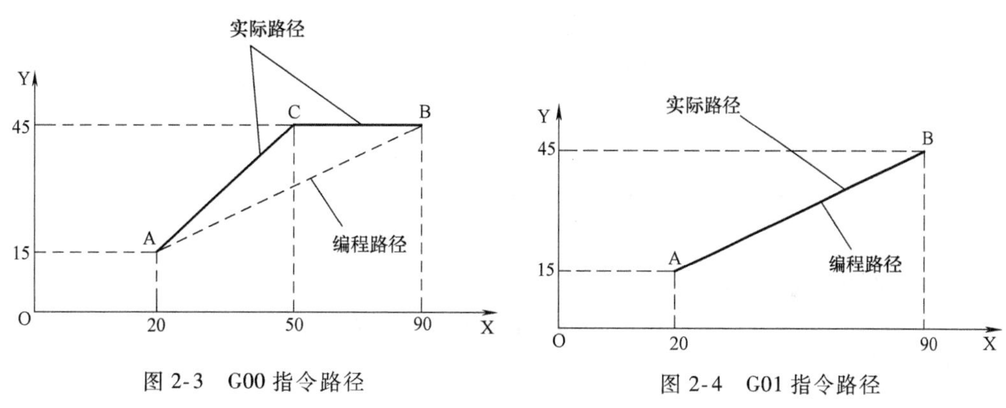

图 2-3　G00 指令路径　　图 2-4　G01 指令路径

任务实施

1. 确定零件坯料的装夹方式与加工方案

选用毛坯尺寸为 110mm×110mm×30mm，材料为铝合金，毛坯图如图 2-6 所示，将该毛坯加工成图 2-1 所示零件，加工方法如下：

1）如图 2-5 所示，以 2 面（相对较平整的面）为基准，将工件安装在平口钳上加工 1 面，留 0.5～1mm 的加工余量。

2）以 1 面为基准，加工 2 面至零件图尺寸要求。

3）以 1 面或 2 面为基准（用直角尺找正），加工 3 面至平整。

4）以 3 面为基准，加工 4 面至尺寸要求。

5）以 6 面为基准，加工 5 面至平整。

6）以 5 面为基准，加工 6 面至尺寸要求。

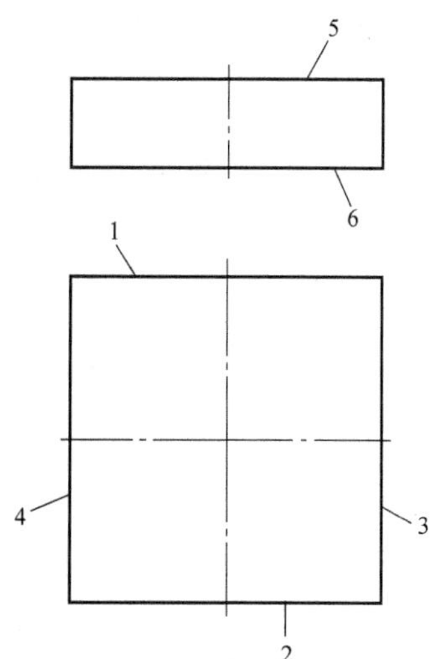

图 2-5　四棱柱平面铣削加工示意图

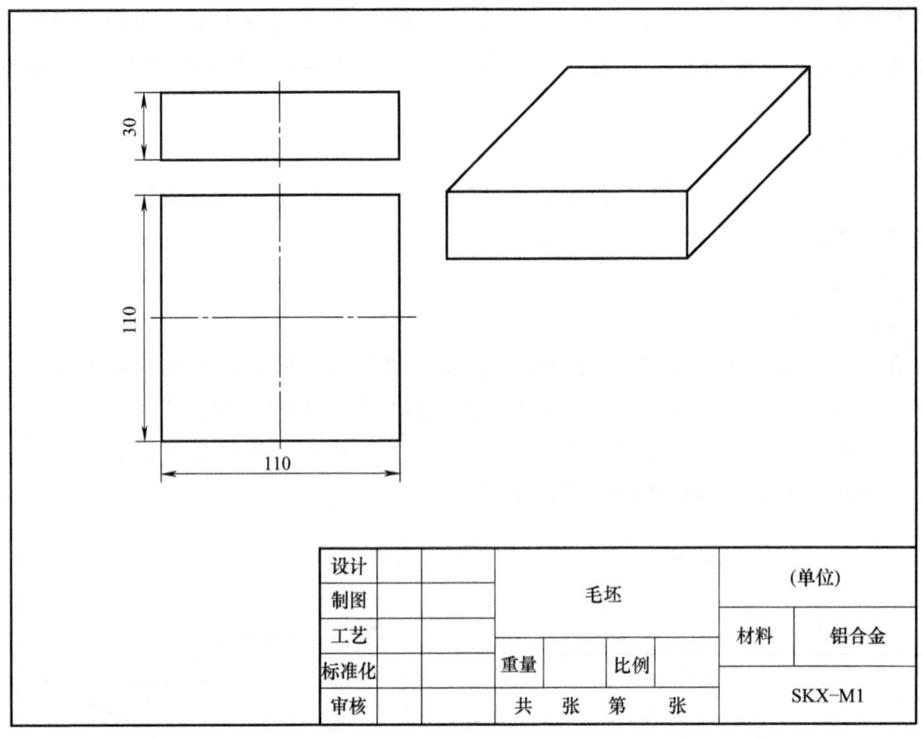

图 2-6　四棱柱毛坯图

2. 工艺准备（见表 2-3）

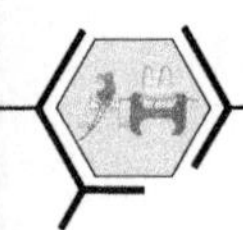

表 2-3　四棱柱平面铣削工艺准备表

序号	内　　容	备注
1	认真阅读零件图，并按毛坯图检查坯料尺寸	
2	拟定加工方案，确定加工路线，计算切削用量	
3	检查工具、量具、刃具是否完整	
4	开机，返回参考点	
5	安装机用平口钳，装夹工件	
6	安装刀具	
7	对刀，设定工件坐标系	
8	编制加工程序并将其输入机床	
9	程序校验	

3. 工具、量具、刃具清单（见表 2-4）

表 2-4　四棱柱平面铣削工具、量具、刃具清单

序　　号	名　　称	规格/mm	单　　位	数　　量
1	游标卡尺	0.02/0~150	把	1
2	杠杆百分表及表座	0.01/0~10	套	1
3	表面粗糙度样板	N0~N1(12 级)	副	1
4	面铣刀	ϕ125	把	1
5	BT40 刀柄		套	1
6	机用平口钳	200	台	1

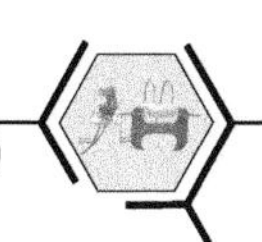

（续）

序　号	名　称	规格/mm	单　位	数　量
7	T型螺栓及螺母、垫圈		套	1
8	呆扳手		套	1
9	平行垫铁		副	1
10	橡皮锤		把	1

4. 加工工艺过程卡（见表2-5）

表2-5　四棱柱平面铣削加工工艺过程卡

数控加工工艺卡		产品代号		零件名称	材料	零件图号	
				四棱柱	铝合金	SKX-1	
工步号	工步内容	刀具号	刀具规格	主轴转速 n/(r/min)	进给量 f/(mm/min)	背吃刀量 a_p/mm	备注
1	铣削1面，留1mm加工余量	T01	BT40	400	100	1	自动
2	翻转装夹，铣削2面至尺寸要求	T01	BT40	400	100	1	自动
3	以1面为基准(用直角尺找正)，铣削3面，使之平整	T01	BT40	400	100	1	自动
4	翻转装夹，铣削4面至尺寸要求	T01	BT40	400	100	1	自动
5	以6面为基准，铣削5面至平整	T01	BT40	400	100	1	自动
6	以5面为基准，铣削6面至尺寸要求	T01	BT40	400	100	1	自动

5. 参考程序（华中数控HZ）（见表2-6）

表2-6　四棱柱平面铣削参考程序

程序内容	程序说明	备　注
1面、3面参考程序		
%1	程序号	
G54 G90 G21	工件坐标系，绝对编程，米制尺寸(mm)	
M03 S400	主轴正转，转速为400r/min	
G00 X130 Y0	快速定位到X130，Y0	
Z5	快速定位到Z5	
M08	切削液开	
G01 Z-1 F100	直线插补到Z-1，进给速度为100mm/min	工件表面应见光，如不见光，则通过改变Z值，加工到见光为止
X-130	直线插补量X-130	
G00 Z100	快速定位到Z100	
M30	程序结束	
2面、4面参考程序		
%2	程序号	
G54 G90 G21	工件坐标系，绝对编程，米制尺寸(mm)	
M03 S400	主轴正转，转速为400r/min	
G00 X130 Y0	快速定位到X130，Y0	
Z5	快速定位到Z5	
M08	切削液开	

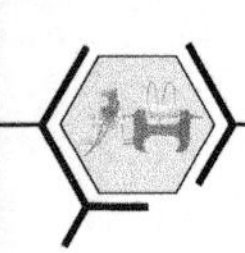

（续）

程序内容	程序说明	备　注
G01 Z-4 F100	直线插补到Z-4,进给速度为100mm/min	通过改变Z值,加工达到尺寸要求
X-130	直线插补量X-130	
G00Z100	快速定位到Z100	
M30	程序结束	
5面、6面参考程序		
%3	程序号	
G54 G90 G21	工件坐标系,绝对编程,米制尺寸(mm)	G54坐标值需重新对刀
M03 S400	主轴正转,转速为400r/min	
G00 X130 Y0	快速定位到X130,Y0	
Z5	快速定位到Z5	
M08	切削液开	
G01 Z-1 F100	直线插补到Z-1,进给速度为100mm/min	通过改变Z值,将5面加工到见光为止,加工6面达到尺寸要求
X-130	直线插补量X-130	
G00 Z100	快速定位到Z100	
M30	程序结束	

注意事项：

1）起刀点一定要选择在零件外面，加工路线确定时，铣刀应按平面的尺寸进刀和退刀。

2）加工过程中，时刻注意调整主轴转速倍率和进给倍率，使加工平稳。

3）安装机用平口钳时，必须用杠杆百分表找正固定钳口，使其与机床的X轴平行。

4）程序校验正确后才能自动运行。

知识拓展

1. 增量编程方法

在加工大平面时，不用编辑完整的加工程序，可在MDI状态下编辑短程序，使用G91增量编程进行加工。例如，图2-7a中刀具与工件上表面平行，铣削上表面的示例程序如下：

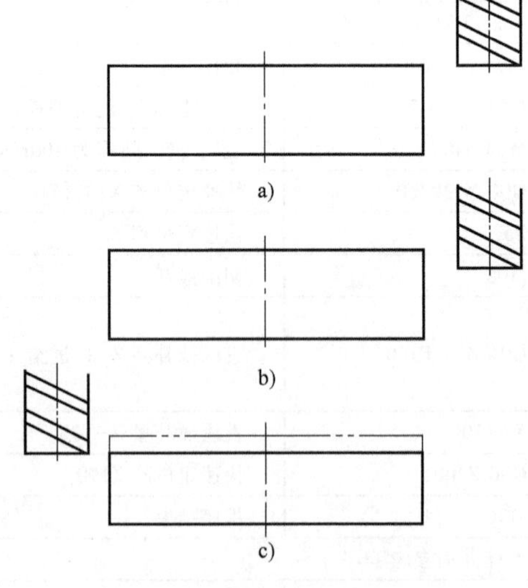

图2-7　增量编程加工示意图

G91 G01 Z-1 F100	图2-7a到图2-7b
X-200	图2-7b到图2-7c

2. 平面加工方法二

在毛坯表面比较光滑、切削量较小的情况下，可采用图2-8所示的加工方法。

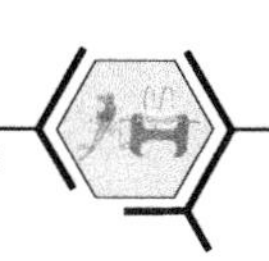

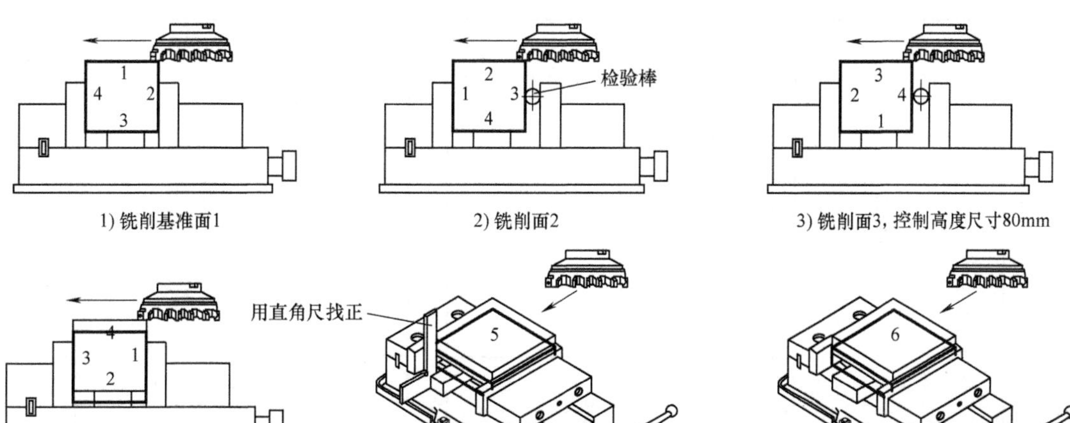

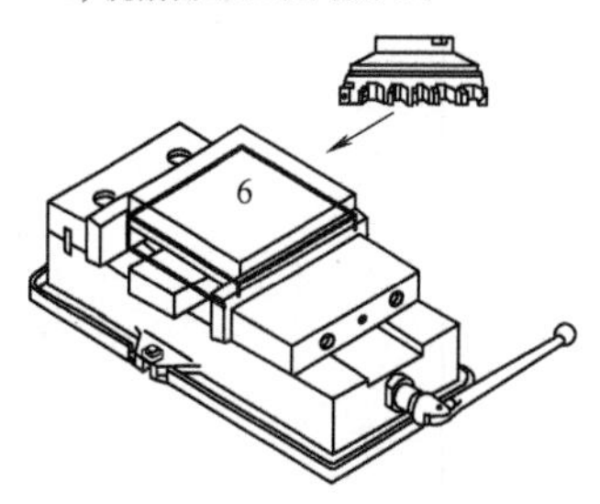

1) 铣削基准面1　2) 铣削面2　3) 铣削面3，控制高度尺寸80mm

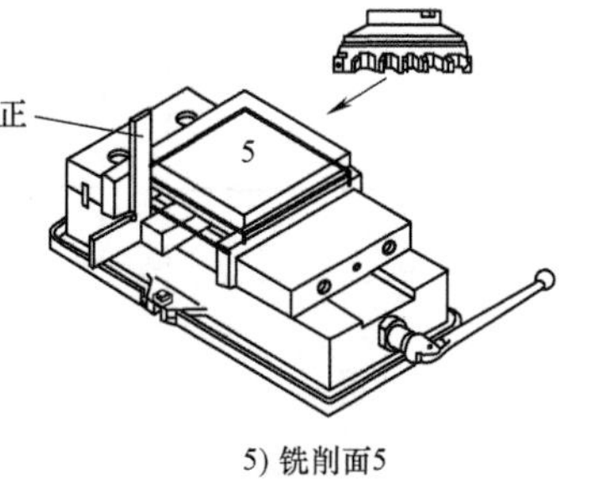

4) 铣削面4，控制长度尺寸80mm　5) 铣削面5　6) 铣削面6，控制厚度尺寸18mm

图 2-8　平面加工方法二示意图

任务评价（见表 2-7）

表 2-7　四棱柱平面铣削编程加工评分表

工种	数控铣工	图号	SKX-1	单位					
定额时间		30min	起始时间		结束时间	总得分			
序号	考核项目	考核内容及要求		配分	评分标准	检测结果	扣分	得分	备注
1	长度	(105±0.1)mm	IT	12	超差不得分				
			Ra	20	降一级扣 5 分				
2	宽度	(105±0.1)mm	IT	12	超差不得分				
			Ra	20	降一级扣 5 分				
3	高度	28mm	IT	10	超差不得分				
			Ra	20	降一级扣 5 分				
4	技术要求	锐边去毛刺		6	未做不得分				
5	其他项目	工件须完整，局部无缺陷（如夹伤等）						扣分不超过 5 分	
6	程序编制	程序中有严重违反工艺者取消考试资格，其他视情况酌情扣分						扣分不超过 5 分	
7	加工时间	每超过 10min 扣 5 分							
8	安全生产	按国家颁布的有关规定						每违反一项从总分中扣 10 分	
9	文明生产	按单位规定						每违反一项从总分中扣 2 分	
记录员			监考员		检评员		复核员		

课后练习

利用所学编程指令及加工工艺知识编写图 2-9 所示练习零件的加工程序并加工出零件，毛坯尺寸为 105mm×105mm×28mm。

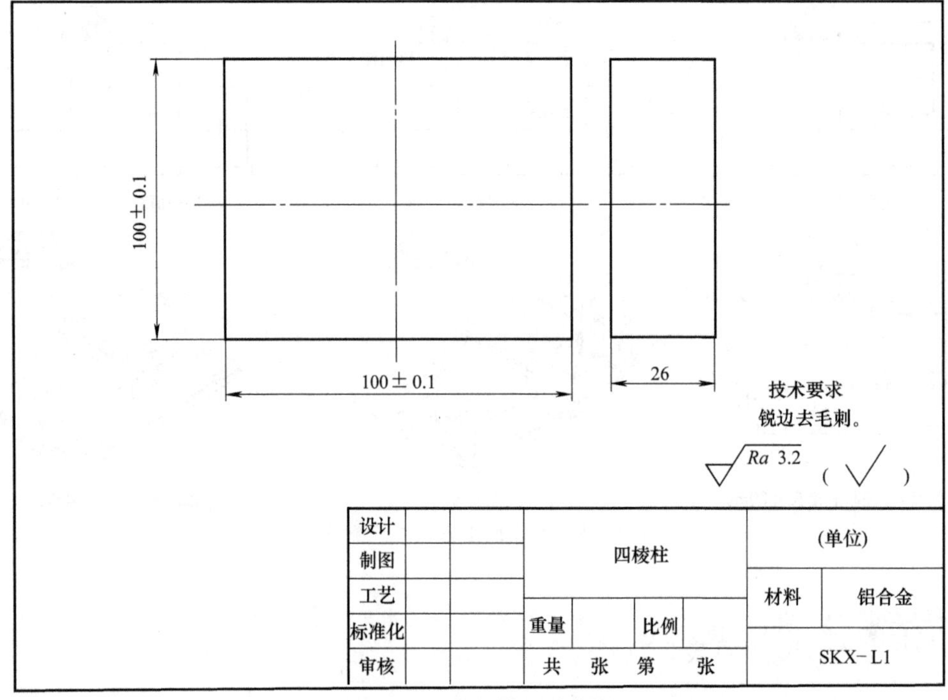

图 2-9 四棱柱练习零件图

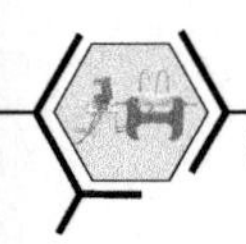

任务二 外轮廓凸台铣削编程加工

学习目标

1. 知识目标

1) 掌握外轮廓凸台加工的编程方法。

2) 能够熟练使用 G00、G01、G40、G41、G42 等指令。

3) 学会使用刀具半径补偿功能保证加工要求。

2. 技能目标

1) 掌握零件外轮廓凸台的加工工艺。

2) 学会选用外轮廓凸台加工的刀具及合理的切削用量。

3) 能够正确设置工件坐标系。

4) 能够完成本次零件加工任务。

任务描述

分析零件图 2-10，学习制订外轮廓凸台（方台）铣削加工的工艺路线。通过编程代码 G40、G41、G42 等指令的学习和应用，学习使用刀具半径补偿功能。结合 G00、G01 指令的应用，完成零件外轮廓凸台铣削加工工艺的制订，并编写加工程序单，完成零件的加工和检测。

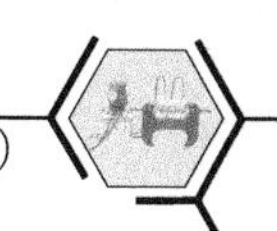

技术要求
锐边去毛刺。

设计			方台				(单位)	
制图								
工艺							材料	铝合金
标准化			重量		比例			
审核			共　张　第　张				SKX-2	

图 2-10　方台零件图

知识链接

1. G17、G18、G19 指令

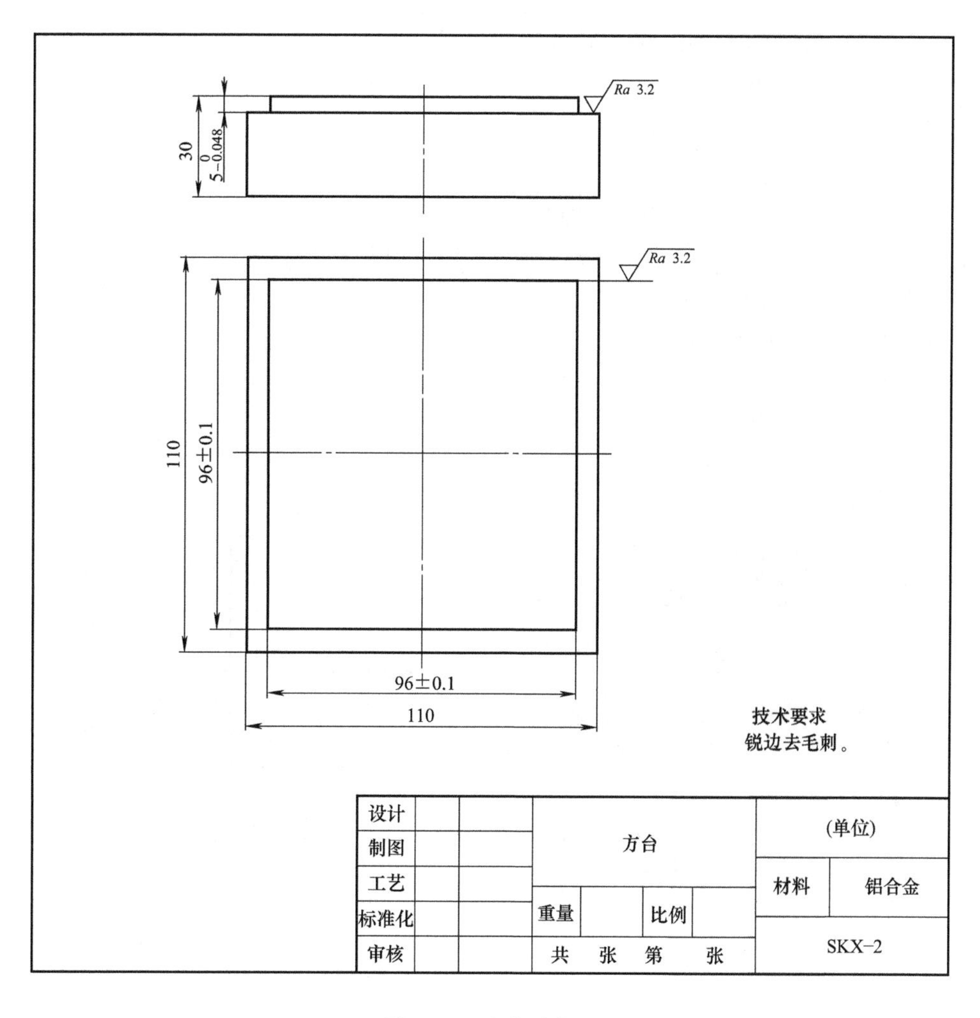

（1）功能　G17、G18、G19 指令为坐标平面选择指令，分别用来选择 XY、ZX、YZ 平面，常用于程序编辑的第一段或在数控铣床 MDI 界面对机床进行选择平面设置。该组指令为 02 组模态指令，主要应用于圆弧插补和刀具半径补偿。

（2）指令格式：G17 或 G18 或 G19。

2. G40、G41、G42 指令

（1）刀具半径左补偿 G41

1）功能：刀具半径左补偿（在刀具前进方向刀具中心左侧补偿），如图 2-11a 所示。该指令为 09 组模态 G 代码，必须在 G00/G01 的状态下进行编程。

2）指令格式：

G17　G41　G00/G01　X_Y_D_F_

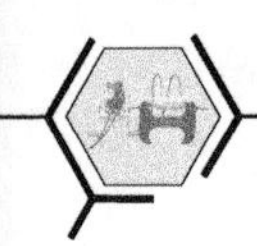

或 G18　G41　G00/G01　X_Z_D_F_

或 G19　G41　G00/G01　Y_Z_D_F_

3）格式说明：

① X、Y、Z：刀具半径补偿建立的终点坐标。

② G17：刀具半径补偿建立在 XY 平面；G18：刀具半径补偿建立在 ZX 平面：G19：刀具半径补偿建立在 YZ 平面。

③ D：刀具半径补偿值在刀补表中的刀补位置。

④ F：进给速度。

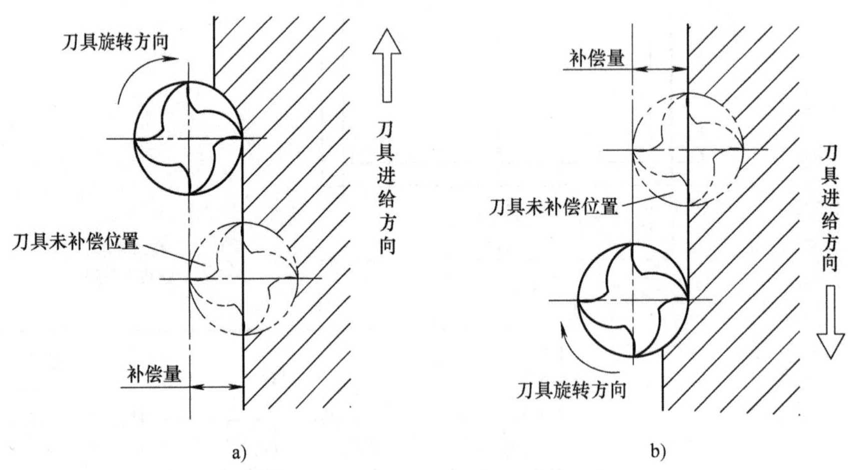

图 2-11　刀具半径补偿方向

a）左补偿　b）右补偿

（2）刀具半径右补偿 G42

1）功能：刀具半径右补偿（在刀具前进方向刀具中心右侧补偿），如图 2-11b 所示。该指令为 09 组模态 G 代码，必须在 G00/G01 的状态下进行编程。

2）指令格式：

G17　G42　G00/G01　X_Y_D_F_

或 G18　G42　G00/G01　X_Z_D_F_

或 G19　G42　G00/G01　Y_Z_D_F_

指令中各参数的含义同 G41 指令。

（3）刀具半径补偿取消 G40

1）功能：取消刀具半径补偿，恢复到以刀具中心轨迹为进给状态，在编程时，可单独在一个程序段内。

2）格式。G40。

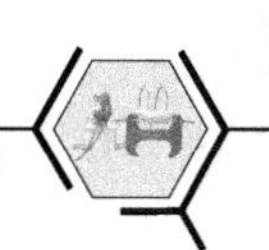

3. 方台加工工艺路线（图 2-12）**分析**

方台加工工艺路线分析如下：

1）刀具从初始位置快速定位到起刀点上方。起刀点选在工件外，以保证刀具垂直起刀时不会与工件相干涉。

2）刀具快速移动到起刀点。

3）刀具从起刀点直线插补进给到进刀点，进刀点选在工件所要加工的方台的某一边的延长线上，进刀过程中进行刀具半径补偿，所以进刀点也是建立刀具半径补偿终点。

4）刀具沿工件轮廓铣削结束，沿工件加工的最后一条边的延长线退出到达的点，称为退刀点。

5）刀具从退刀点直线插补进给到提刀点。提刀点是工件加工结束时，准备快速提刀的点，从退刀点到提刀点的过程中取消刀具半径补偿，所以提刀点也是取消刀具半径补偿终点。

6）刀具从提刀点快速提刀到初始位置。

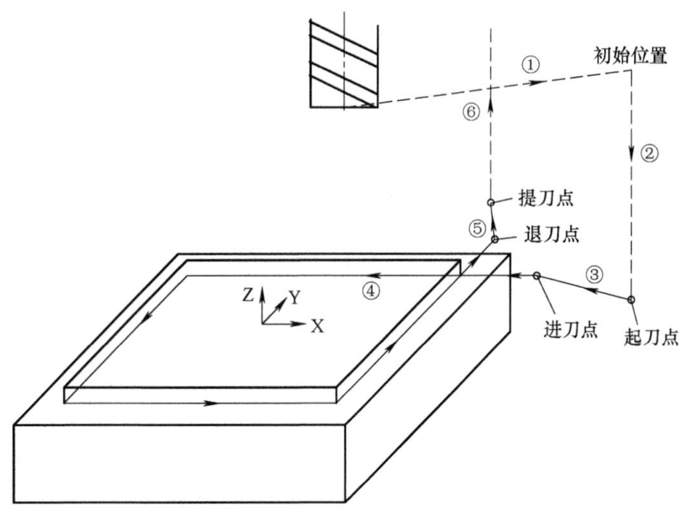

图 2-12　方台加工工艺路线图

任务实施

1. 确定零件坯料的装夹方式与加工方案

毛坯尺寸为 110mm×110mm×30mm，材料为铝合金，如图 2-13 所示。将该毛坯加工成图 2-11 所示零件，加工方法如下：

1）使用平口钳装夹毛坯，底部垫平行垫块，工件加工表面高出钳口 10mm，使用橡皮锤敲击工件，使其与垫块紧密接触。使用百分表找正加工表面，夹紧力要适中，使用百分表找正时需正确安装和使用百分表，方法如图 2-14 所示。

2）粗加工外轮廓，留 0.5mm 的加工余量。

3）精加工外轮廓至尺寸要求。

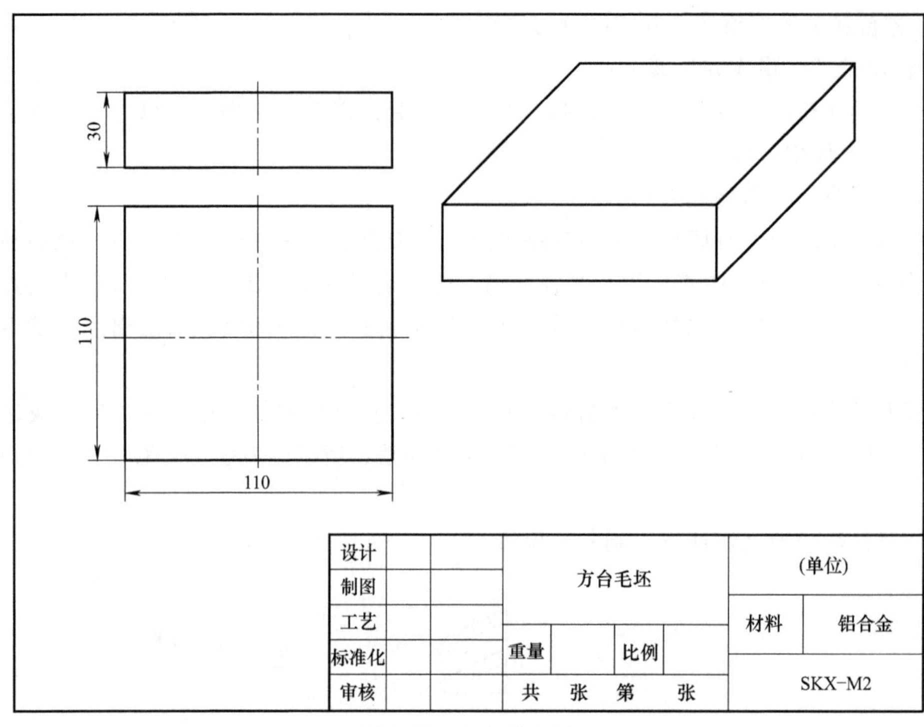

图 2-13 方台毛坯图

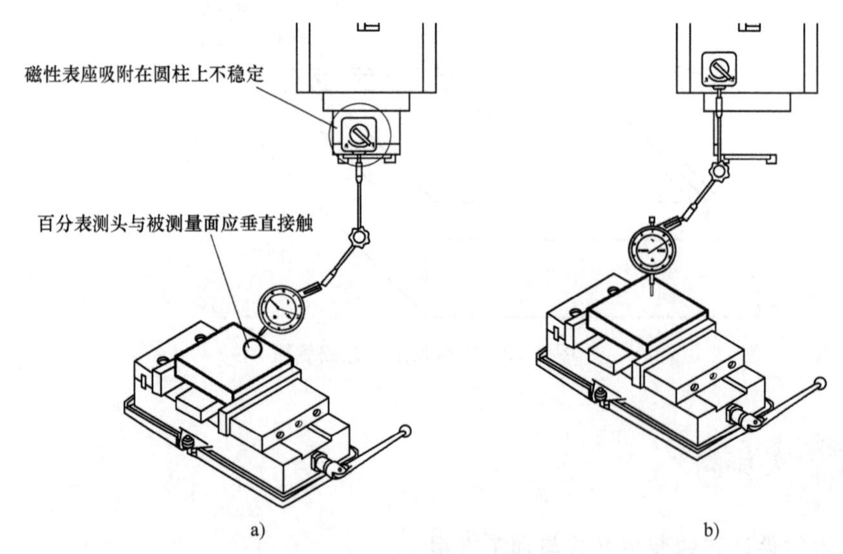

图 2-14 安装找正示意图

a）错误 b）正确

2. 工艺准备（见表 2-8）

表 2-8 方台铣削工艺准备表

序号	内 容	备注
1	认真阅读零件图，并按毛坯图检查坯料尺寸	
2	拟定加工方案，确定加工路线，计算切削用量	
3	检查工具、量具、刃具是否完整	

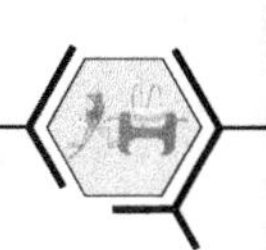

（续）

序号	内　　容	备注
4	开机，返回参考点	
5	安装机用平口钳，装夹工件	
6	安装刀具	
7	对刀，设定工件坐标系	
8	设定刀具半径补偿值	
9	编制加工程序并输入机床	
10	程序校验	
11	粗加工工件	
12	测量零件尺寸	
13	精加工工件	
14	结束加工	

3. 工具、量具、刃具清单（见表 2-9）

表 2-9　方台铣削工具、量具、刃具清单

序号	名称	规格/mm	单位	数量
1	游标卡尺	0.02/0～150	把	1
2	深度游标卡尺	0.02/0～200	把	1
3	杠杆百分表及表座	0.01/0～10	套	1
4	表面粗糙度样板	N0～N1（12 级）	副	1
5	立铣刀	$\phi12$	把	1
6	BT40 刀柄及卡簧	ER32（11～12）	套	1
7	机用平口钳	200	台	1
8	T 型螺栓及螺母、垫圈		套	1
9	呆扳手		套	1
10	平行垫铁		副	1
11	橡皮锤		把	1

4. 加工工艺过程卡（见表 2-10）

表 2-10　方台铣削加工工艺过程卡

数控加工工艺卡		产品代号		零件名称	材料	零件图号	
				方台	铝合金	SKX-2	
工步号	工步内容	刀具号	刀具规格	主轴转速 n/（r/min）	进给量 f/（mm/min）	背吃刀量 a_p/mm	备注
1	粗铣外轮廓方台，留 0.5mm 精加工余量	T01	BT40	2500	300	3	自动
2	精铣外轮廓方台至尺寸要求	T01	BT40	2500	300	5	自动

5. 参考程序（华中数控 HZ）（见表 2-11）

表 2-11　方台铣削参考程序

程 序 内 容	程 序 说 明	备　　注
%1	程序号	
G54 G90 G21	工件坐标系，绝对编程，米制尺寸（mm）	
M03 S2500	主轴正转，转速为 2500r/min	
G00 X80 Y48	快速定位到指定坐标，起刀点	
Z2	定位 Z 轴	
G01 Z-5 F50	直线插补到指定 Z 坐标，进给速度为 50mm/min	第一刀 Z-3
G42 G01 X60 Y48 D01 F300	刀具半径右补偿，直线插补到补偿点坐标，进给速度为 300mm/min	D01＝6.5

（续）

程序内容	程序说明	备 注
M08	切削液开	
X-48	直线插补到 X-48	
Y-48	直线插补到 Y-48	
X48	直线插补到 X48	
Y60	直线插补到 Y60	
Y80	直线插补到 Y80,刀具半径补偿取消点	
G40	取消刀具半径补偿	
M09	切削液关	
G00 Z100	快速退刀到 Z100	
M30	程序结束	

注意事项：

1）第一次加工时，在粗加工结束后根据测量结果改变精加工刀具半径补偿值，粗加工 D01=6.5，精加工 D01=6.5-（实际测量尺寸-图样要求尺寸）/2 。

2）起刀点一定要选择在零件外面，加工路线确定时，铣刀应沿轮廓延长线进刀和退刀。

3）安装机用平口钳时，必须用杠杆百分表找正固定钳口，使其与机床的 X 轴平行。

4）零件轮廓深度为 5mm，分为两层加工，第一层为 3mm，第二层深度达到尺寸要求。

5）程序校验正确后才能自动运行。

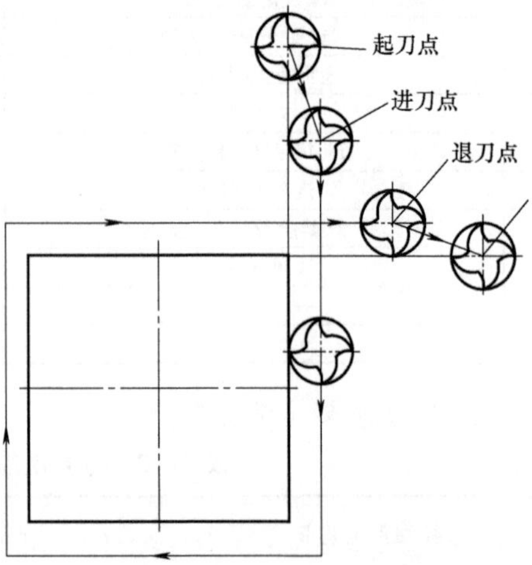

图 2-15　加工路线示意图

知识拓展

1. 刀具半径补偿方向的应用

加工方台时使用的刀具半径补偿功能，加工方向的不同导致选择不同的刀具半径补偿方向。如图 2-15 所示的加工路线，采用刀具半径左补偿进行加工，其程序如下：

```
…
G00 X48 Y80
G41 G01 X48 Y60 D01 F300
G01 Y-48
…
```

2. 正多边形加工计算方法（以正六边形为例）

如图 2-16 所示，计算图形中所标示的 A、B 两个点的坐标值。

计算方法如下：

连结 OA、OB，以 B 点为端点作一条直线垂直于 OA，垂点为 C，即线段 BC。在直角

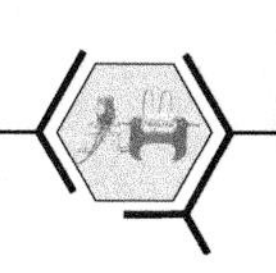

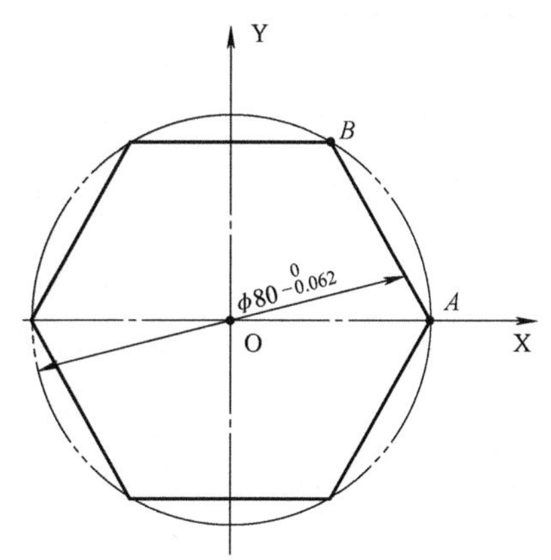

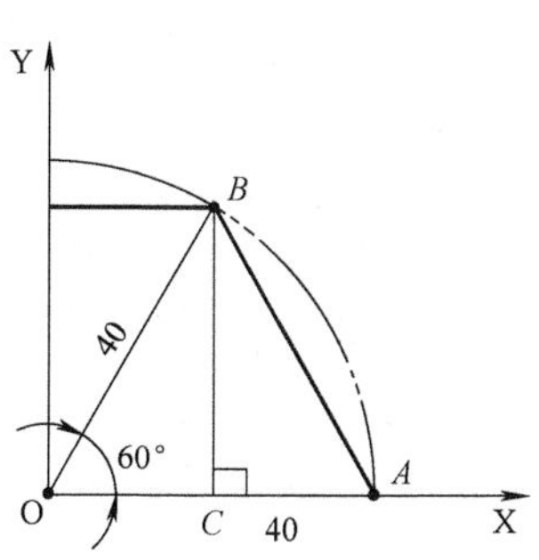

图 2-16　坐标点数值计算示意图

三角形 OBC 中，利用三角函数，计算 B 点的坐标值。

已知 $OB=OA=40\text{mm}$，$\angle COB=60°$

所以 $OC=40\text{mm}\times\cos60°=40\text{mm}\times0.5=20\text{mm}$

$BC=40\times\sin60°\approx40\text{mm}\times0.866=34.64\text{mm}$

所以，A 点坐标为（X40，Y0），B 点坐标为（X20，Y34.64）。

那么，也可以得到正六边形中其他四个点的坐标。

3. 检测方法（课外知识）

（1）尺寸检测　用游标卡尺检测长度、厚度、直径尺寸均用深度游标尺检测深度尺寸，使用塞规检测通孔尺寸。

（2）轮廓检测　使用半径样板检测倒圆角轮廓部分。

（3）几何公差检测　若图样中含有对称度要求，如要求两通孔关于中心圆的圆心对称，可以通过用游标卡尺测量两圆心分别与中心圆圆心之间距离的方法进行检测。

（4）表面粗糙度检测　采用样板比较法检测表面粗糙度。

任务评价（见表 2-12）

表 2-12　方台铣削编程加工评分表

工种	数控铣工	图号	SKX-2	单位				
定额时间	30min	起始时间		结束时间		总得分		
序号	考核项目	考核内容及要求		配分	评分标准	检测结果	扣分	得分	备注
1	长度	(96±0.1)mm	IT	12	超差不得分				
			Ra	20	降一级扣 5 分				
2	宽度	(96±0.1)mm	IT	12	超差不得分				
			Ra	20	降一级扣 5 分				
3	高度	$5_{-0.048}^{\ 0}$mm	IT	10	超差 0.01mm 扣 5 分				
			Ra	20	降一级扣 5 分				

（续）

序号	考核项目	考核内容及要求	配分	评分标准	检测结果	扣分	得分	备注
4	技术要求	锐边去毛刺	6	未做不得分				
5	其他项目	工件须完整，局部无缺陷（如夹伤等）					扣分不超过5分	
6	程序编制	程序中有严重违反工艺者取消考试资格，其他视情况酌情扣分					扣分不超过5分	
7	加工时间	每超过10min扣5分						
8	安全生产	按国家颁布的有关规定					每违反一项从总分中扣10分	
9	文明生产	按单位规定					每违反一项从总分中扣2分	
记录员			监考员		检评员		复核员	

课后练习

利用所学编程指令编写图2-17所示零件的加工程序并加工出零件，毛坯尺寸为110mm×110mm×30mm。

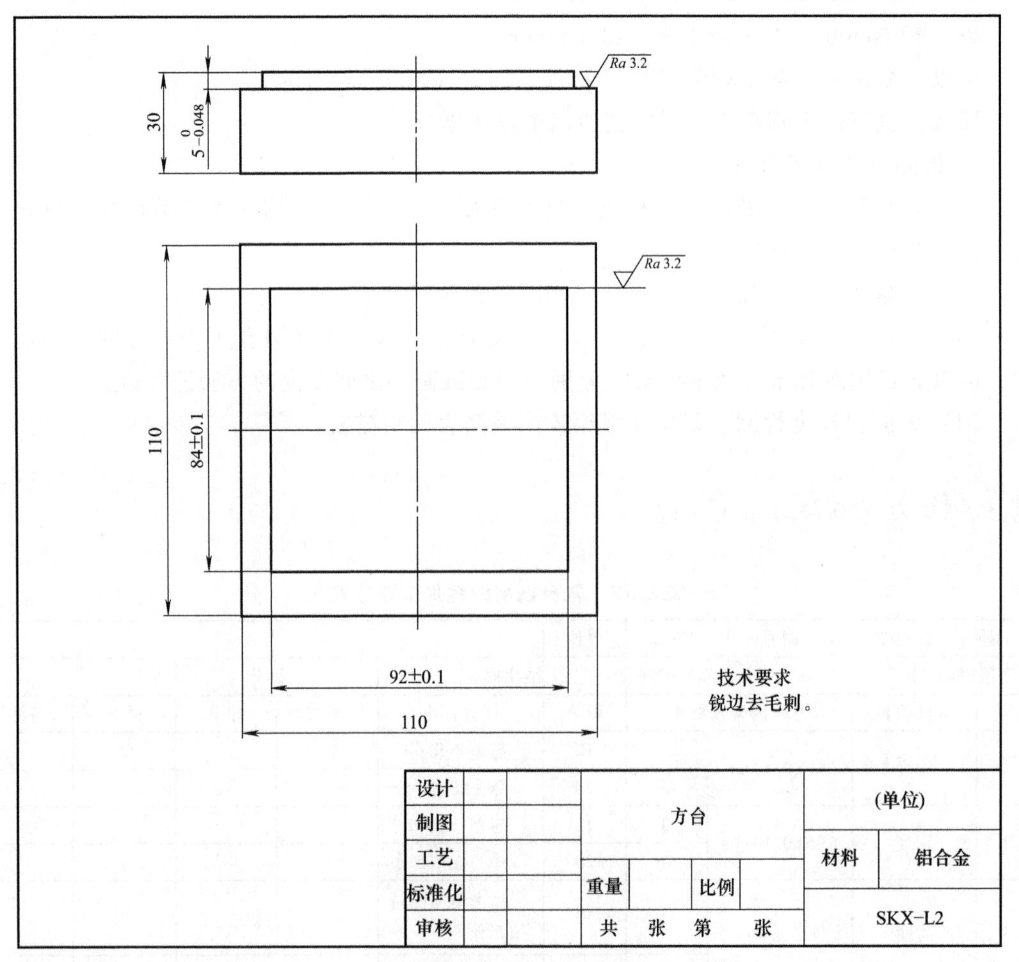

30 $5^{0}_{-0.048}$ Ra 3.2

110 84±0.1 Ra 3.2

92±0.1

110

技术要求
锐边去毛刺。

设计			方台		(单位)	
制图						
工艺					材料	铝合金
标准化			重量	比例	SKX-L2	
审核			共　张　第　张			

图2-17　方台练习零件图

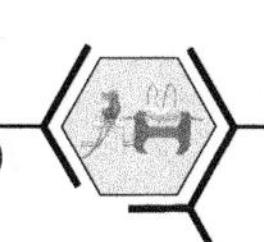

任务三　圆弧凸台铣削编程加工

学习目标

1. 知识目标

1）掌握圆弧凸台加工的编程方法。

2）能正确使用 G02、G03 指令。

2. 技能目标

1）掌握零件上圆弧凸台的加工工艺。

2）学会选用外轮廓加工的刀具及合理的切削用量。

3）正确使用刀具半径补偿功能。

4）能够正确设置工件坐标系。

5）能够完成本次零件加工任务。

任务描述

分析零件图 2-18，学习制订圆弧凸台铣削的工艺路线。通过编程代码 G02、G03 指令

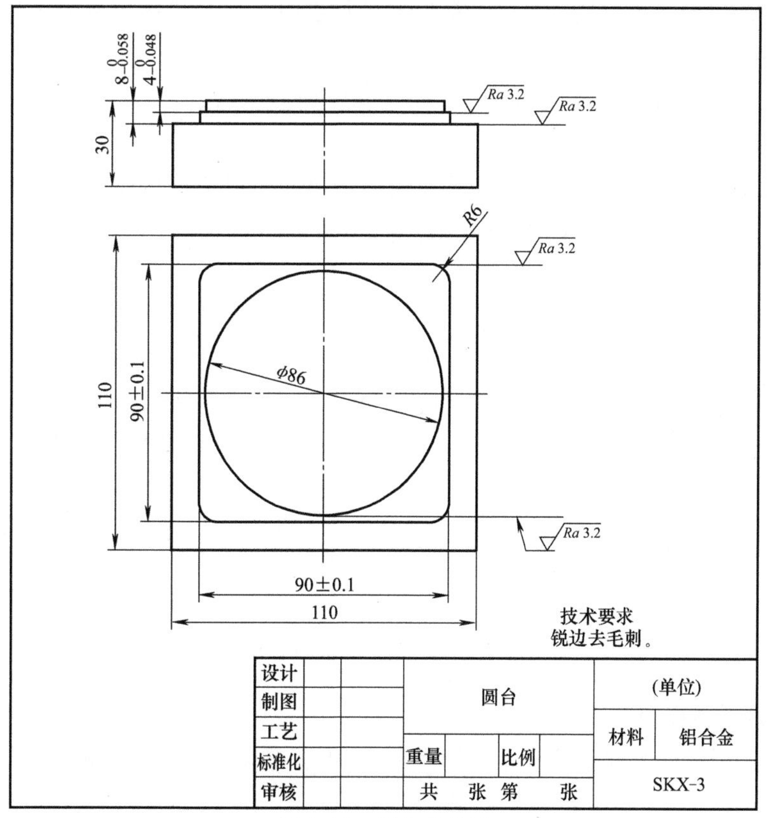

图 2-18　圆台零件图

的学习和应用，学会判断圆弧在不同平面的顺、逆方向及所选用的代码指令。结合 G40、G41、G42 等指令的应用，完成零件圆弧凸台铣削加工工艺的制订，并编写加工程序单，完成零件加工和检测。

知识链接

1. 圆弧顺时针插补 G02

1）功能：圆弧顺时针插补指令，该指令为 01 组模态指令，进给路线如图 2-19 所示。

2）指令格式：

G17　G02　X_Y_I_J_F_
或 G17　G02　X_Y_R_F_

G18　G02　X_Z_I_K_F_
或 G18　G02　X_Z_R_F_

G19　G02　Y_Z_J_K_F_
或 G19　G02　Y_Z_R_F_

3）格式说明：

① X 、Y 、Z：圆弧插补终点坐标。

② F：合成进给速度。F 由编程人员设定，加工时可通过机床控制面板进给修调按钮调整速度快慢。

③ G17、G18、G19：分别指定 XY、ZX、YZ 平面的圆弧。

④ R：圆弧半径。

⑤ I、J、K：圆心相对于圆弧起点在 X 轴、Y 轴、Z 轴方向的距离。圆弧圆心角大于或等于 180°的圆弧建议用 I、J、K 方式编程，如图 2-20 所示。

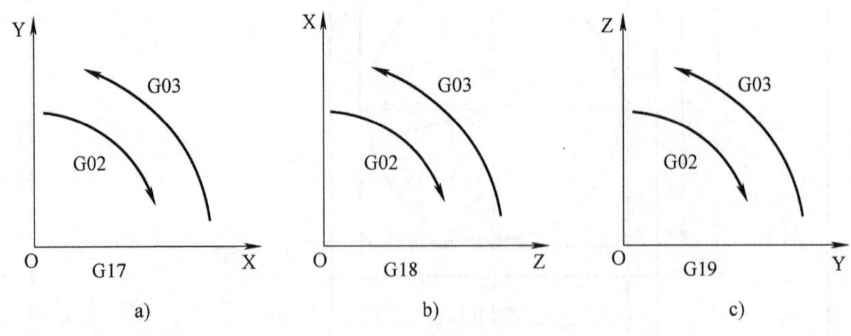

图 2-19　不同平面的 G02 与 G03 选择

2. 逆时针圆弧插补 G03

1）功能：圆弧逆时针插补指令，该指令为 01 组模态指令，进给路线如图 2-19 所示。

2）格式：

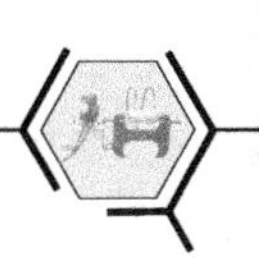

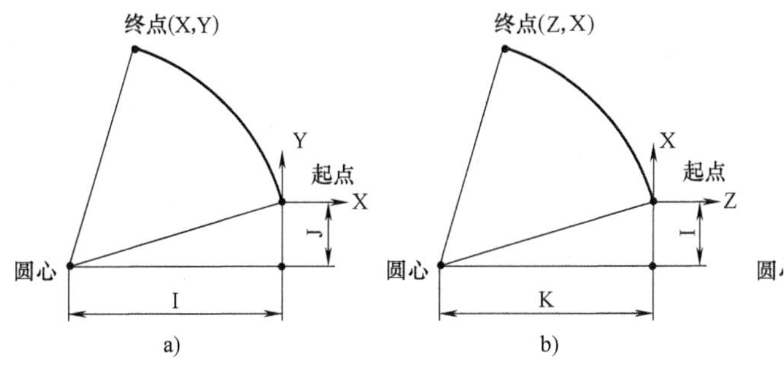

图 2-20　I、J、K 的选择

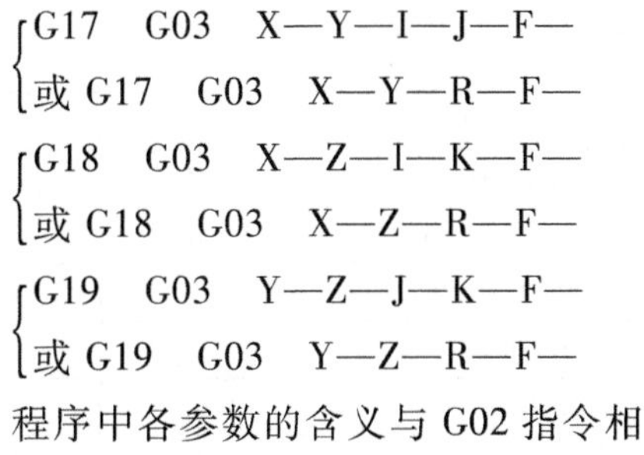

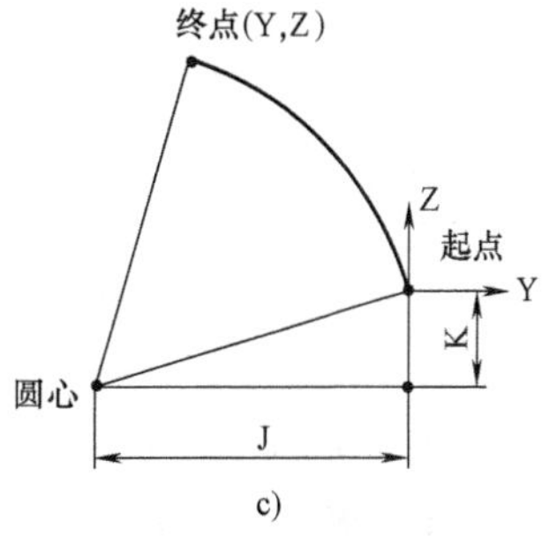

G17　G03　X—Y—I—J—F—
或 G17　G03　X—Y—R—F—

G18　G03　X—Z—I—K—F—
或 G18　G03　X—Z—R—F—

G19　G03　Y—Z—J—K—F—
或 G19　G03　Y—Z—R—F—

程序中各参数的含义与 G02 指令相同。

任务实施

1. 确定零件坯料的装夹方式与加工方案

毛坯尺寸为 110mm×110mm×30mm，材料为铝合金，如图 2-10 所示。将该毛坯加工成图 2-18 所示零件，加工方法如下：

1）安装找正，参照本项目任务二中图 2-14 所示的安装找正方法。

2）粗加工带圆角正方形外轮廓及整圆外轮廓，粗加工时留 0.5mm 的加工余量。

3）精加工带圆角正方形外轮廓及整圆外轮廓，精加工到尺寸要求。

2. 工艺准备（见表 2-13）

表 2-13　圆台铣削工艺准备表

序号	内　　容	备注
1	认真阅读零件图，并按毛坯图检查坯料尺寸	
2	拟定加工方案，确定加工路线，计算切削用量	
3	检查工具、量具、刃具是否完整	
4	开机，返回参考点	
5	安装机用平口钳，装夹工件	
6	安装刀具	
7	对刀，设定工件坐标系	
8	设定刀具半径补偿值	
9	编制加工程序并输入机床	
10	程序校验	

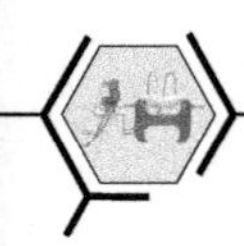

（续）

序号	内　　容	备注
11	粗加工工件	
12	零件尺寸测量	
13	精加工工件	
14	结束加工	

3. 工具、量具、刃具清单（见表 2-14）

表 2-14　圆台铣削工具、量具、刃具清单

序号	名　　称	规格/mm	单位	数量
1	游标卡尺	0.02/0~150	把	1
2	深度游标卡尺	0.02/0~200	把	1
3	杠杆百分表及表座	0.01/0~10	套	1
4	表面粗糙度样板	N0~N1(12 级)	副	1
5	立铣刀	$\phi 20$	把	1
6	BT40 刀柄及卡簧	ER32(20)	套	1
7	机用平口钳	200	台	1
8	T 型螺栓及螺母、垫圈		套	1
9	呆扳手		套	1
10	平行垫铁		副	1
11	橡皮锤		把	1
12	半径样板	$R1 \sim R6.5$	套	1

4. 加工工艺过程卡（见表 2-15）

表 2-15　圆台铣削加工工艺过程卡

数控加工工艺卡		产品代号		零件名称	材料	零件图号	
				圆台	铝合金	SKX-3	
工步号	工步内容	刀具号	刀具规格	主轴转速 n/(r/min)	进给量 f/(mm/min)	背吃刀量 a_p/mm	备注
1	粗铣带圆角四方外轮廓，留 0.5mm 精铣余量	T01	BT40	1500	200	4	自动
2	粗铣整圆外轮廓，留 0.5mm 精铣余量	T01	BT40	1500	200	4	自动
3	精铣带圆角正方形外轮廓至尺寸要求	T01	BT40	2000	200	4	自动
4	精铣整圆外轮廓至尺寸要求	T01	BT40	2000	200	4	自动

5. 参考程序（华中数控 HZ）（见表 2-16）

表 2-16　圆台铣削参考程序

程 序 内 容	程 序 说 明	备　　注
带圆角正方形外轮廓参考程序		
%1	程序号	
G54 G90 G21	工件坐标系，绝对编程，米制尺寸(mm)	
M03 S2000	主轴正转，转速为 2000r/min	

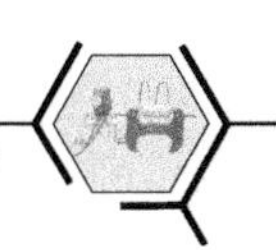

（续）

程序内容	程序说明	备　注
G00 X80 Y45	快速定位到指定坐标,起刀点	
Z2	定位Z轴	
G01 Z-4 F50	直线插补到Z-4,进给速度为50mm/min	第二次加工可改变Z值
G01 G42 X60 Y45 D01 F200	刀具半径右补偿,直线插补到指定坐标,进给速度为200mm/min	
M08	切削液开	
X-39	直线插补到X-39	
G03 X-45 Y39 R6	圆弧逆时针插补,半径为6mm	
G01 Y-39	直线插补到X-39	
G03 X-39 Y-45 R6	圆弧逆时针插补,半径为6mm	
G01 X39	直线插补到X39	
G03 X45 Y-39 R6	圆弧逆时针插补,半径为6mm	
G01 Y39	直线插补到Y39	
G03 X39 Y45 R6	圆弧逆时针插补,半径为6mm	
G01 X-60	直线插补到X-60	
X-80	直线插补到X-80	
G40	取消刀具补偿	
G00 Z100	快速定位到Z100	
M30	程序结束	
整圆外轮廓参考程序		
%2	程序号	
G54 G90 G21	工件坐标系,绝对编程,米制尺寸(mm)	
M03 S2000	主轴正转,转速为2000r/min	
G00 X80 Y43	快速定位到指定坐标点,起刀点	
Z2	定位Z轴	
G01 Z-4 F50	直线插补到指定Z坐标,进给速度为50mm/min	
G42 G01 X60 Y43 D01 F200	刀具半径右补偿,直线插补到指定坐标,进给速度为200mm/min	
M08	切削液开	
X0 Y43	直线插补到(X0,Y43)	
G03 X0 Y43 I0 J-43	圆弧逆时针插补整圆	
G01 X-60	直线插补到X-60	
X-80	直线插补到X-80,刀具半径补偿取消点	
G40	取消刀具半径补偿	
G00 Z100	快速定位到Z100	
M30	程序结束	

注：粗加工D01=10.5mm，精加工D01=10.5mm-(实际测量尺寸-图样要求尺寸)/2。

注意事项：

1）起刀点一定要选择在零件外面，加工路线确定时，铣刀应沿轮廓切向进刀和退刀；铣刀开始加工零件前，应完成刀具半径补偿动作。

2）整圆编程最好采用I、J、K指定圆心的方法，即在圆弧的起点建立相对坐标系，把该坐标系中圆心的 X、Y、Z 坐标分别编程在 I、J、K 后。

3）圆弧圆心角小于 180°时用半径 R 指定圆心。

4）程序校验正确后才能自动进行。

5）第一次加工时，在粗加工结束后根据测量结果改变精加工刀具半径补偿值。

知识拓展

1. 逆铣与顺铣

（1）逆铣　如图 2-21a 所示，铣削时，铣刀每一刀齿在工件切入处的切削速度方向与工件进给速度方向相反，这种铣削方式称为逆铣。

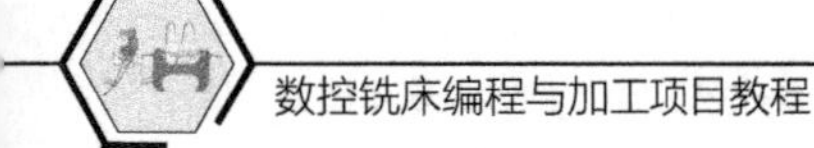

逆铣时，刀齿切削厚度从零逐渐增大至最大值。刀齿在开始切入时，由于铣刀刀齿切削刃圆弧半径的影响，刀齿在工件表面上打滑，产生挤压和摩擦，至滑行到一定程度后，刀齿方能切下一层金属层。这样不仅会使工件表面产生严重的冷硬层，影响表面质量，而且将加速刀具磨损。紧接着，下一个刀齿又在前一个刀齿所产生的冷硬层上重复一次滑行、挤压和摩擦过程。

一般钢件材料粗加工时采用逆铣。

（2）顺铣　如图 2-21b 所示，铣削时，铣刀每一刀齿在工件切入处的切削速度方向与工件进给速度方向相同，这种铣削方式称为顺铣。

顺铣时，刀齿的切削厚度从最大值逐渐减小至零，没有逆铣时的滑行现象，冷硬程度大为减轻，已加工表面质量较高。工件表面如无硬皮等缺陷，则刀具寿命比采用逆铣长。

一般非铁金属材料的加工及钢材料的精加工采用顺铣。

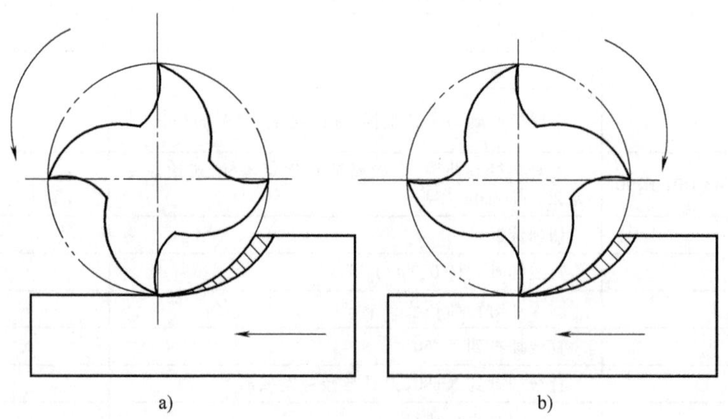

图 2-21　顺铣、逆铣示意图

a）逆铣　b）顺铣

2. 去除多余材料的方法

铣削外轮廓时，有时一次切削不能切除全部多余材料，加工时可根据剩余材料的尺寸改变刀具半径补偿值，使用原程序进行切削。以本任务为例，在切削整圆外轮廓时，使用 ϕ20mm 立铣刀，精加工刀具半径设置为 10mm，采用%2 程序进行切削，切削结束后，零

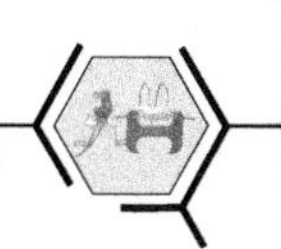

件的四个角有多余的材料未切除干净。此时，去除多余材料的方法如下：

1）改变机床刀补表内的半径补偿值，第一次改到（10+18）mm，第二次改到（10+18+18）mm，以此类推。

2）调用整圆外轮廓精加工程序进行加工。

3）完成多余材料的切削。

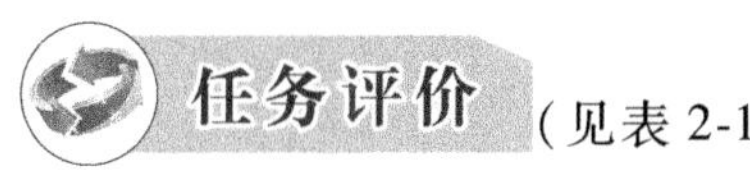

任务评价（见表 2-17）

表 2-17　圆台铣削编程加工评分表

工种	数控铣工	图号	SKX-3	单位					
定额时间	50min	起始时间		结束时间		总得分			
序号	考核项目	考核内容及要求		配分	评分标准	检测结果	扣分	得分	备注
1	长度	(90±0.1)mm	IT	10	超差不得分				
			Ra	8	降一级扣 5 分				
2	宽度	(90±0.1)mm	IT	10	超差不得分				
			Ra	8	降一级扣 5 分				
3	圆角	*R*6mm	IT	8	超差不得分				
4	直径	ϕ86mm	IT	10	超差不得分				
			Ra	10	降一级扣 5 分				
5	高度	$8_{-0.058}^{\ 0}$mm	IT	10	超差 0.01mm 扣 5 分				
			Ra	6	降一级扣 4 分				
		$4_{-0.048}^{\ 0}$mm	IT	10	超差 0.01mm 扣 5 分				
			Ra	6	降一级扣 4 分				
6	技术要求	锐边去毛刺		4	未做不得分				
7	其他项目	工件须完整，局部无缺陷（如夹伤等）						扣分不超过 5 分	
8	程序编制	程序中有严重违反工艺者取消考试资格，其他视情况酌情扣分						扣分不超过 5 分	
9	加工时间	每超过 10min 扣 5 分							
10	安全生产	按国家颁布的有关规定						每违反一项从总分中扣 10 分	
11	文明生产	按单位规定						每违反一项从总分中扣 2 分	
记录员		监考员		检评员		复核员			

课后练习

利用所学编程指令及加工工艺知识编写图 2-22 所示零件的加工程序并加工出零件，毛坯尺寸为 110mm×110mm×30mm。

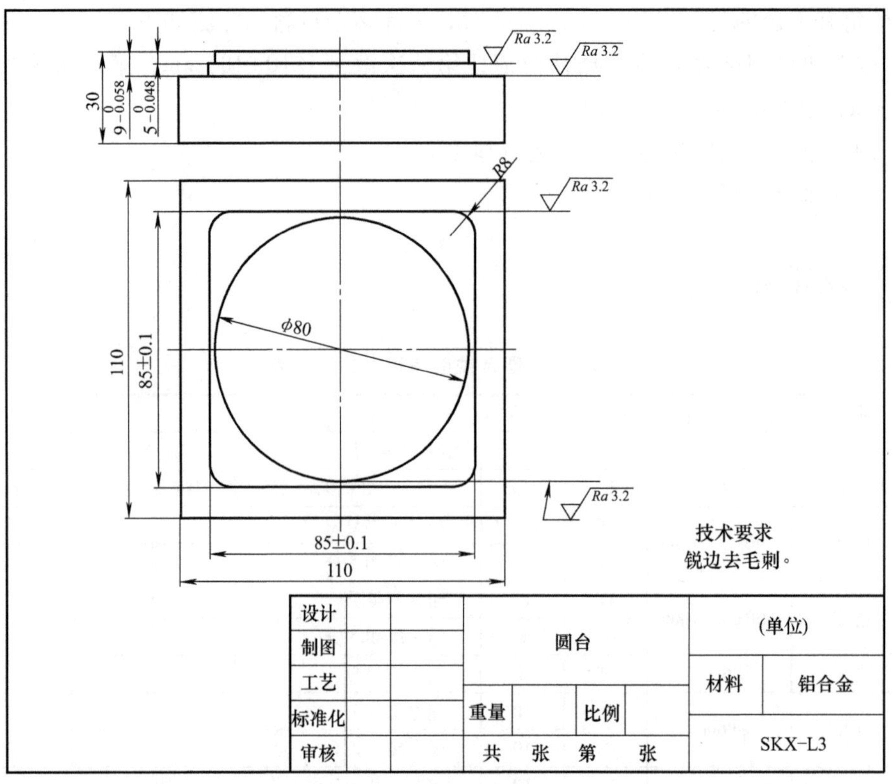

设计			圆台				(单位)	
制图								
工艺							材料	铝合金
标准化			重量		比例			
审核			共　张　第　张				SKX-L3	

图 2-22　圆台练习零件图

任务四　内轮廓铣削编程加工

学习目标

1. 知识目标

1）掌握零件内轮廓加工进给路线的确定方法。

2）掌握零件内轮廓加工的编程方法。

2. 技能目标

1）掌握零件内轮廓的加工工艺。

2）学会选用内轮廓加工的刀具及合理的切削用量。

3）正确使用刀具半径补偿方法。

4）能够正确设置工件坐标系。

5）能够完成本次零件加工任务。

任务描述

分析零件图 2-23，学习正方形内轮廓铣削加工的进给路线及进、退刀方式。结合

G02、G03、G40、G41、G42 等指令的应用，完成零件正方形内轮廓铣削加工工艺的制订，并编写加工程序单，完成零件的加工和检测。

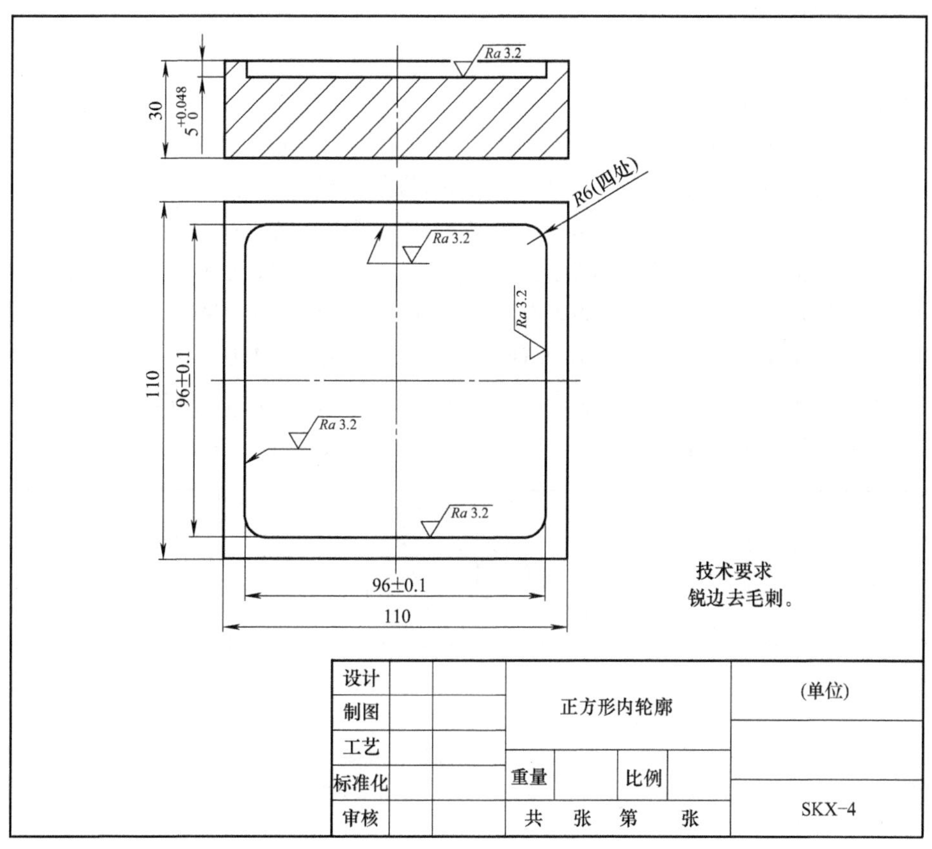

设计			正方形内轮廓				(单位)
制图							
工艺							
标准化			重量		比例		
审核			共　张		第　张		SKX-4

图 2-23　正方形内轮廓零件图

知识链接

1. 铣削内轮廓的进给路线

铣削封闭的内轮廓表面时，刀具可以沿一过渡圆弧切入和切出工件轮廓。图 2-24所示为铣削内圆的进给路线。

1）从内轮廓起点直线插补到指定点，建立刀具半径补偿。

2）直线插补到内轮廓刀具切入点，刀具切入点一般选在与内轮廓相切的过渡圆弧上。

3）圆弧插补到内轮廓与过渡圆弧相切的切点上。

4）完成内轮廓的切削到切出切点上，

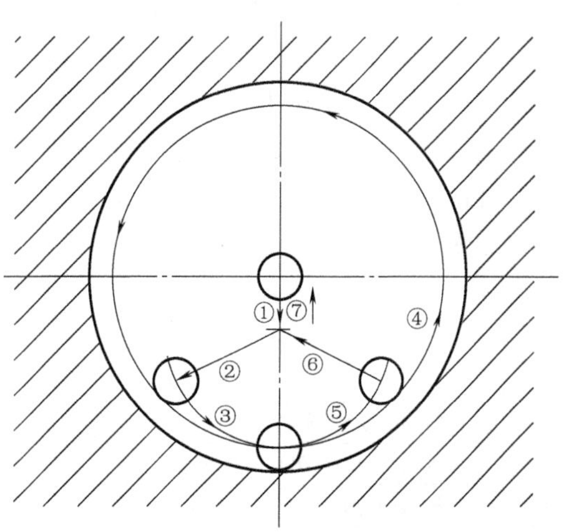

图 2-24　刀具切入和切出内轮廓的进给路线

即切出过渡圆弧与内轮廓的切点。

5）圆弧插补到切出点，刀具切出点一般选在与内轮廓相切的过渡圆弧上。

6）直线插补到指定点。

7）直线插补到内轮廓起点，并取消刀具半径补偿。

2. 铣削内腔的进给路线

内腔是指以封闭曲线为边界的平底凹槽，这种凹槽用平底立铣刀或键槽铣刀加工，刀具圆角半径应同内腔圆角相对应。图 2-25 所示为铣削内槽的三种进给路线，其中图 2-25a 所示为行切法，图 2-25b 所示为环切法，这两种路线图的共同点是都能切净内腔中的全部面积，同时能尽量减少重复进给的搭接量。它们的不同点是行切法的进给路线比环切法短，但行切法将在每两次进给的起点与终点间留下残留面积，因而达不到所要求的表面粗糙度值；而用环切法获得的表面粗糙度值低于行切法，但环切法刀位点的计算要复杂一些。图 2-25c 所示方法综合了行切法和环切法的优点，粗加工时用行切法，精加工时用环切法，这样既能使总的进给路线较短，又能获得较低的表面粗糙度值。

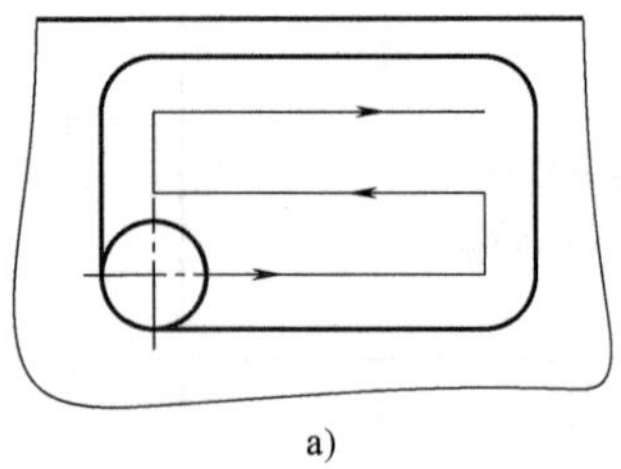
a)

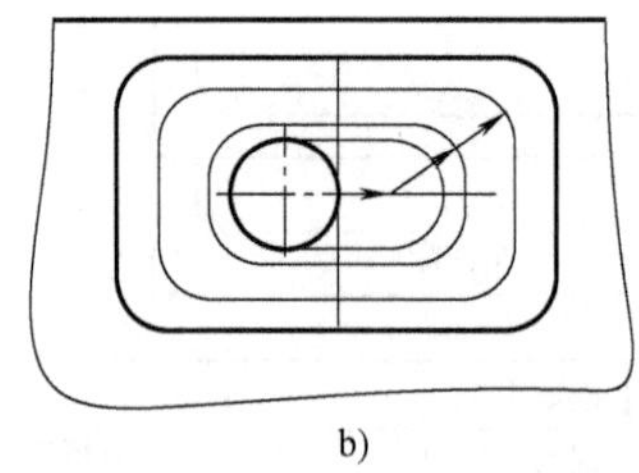
b)

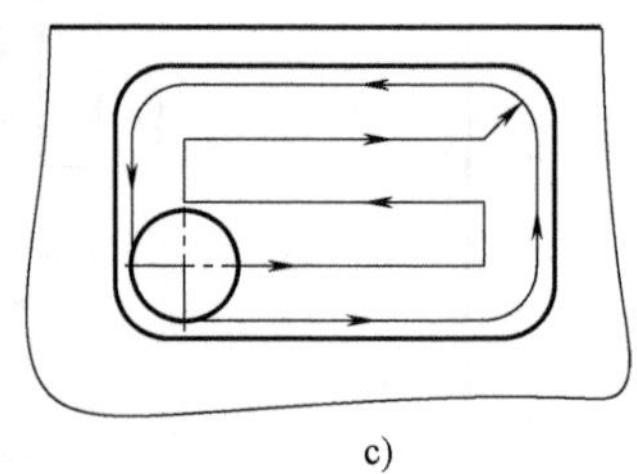
c)

图 2-25　内腔铣削路线图

a）行切法　b）环切法　c）行切法与环切法综合

任务实施

1. 确定零件坯料的装夹方式与加工方案

毛坯尺寸为 110mm×110mm×30mm，材料为铝合金，毛坯图如图 2-10 所示。将该毛坯加工成图 2-23 所示的零件，加工方法如下：

1）安装找正，参照本项目任务二中图 2-14 所示的安装找正方法。

2）粗铣正方形内轮廓，留 0.5mm 的加工余量。

3）精铣正方形内轮廓至尺寸要求。

2. 工艺准备（见表 2-18）

表 2-18　内轮廓铣削工艺准备表

序号	内　容	备注
1	认真阅读零件图，并按毛坯图检查坯料尺寸	
2	拟定加工方案，确定加工路线，计算切削用量	
3	检查工具、量具、刃具是否完整	
4	开机，返回参考点	
5	安装机用平口钳，装夹工件	

（续）

序号	内 容	备注
6	安装刀具	
7	对刀，设定工件坐标系	
8	编制加工程序并输入机床，设定刀具半径补偿值	
9	程序校验	
10	粗加工工件	
11	测量零件尺寸	
12	精加工工件	
13	结束加工	

3. 工具、量具、刃具清单（见表 2-19）

表 2-19 内轮廓铣削工具、量具、刃具清单

序号	名 称	规格/mm	单位	数量
1	游标卡尺	0.02/0~150	把	1
2	深度游标卡尺	0.02/0~200	把	1
3	杠杆百分表及表座	0.01/0~10	套	1
4	表面粗糙度样板	N0~N1（12 级）	副	1
5	键槽铣刀	$\phi12$	把	1
6	BT40 刀柄及卡簧	ER32（11~12）	套	1
7	机用平口钳	200	台	1
8	T 型螺栓及螺母、垫圈		套	1
9	呆扳手		套	1
10	平行垫铁		副	1
11	橡皮锤		把	1
12	半径样板	$R1$~$R6.5$	套	1

4. 加工工艺过程卡（见表 2-20）

表 2-20 内轮廓铣削加工工艺过程卡

数控加工工艺卡		产品代号		零件名称	材料	零件图号	
				正方形内轮廓	铝合金	SKX-4	
工步号	工步内容	刀具号	刀具规格	主轴转速 n/（r/min）	进给量 f/（mm/min）	背吃刀量 a_p/mm	备注
1	粗铣内轮廓，留 0.5mm 余量	T01	BT40	2500	150	3	自动
2	精铣内轮廓至尺寸要求	T01	BT40	2500	200	5	自动

5. 参考程序（华中数控 HZ）（见表 2-21）

表 2-21 内轮廓铣削参考程序

程 序 内 容	程 序 说 明	备 注
粗铣内轮廓参考程序		
%1	程序号	
G54 G90 G21	工件坐标系，绝对编程，米制尺寸（mm）	
M03 S2500	主轴正转，转速为 2500r/min	
G00 X0 Y0	快速定位到指定坐标点，起刀点	
Z5	定位 Z 轴	

（续）

程序内容	程序说明	备注
M08	切削液开	
G01 Z-3 F50	直线插补到指定 Z 坐标，进给速度为 50mm/min	零件分两层加工
G01 X41 Y41 F150	直线插补到(X41，Y41)，进给速度为 150mm/min	
X-41	直线插补到 X-41	
Y30	直线插补到 Y30	
X41	直线插补到 X41	
Y19	直线插补到 Y19	
X-41	直线插补到 X-41	
Y8	直线插补到 Y8	
X41	直线插补到 X41	
Y-3	直线插补到 Y-3	
X-41	直线插补到 X-41	
Y-14	直线插补到 Y-14	
X41	直线插补到 X41	
Y-25	直线插补到 Y-25	
X-41	直线插补到 X-41	
Y-36	直线插补到 Y-36	
X41	直线插补到 X41	
Y-41	直线插补到 Y-41	
X-41	直线插补到 X-41	
X0 Y0	直线插补到(X0，Y0)	
G00 Z100	快速提刀到 Z100	
M30	程序结束	
半精铣、精铣参考程序		
%2	程序号	
G54 G90 G21	工件坐标系，绝对编程，米制尺寸(mm)	
M03 S2500	主轴正转，转速为 2500r/min	
G00 X0 Y0	快速定位到指定坐标点，起刀点	
Z5	定位 Z 轴	
M08	切削液开	
G01 Z-5 F50	直线插补到指定 Z 坐标，进给速度为 50mm/min	
G01 G41 X2 Y0 D01 F200	刀具半径左补偿，直线插补到指定坐标，进给速度为 200mm/min	
X38 Y-10	直线插补到(X38，Y-10)	
G03 X48 Y0 R10	逆时针圆弧插补到(X48，Y0)，半径为 10mm	
G01 Y48	直线插补到 Y48	
X-48	直线插补到 X-48	
Y-48	直线插补到 Y-48	
X48	直线插补到 X48	
Y0	直线插补到 Y0	
G03 X38 Y10 R10	逆时针圆弧插补到(X38，Y10)，半径为 10mm	

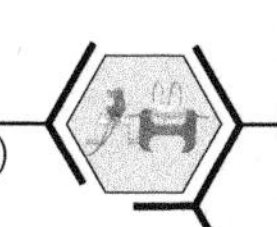

（续）

程序内容	程序说明	备　注
G01 X2 Y0	直线插补到(X2,Y0)	
G40	取消刀具半径补偿	
G00 Z100	快速退刀	
M30	程序结束	

注：半精加工 D01=6.5mm，精加工 D01=6.5mm-(实际测量尺寸-图样要求尺寸)/2

注意事项：

1）选择铣刀时，可选择尺寸小于或等于最小内腔半径的铣刀；起刀点可选择在零件粗加工起点上方；精加工时加工路线确定后，铣刀应沿内轮廓切向进刀和退刀。

2）铣刀开始加工零件前应完成刀具半径补偿动作。

3）程序校验正确后才能自动进行。

4）第一次加工时，在粗加工结束后根据测量结果改变精加工刀具半径补偿值。

知识拓展

整圆内腔编程示例如下。

如图 2-26 所示，编写直径为 ϕ20mm，深度为 2mm 的整圆内腔加工程序。使用 ϕ8mm 键槽铣刀，加工路线如图 2-27 所示。

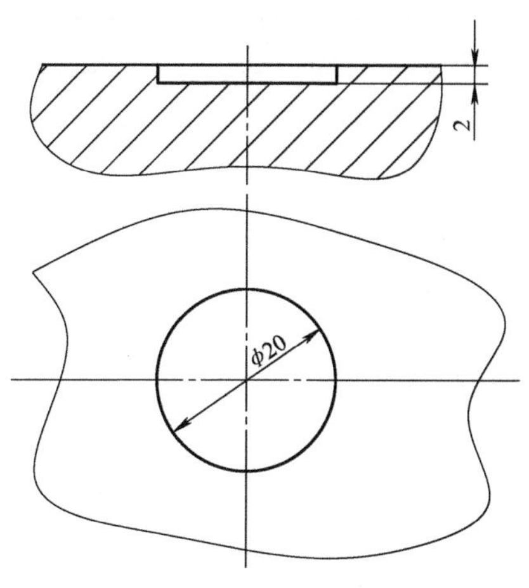

图 2-26　整圆内腔

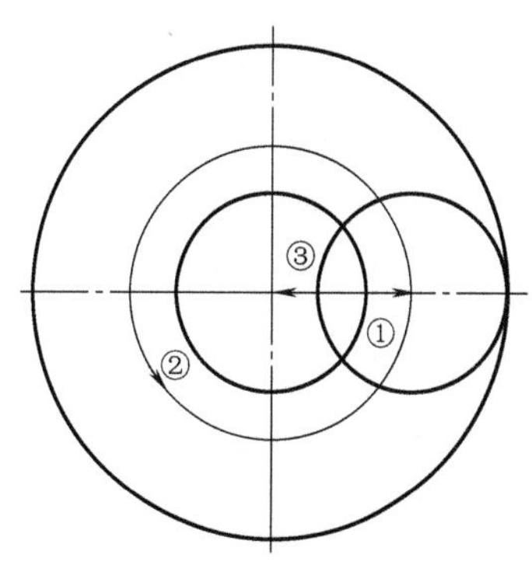

图 2-27　加工路线图

程序如下：

```
%1
G54
M03 S3000
G00 X0 Y0
Z50
Z2
```

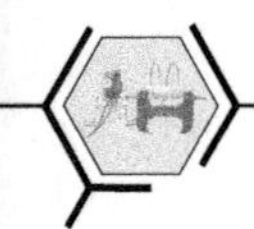

```
G01 Z-2 F50
X6 Y0
G02 X6 Y0 I-6 J0
G01 X0 Y0
G00 Z50
M30
```

任务评价（见表 2-22）

表 2-22 内轮廓铣削编程加工评分表

<table>
<tr><td>工种</td><td>数控铣工</td><td>图号</td><td>SKX-4</td><td>单位</td><td colspan="5"></td></tr>
<tr><td>定额时间</td><td colspan="2">50min</td><td>起始时间</td><td></td><td>结束时间</td><td></td><td colspan="2">总得分</td><td></td></tr>
<tr><td>序号</td><td>考核项目</td><td colspan="2">考核内容及要求</td><td>配分</td><td>评分标准</td><td>检测结果</td><td>扣分</td><td>得分</td><td>备注</td></tr>
<tr><td rowspan="2">1</td><td rowspan="2">长度</td><td rowspan="2">(90±0.1)mm</td><td>IT</td><td>20</td><td>超差不得分</td><td></td><td></td><td></td><td></td></tr>
<tr><td>Ra</td><td>10</td><td>降一级扣 5 分</td><td></td><td></td><td></td><td></td></tr>
<tr><td rowspan="2">2</td><td rowspan="2">宽度</td><td rowspan="2">(90±0.1)mm</td><td>IT</td><td>20</td><td>超差不得分</td><td></td><td></td><td></td><td></td></tr>
<tr><td>Ra</td><td>10</td><td>降一级扣 5 分</td><td></td><td></td><td></td><td></td></tr>
<tr><td>3</td><td>圆角</td><td>R6mm</td><td>IT</td><td>8</td><td>超差不得分</td><td></td><td></td><td></td><td></td></tr>
<tr><td rowspan="2">4</td><td rowspan="2">深度</td><td rowspan="2">$5^{+0.048}_{0}$mm</td><td>IT</td><td>18</td><td>超差 0.01mm 扣 5 分</td><td></td><td></td><td></td><td></td></tr>
<tr><td>Ra</td><td>10</td><td>降一级扣 4 分</td><td></td><td></td><td></td><td></td></tr>
<tr><td>5</td><td>技术要求</td><td colspan="2">锐边去毛刺</td><td>4</td><td>未做不得分</td><td></td><td></td><td></td><td></td></tr>
<tr><td>6</td><td>其他项目</td><td colspan="6">工件须完整，局部无缺陷（如夹伤等）</td><td colspan="2">扣分不超过 5 分</td></tr>
<tr><td>7</td><td>程序编制</td><td colspan="6">程序中有严重违反工艺者取消考试资格，其他视情况酌情扣分</td><td colspan="2">扣分不超过 5 分</td></tr>
<tr><td>8</td><td>加工时间</td><td colspan="6">每超过 10min 扣 5 分</td><td colspan="2"></td></tr>
<tr><td>9</td><td>安全生产</td><td colspan="6">按国家颁布的有关规定</td><td colspan="2">每违反一项从总分中扣 10 分</td></tr>
<tr><td>10</td><td>文明生产</td><td colspan="6">按单位规定</td><td colspan="2">每违反一项从总分中扣 2 分</td></tr>
<tr><td colspan="2">记录员</td><td></td><td>监考员</td><td></td><td>检评员</td><td></td><td>复核员</td><td colspan="2"></td></tr>
</table>

课后练习

利用所学编程指令及加工工艺知识编写图 2-28 所示零件的加工程序并加工出零件，毛坯尺寸为 110mm×110mm×30mm。

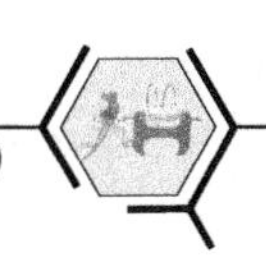

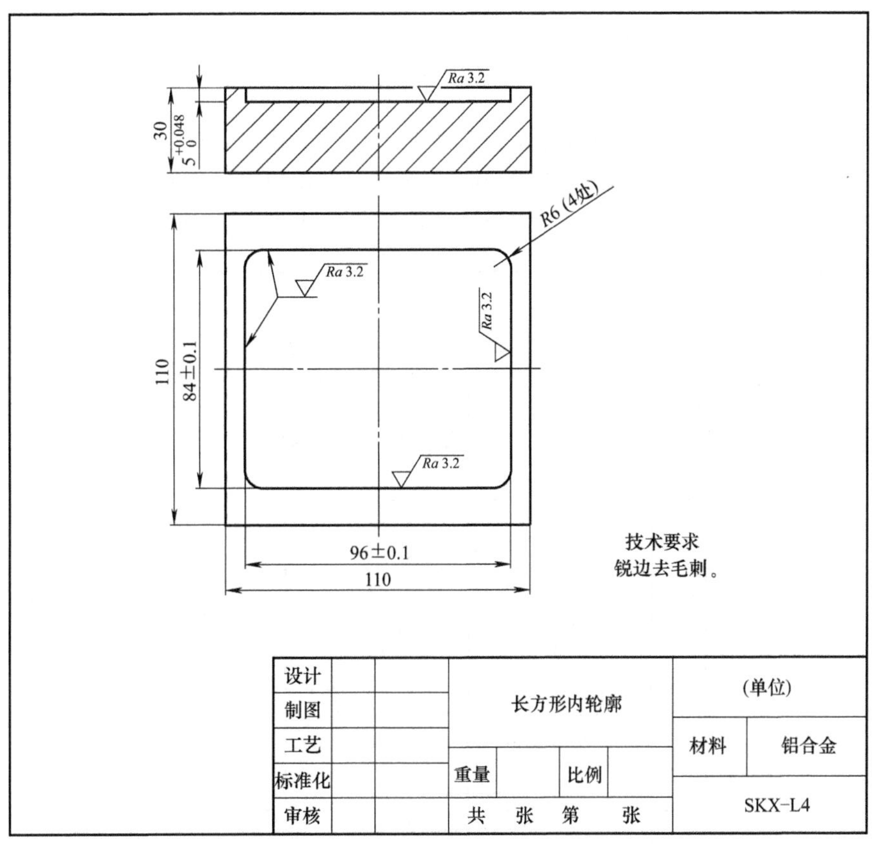

设计			长方形内轮廓				(单位)	
制图								
工艺							材料	铝合金
标准化			重量		比例			
审核			共　张　第　张				SKX-L4	

图 2-28　长方形内轮廓练习零件图

任务五　槽铣削编程加工

学习目标

1. 知识目标

1）学会选择直槽与圆弧槽加工刀具。

2）掌握零件上直槽与圆弧槽加工的编程方法。

3）掌握零件各点坐标值的计算方法。

2. 技能目标

1）掌握零件上直槽与圆弧槽的加工工艺。

2）学会选用直槽与圆弧槽加工的刀具及合理的切削用量。

3）正确使用刀具半径补偿方法。

4）能够正确设置工件坐标系。

5）能够完成本次零件加工任务。

任务描述

分析零件图2-29，学习直槽与圆弧槽铣削加工的进给路线及进、退刀方式，学习圆弧槽上点的坐标值的计算方法。结合所学代码指令的应用及加工技能知识，完成零件上直槽与圆弧槽铣削加工工艺的制订，并编写加工程序单，完成零件的加工和检测。

A—A

技术要求
锐边去毛刺。

Ra 3.2

设计			直槽与圆弧槽				(单位)	
制图								
工艺							材料	铝合金
标准化			重量		比例			
审核			共	张	第	张	SKX-5	

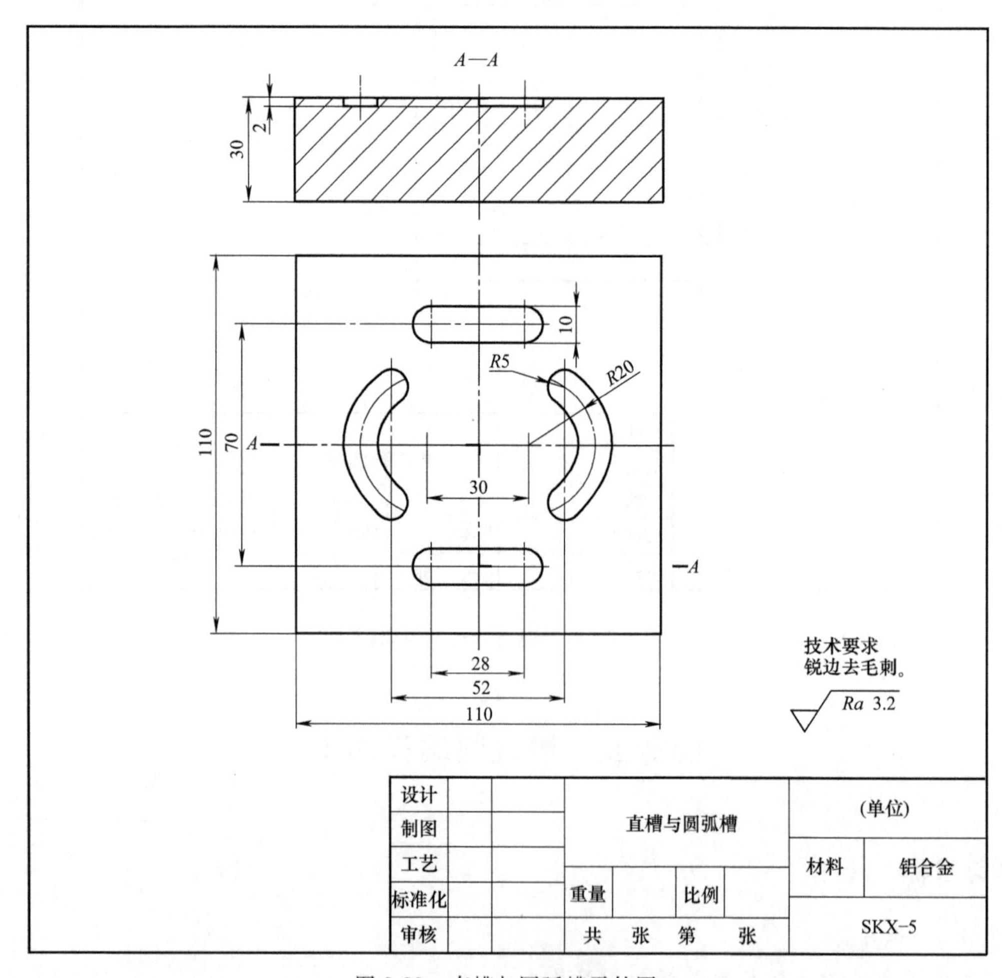

图2-29　直槽与圆弧槽零件图

知识链接

1. 刀具的选择

刀具的选择是数控加工工艺中的重要内容之一，它不仅影响铣床的加工效率，而且直接影响加工质量。编程时，选择刀具通常要考虑铣床的加工能力、工作内容、工件材料等因素。与传统的加工方法相比，数控加工对刀具的要求更高，不仅要求精度高、刚度好、耐用，而且要求尺寸稳定、安装调整方便。

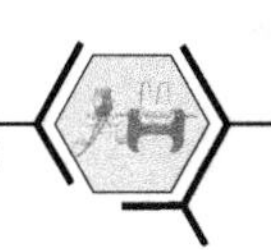

选取刀具时，要使刀具的尺寸与被加工工件的表面尺寸和形状相适应。生产中，加工凹槽时，一般选用键槽铣刀或四齿立铣刀。

2. 直槽与圆弧槽加工工艺

直槽与圆弧槽的加工路线如图 2-30 所示。加工直槽和圆弧槽进行刀具半径补偿时，应在工件上方进行补偿，所以加工直槽与圆弧槽的步骤如下：

1）准备加工圆弧槽，选定起刀点，起刀点在工件上方。

2）由起刀点快速插补到刀具半径补偿点，同时建立刀具半径补偿。

3）刀具快速定位到槽上方，确定刀具进给起刀点。

4）直线插补到进刀点，即槽加工起点。

5）加工圆弧槽到退刀点。

6）结束槽加工，快速提刀到工件上表面的提刀点。

7）加工直槽（与加工圆弧槽进、退刀方式相同）。

8）由提刀点快速定位到取消刀具半径补偿点，并取消刀具半径补偿。

9）快速提刀，结束加工。

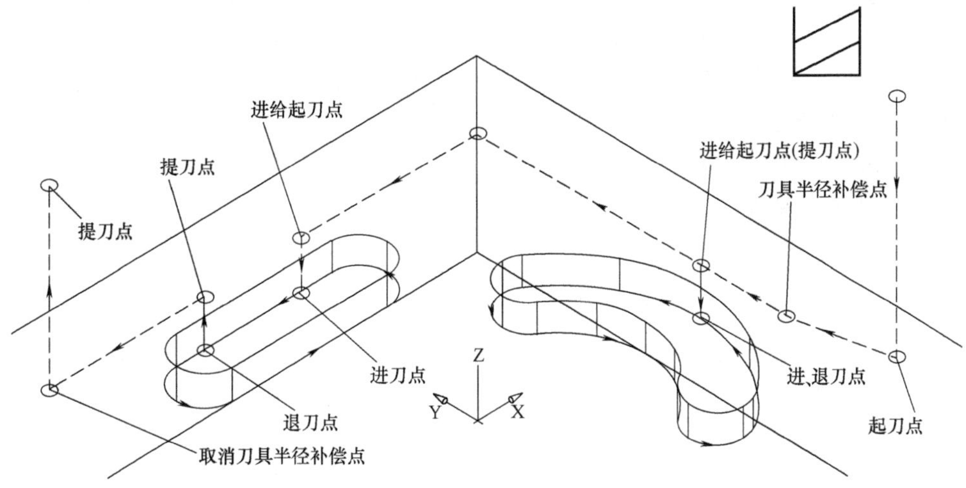

图 2-30　槽铣削加工路线

3. 坐标值计算

直槽与圆弧槽上各点坐标值的计算如图 2-31 所示，需要计算 B、D、E 三个点的坐标值。利用圆弧相切的关系，点 E 的坐标值为（X40，Y0）；在直角三角形 CAF 中，$FC=20\text{mm}$，$AC=26\text{mm}-15\text{mm}=11\text{mm}$，利用勾股定理，可计算出 $FA\approx16.703\text{mm}$，再利用相似三角形或三角函数的关系，计算出点 B（X23.25，Y-12.528）和点 D（X28.75，Y-20.879）。计算过程如下：

1）在直角三角形 CAF 中，根据勾股定理有 $FA^2+AC^2=FC^2$，则 $FA=\sqrt{FC^2-AC^2}=\sqrt{20^2-11^2}\approx16.703\text{mm}$。

2）直角三角形 CAF 和 BMF、DNF 是相似三角形，需求 MB、ND、FM、FN 的长度，可利用三角函数进行计算。

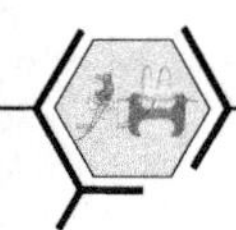

设∠AFC＝α，则 $\sin\alpha = AC/FC = MB/FB = ND/FD$，其中 $AC = 11\text{mm}$，$FC = 20\text{mm}$，$FB = 15\text{mm}$，$FD = 25\text{mm}$，即可求得 $MB = 8.25\text{mm}$，$ND = 13.75\text{mm}$。

$\cos\alpha = FA/FC = FM/FB = FN/FD$，则可求得 $FM = 12.528\text{mm}$，$FN = 20.879\text{mm}$。

所以 B 点的坐标值：$X = 15 + MB = 23.25\text{mm}$，$Y = -FM = -12.528\text{mm}$。

D 点的坐标值：$X = 15 + ND = 28.75\text{mm}$，$Y = -FN = -20.879\text{mm}$。

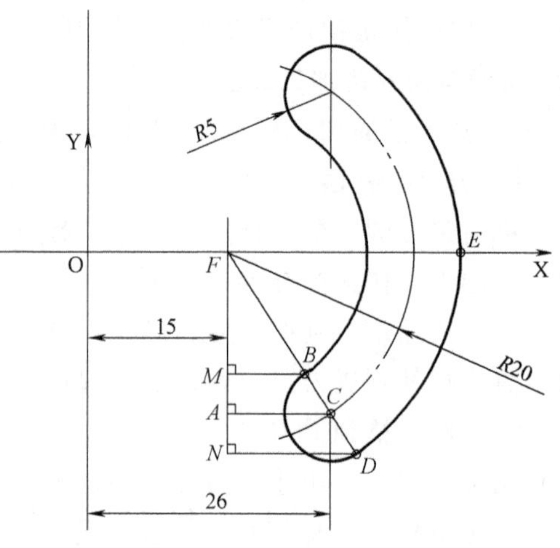

图 2-31　坐标值计算示意图

任务实施

1. 确定零件坯料的装夹方式与加工方案

毛坯尺寸为 110mm×110mm×30mm，材料为铝合金，如图 2-13 所示。将该毛坯加工成图 2-29 所示零件，加工方法如下：

1）安装找正，参照本项目任务二中图 2-14 所示的安装找正方法。

2）铣削圆弧槽至尺寸要求。

3）铣削直槽至尺寸要求。

2. 工艺准备（见表 2-23）

表 2-23　槽铣削工艺准备表

序号	内　　容	备注
1	认真阅读零件图，并按毛坯图检查坯料尺寸	
2	拟定加工方案，确定加工路线，计算切削用量	
3	检查工具、量具、刃具是否完整	
4	开机，返回参考点	
5	安装机用平口钳，装夹工件	
6	安装刀具	
7	对刀，设定工件坐标系	
8	编制加工程序并输入机床，设定刀具半径补偿值	
9	程序校验	
10	粗、精加工工件	
11	结束加工	

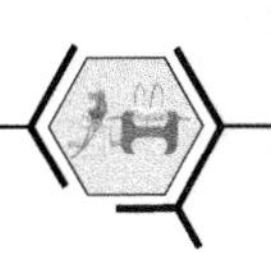

3. 工具、量具、刃具清单（见表 2-24）

表 2-24 槽铣削工具、量具、刃具清单

序号	名称	规格/mm	单位	数量
1	游标卡尺	0.02/0~150	把	1
2	深度游标卡尺	0.02/0~200	把	1
3	杠杆百分表及表座	0.01/0~10	套	1
4	表面粗糙度样板	N0~N1(12 级)	副	1
5	键槽铣刀	ϕ8	把	1
6	BT40 刀柄及卡簧	ER32(7~8)	套	1
7	机用平口钳	200	台	1
8	T 型螺栓及螺母、垫圈		套	1
9	呆扳手		套	1
10	平行垫铁		副	1
11	橡皮锤		把	1

4. 加工工艺过程卡（见表 2-25）

表 2-25 槽铣削加工工艺过程卡

数控加工工艺卡		产品代号		零件名称	材料	零件图号	
				直槽与圆弧槽	铝合金	SKX-5	
工步号	工步内容	刀具号	刀具规格	主轴转速 n/(r/min)	进给量 f/(mm/min)	背吃刀量 a_p/mm	备注
1	铣削圆弧槽至尺寸要求	T01	BT40	3000	200	2	自动
2	铣削直槽至尺寸要求	T01	BT40	3000	200	2	自动

5. 参考程序（华中数控 HZ）（见表 2-26）

表 2-26 槽铣削参考程序

程序内容	程序说明	备注
%1	程序号	右侧圆弧槽参考程序
G54 G90 G21	工件坐标系，绝对编程，米制尺寸(mm)	
M03 S3000	主轴正转，转速为 3000r/min	
G00 X40 Y-50	快速定位到指定坐标点	
Z5	定位 Z 轴	
G41 G00 X40 Y-20 D01	建立刀具半径左补偿	D01 = 4mm
G00 X40 Y0	定位起刀点	
G01 Z-2 F50	直线插补到指定 Z 坐标，进给速度为 50mm/min	右边圆弧槽
G03 X-28.75 Y20.879 R25 F200	逆时针圆弧插补到指定坐标，进给速度为 200mm/min	
G03 X23.25 Y12.528 I-2.75 J-4.176	逆时针圆弧插补到指定坐标	

（续）

程序内容	程序说明	备注
G02 X23.25 Y-12.528 R15	顺时针圆弧插补到指定坐标	
G03 X28.75 Y-20.879 I2.75 J-4.175	逆时针圆弧插补到指定坐标	
G03 X40 Y0 R25	逆时针圆弧插补到指定坐标	
G00 Z10	快速提刀	
G00 Y40	快速定位	上方直槽参考程序
G00 X10	快速定位	
G01 Z-2 F50	直线插补到指定 Z 坐标，进给速度为 50mm/min	
G01 X-14 F200	直线插补到指定坐标点，进给速度为 200mm/min	
G03 X-14 Y30 I0 J-5	逆时针圆弧插补到指定坐标	
G01 X14 Y30	直线插补到指定坐标点	
G03 X14 Y40 I0 J5	逆时针圆弧插补到指定坐标	
G01 X-10	直线插补到指定坐标点	
G00 Z10	快速提刀到 Z 值	
G00 X-40	快速定位 X-40	
G40 G00 X-50 Y40	取消刀具半径补偿	
G00 Z100	快速提刀到 Z 值	
M30	程序结束	

注意事项：

1）选择铣刀时，可根据槽宽选择尺寸小于或等于槽宽的键槽铣刀，起刀点一定要选择在零件进刀点上方；加工路线确定时，铣刀应沿内轮廓切向进刀和退刀。

2）铣刀开始加工零件前应完成刀具半径补偿动作。

3）程序校验正确后才能自动进行。

4）当图样尺寸精度要求不高时，可一次加工成形。

知识拓展

被加工零件的几何形状是选择刀具类型的主要依据。

1）刀具半径应小于零件内轮廓面的最小曲率半径。

2）加工曲面类、斜面零件时，一般采用球头铣刀。

3）铣削较大平面时，为了提高生产率和降低表面粗糙度值，宜采用硬质合金刀片镶

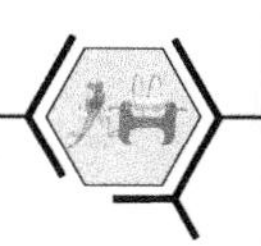

嵌式盘铣刀。

4）铣削小平面、台阶面、凸台、凹槽、平面工件周边轮廓时，一般采用立铣刀。

5）铣削键槽时，为了保证槽的尺寸精度，一般采用两刃键槽铣刀。

6）孔加工时，可采用钻头、镗刀、倒角刀、铰刀等孔加工类刀具。

7）曲面的粗加工可优先选择平底刀。

8）加工孔螺纹时要用丝锥。

任务评价（见表 2-27）

表 2-27 槽铣削编程加工评分表

<table>
<tr><td>工种</td><td>数控铣工</td><td>图号</td><td>SKX-5</td><td>单位</td><td colspan="5"></td></tr>
<tr><td colspan="2">定额时间</td><td>60min</td><td>起始时间</td><td></td><td>结束时间</td><td colspan="2">总得分</td><td colspan="2"></td></tr>
<tr><td>序号</td><td>考核项目</td><td colspan="2">考核内容及要求</td><td>配分</td><td>评分标准</td><td>检测结果</td><td>扣分</td><td>得分</td><td>备注</td></tr>
<tr><td rowspan="2">1</td><td rowspan="2">长度</td><td>28mm</td><td>IT</td><td>8</td><td>超差不得分</td><td></td><td></td><td></td><td></td></tr>
<tr><td>30mm</td><td>IT</td><td>8</td><td>超差不得分</td><td></td><td></td><td></td><td></td></tr>
<tr><td>2</td><td>宽度</td><td>70mm</td><td>IT</td><td>8</td><td>超差不得分</td><td></td><td></td><td></td><td></td></tr>
<tr><td rowspan="2">3</td><td rowspan="2">半径</td><td rowspan="2">R5mm</td><td>IT</td><td>20</td><td>超差不得分</td><td></td><td></td><td></td><td></td></tr>
<tr><td>Ra</td><td>8</td><td>降一级扣 4 分</td><td></td><td></td><td></td><td></td></tr>
<tr><td rowspan="2">4</td><td rowspan="2">槽宽</td><td rowspan="2">10mm</td><td>IT</td><td>20</td><td>超差不得分</td><td></td><td></td><td></td><td></td></tr>
<tr><td>Ra</td><td>8</td><td>降一级扣 4 分</td><td></td><td></td><td></td><td></td></tr>
<tr><td rowspan="2">5</td><td rowspan="2">深度</td><td rowspan="2">2mm</td><td>IT</td><td>10</td><td>超差 0.01mm 扣 5 分</td><td></td><td></td><td></td><td></td></tr>
<tr><td>Ra</td><td>6</td><td>降一级扣 3 分</td><td></td><td></td><td></td><td></td></tr>
<tr><td>6</td><td>技术要求</td><td colspan="2">锐边去毛刺</td><td>4</td><td>未做不得分</td><td></td><td></td><td></td><td></td></tr>
<tr><td>7</td><td>其他项目</td><td colspan="6">工件须完整，局部无缺陷（如夹伤等）</td><td colspan="2">扣分不超过 5 分</td></tr>
<tr><td>8</td><td>程序编制</td><td colspan="6">程序中有严重违反工艺者取消考试资格，其他视情况酌情扣分</td><td colspan="2">扣分不超过 5 分</td></tr>
<tr><td>9</td><td>加工时间</td><td colspan="6">每超过 10min 扣 5 分</td><td colspan="2"></td></tr>
<tr><td>10</td><td>安全生产</td><td colspan="6">按国家颁布的有关规定</td><td colspan="2">每违反一项从总分中扣 10 分</td></tr>
<tr><td>11</td><td>文明生产</td><td colspan="6">按单位规定</td><td colspan="2">每违反一项从总分中扣 2 分</td></tr>
<tr><td colspan="2">记录员</td><td></td><td>监考员</td><td></td><td>检评员</td><td></td><td>复核员</td><td colspan="2"></td></tr>
</table>

课后练习

利用所学编程指令及加工工艺知识编写图 2-32 所示零件的加工程序并加工出零件，毛坯尺寸为 110mm×110mm×30mm。

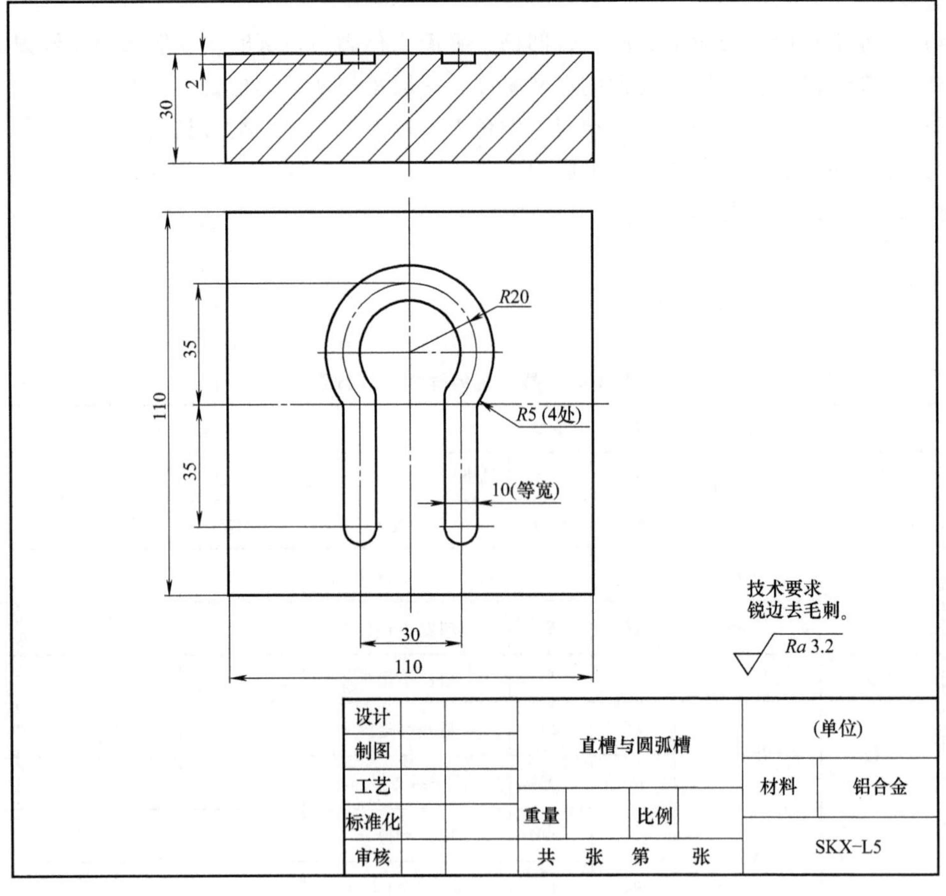

图 2-32 槽铣削练习零件图

任务六 钻孔编程加工

学习目标

1. 知识目标

1）掌握钻孔加工的编程方法。

2）能够正确使用 G81、G83、G43、G44、G49 等指令。

3）学会设置刀具的长度补偿值。

2. 技能目标

1）掌握零件上孔的加工工艺。

2）学会选用钻孔加工的刀具及合理的切削用量。

3）能够正确设置工件坐标系。

4）能够完成本次零件加工任务。

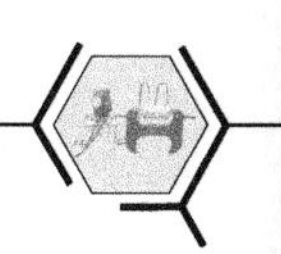

任务描述

分析零件图 2-33，学习通孔与不通孔的钻削加工与程序的编制方法，结合钻孔编程指令 G81、G83 与刀具长度补偿指令 G43、G44、G49，正确设置刀具的长度补偿值。完成零件钻孔加工工艺的制订，并编写加工程序单，完成零件的加工和检测。

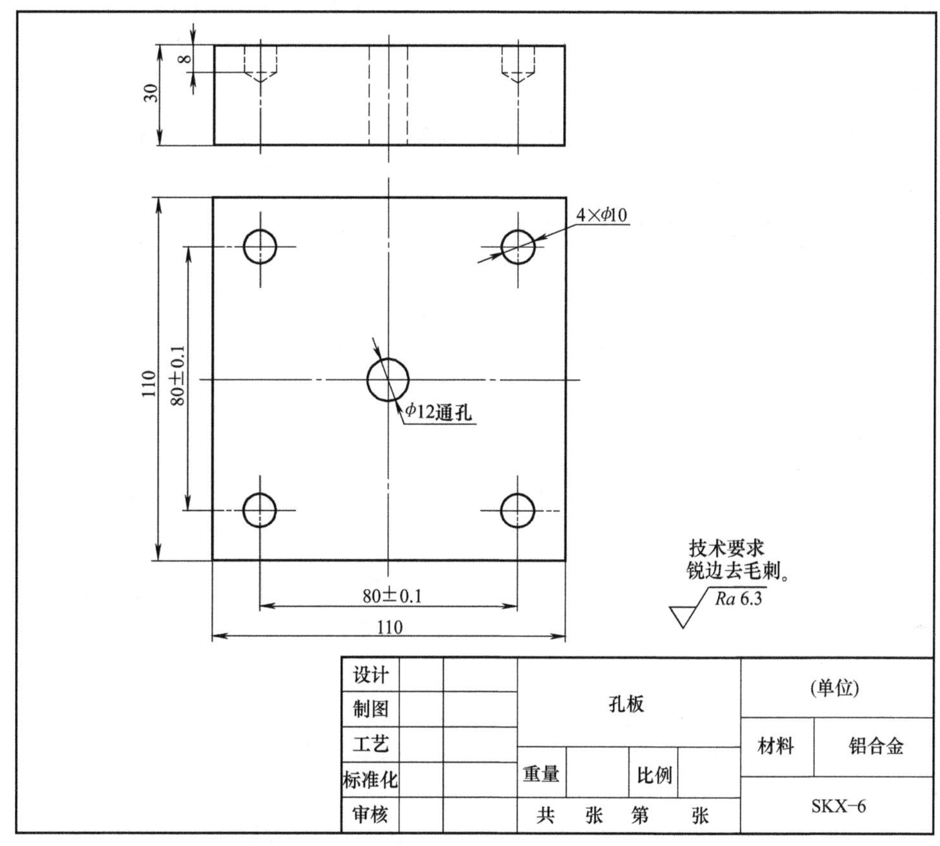

图 2-33　孔板零件图

知识链接

1. 钻孔循环指令 G81

（1）功能　G81 指令为 06 组模态 G 指令，用于中心孔钻孔循环、浅孔钻孔循环等。其钻孔循环模式如图 2-34 所示，包括（X，Y）坐标定位、快进、工进和快速返回等动作。

（2）指令格式　G98/G99 G81 X __ Y __ Z __ R __ L __ F __。

（3）说明

1）G98：返回初始平面；G99：返回参考 R 平面。

2）X、Y：绝对编程时是孔中心在 XY 平面内的坐标位置；增量编程时是孔中心在

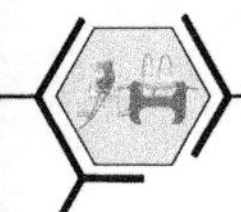

XY 平面内相对于起点的增量值。

3）Z：绝对编程时是孔底 Z 点的坐标值；增量编程时是孔底 Z 点相对于参考 R 点的增量值。

4）R：绝对编程时是参考 R 点的坐标值；增量编程时是参考 R 点相对于初始点的增量值。

5）F：钻孔进给速度。

6）L：循环次数（一般用于多孔加工，因此 X 或 Y 应为增量值）。

2. 深孔加工循环指令 G83

深孔是孔深与直径之比大于 3 的孔。

（1）功能　深孔加工循环指令 G83 为固定循环指令，用于 Z 轴的间歇进给，它是 06 组模态指令。每向下钻一次孔后，快速退到参考 R 点，其退刀量大，更便于排屑，方便加切削液。图 2-35 所示为循环指令 G83 的进给路线。

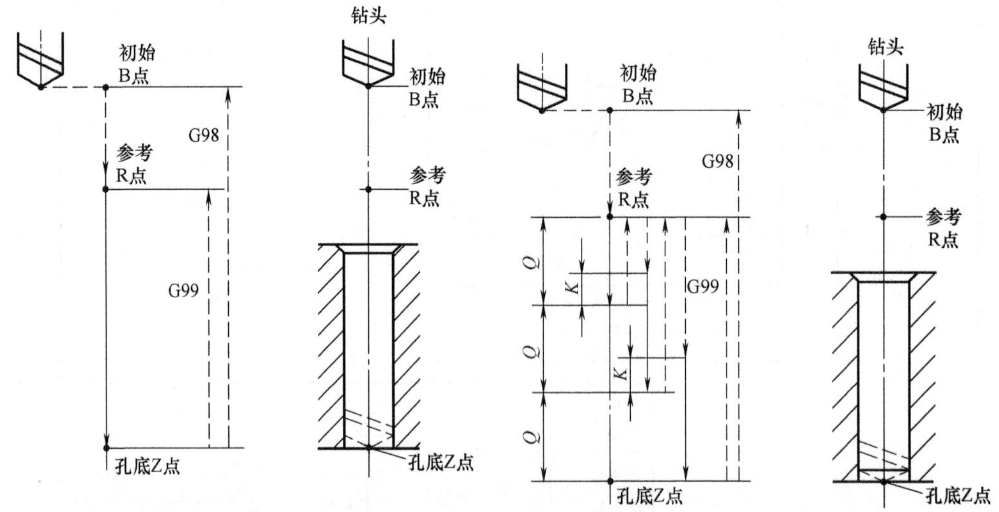

图 2-34　G81 指令循环动作图

图 2-35　G83 指令循环动作图

（2）指令格式　G98/G99 G83 X __ Y __ Z __ R __ Q __ K __ L __ F __。

（3）格式说明

1）G98：返回初始平面；G99：返回参考 R 平面。

2）X、Y：绝对编程时是孔中心在 XY 平面内的坐标位置；增量编程时是孔中心在 XY 平面内相对于起点的增量值。

3）Z：绝对编程时是孔底 Z 点的坐标值；增量编程时是孔底 Z 点相对于参考 R 点的增量值。

4）R：绝对编程时是参考 R 点的坐标值；增量编程时是参考 R 点相对于初始点的增量值。

5）Q：每次向下的钻孔深度（增量值，取负）。

6）K：每次向上的退刀量或距已加工孔深上方的距离（增量值，取正）。

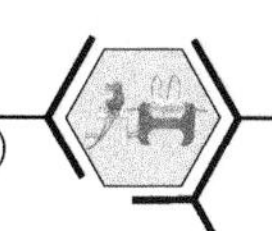

7）F：钻孔进给速度。

8）L：循环次数（一般用于多孔加工，因此 X 或 Y 应为增量值）。

3. 取消钻孔固定循环指令 G80

（1）功能　指令 G80 能取消钻孔固定循环，同时 R 点和 Z 点也被取消，该指令为 06 组模态指令。指令 G80 可单独写在一个程序段中。

（2）指令格式　G80。

4. 刀具长度补偿指令 G43、G44、G49

（1）刀具长度正向补偿指令 G43

1）功能：刀具长度正向偏置（补偿轴终点坐标加上偏置值），如图 2-36 所示。G43 指令为 10 组模态 G 代码。

2）格式：

G17　G43　G00/G01　Z__H__

G18　G43　G00/G01　Y__H__

G19　G43　G00/G01　X__H__

3）说明

① X 、Y 、Z：刀具长度补偿建立的终点坐标。

② G17：刀具长度补偿轴为 Z 轴；G18：刀具长度补偿轴为 Y 轴；G19：刀具长度补偿轴为 X 轴。

③ H：刀具长度补偿值在刀补表中的刀偏号。

（2）刀具长度负向补偿指令 G44

1）功能：刀具长度负向偏置（补偿轴终点坐标减去偏置值），如图 2-37 所示。G44 指令为 10 组模态 G 代码。

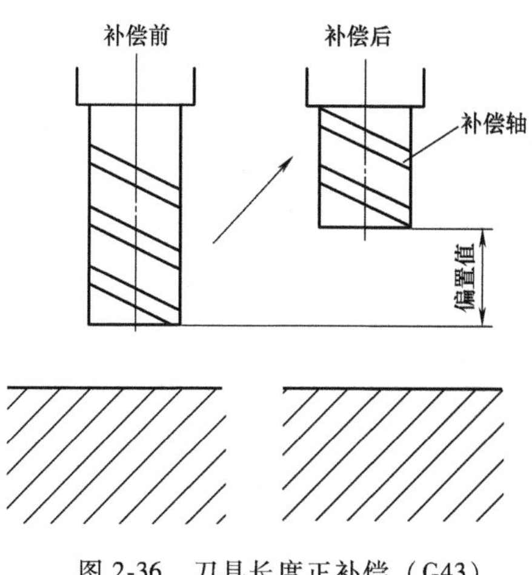

图 2-36　刀具长度正补偿（G43）

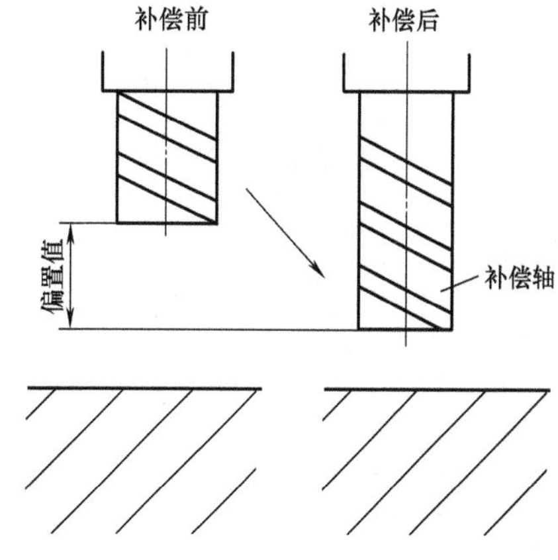

图 2-37　刀具长度负补偿（G44）

2）格式：

G17　G44　G00/G01　Z__H__

G18　G44　G00/G01　Y__H__

G19　G44　G00/G01　X __ H __

程序中各参数的含义与 G43 指令相同。

(3) 刀具长度补偿取消指令 G49

1) 功能：取消刀具长度补偿。

2) 格式：G49

任务实施

1. 确定零件坯料的装夹方式与加工方案

毛坯尺寸为 110mm×110mm×30mm，材料为铝合金，如图 2-10 所示。将该毛坯加工成图 2-33 所示零件，加工方法如下：

1) 安装时，使用平口钳装夹，底部垫平行垫块，垫块分前后垫底，中间留出通孔加工位置；工件加工表面高出钳口 8mm，使用橡皮锤敲击工件使其与垫块紧密接触，如图 2-38 所示。参照本项目任务二中图 2-14 所示进行找正。

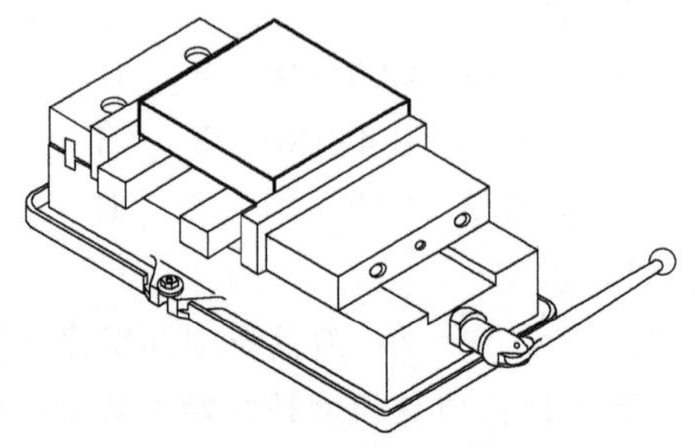

图 2-38　安装示意图

2) 钻单孔 ϕ12mm。

3) 钻多孔 ϕ10mm。

2. 工艺准备 (见表 2-28)

表 2-28　钻孔加工工艺准备表

序号	内　容	备注
1	认真阅读零件图，并按毛坯图检查坯料尺寸	
2	拟定加工方案，确定加工路线，计算切削用量	
3	检查工具、量具、刀具是否完整	
4	开机，返回参考点	
5	安装机用平口钳，装夹工件	
6	安装刀具	
7	对刀，设定工件坐标系	
8	编制加工程序并输入机床，设定刀具长度偏置值	
9	程序校验	
10	钻单孔 ϕ12mm	
11	钻多孔 ϕ10mm	
12	结束加工	

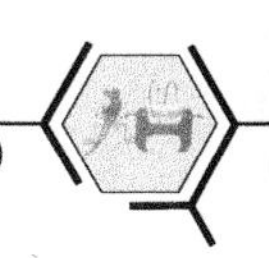

3. 工具、量具、刃具清单（见表 2-29）

表 2-29 钻孔加工工具、量具、刃具清单

序号	名称	规格/mm	单位	数量
1	游标卡尺	0.02/0~150	把	1
2	深度游标卡尺	0.02/0~200	把	1
3	杠杆百分表及表座	0.01/0~10	套	1
4	表面粗糙度样板	N0~N1(12 级)	副	1
5	麻花钻	ϕ12、ϕ10	把	各 1
6	BT40 钻夹头刀柄		套	1
7	机用平口钳	200	台	1
8	T 型螺栓及螺母、垫圈		套	1
9	呆扳手		套	1
10	平行垫铁		副	1
11	橡皮锤		把	1

4. 加工工艺过程卡（见表 2-30）

表 2-30 钻孔加工工艺过程卡

数控加工工艺卡		产品代号		零件名称	材料	零件图号	
				孔板	铝合金	SKX-6	
工步号	工步内容	刀具号	刀具规格	主轴转速 n/(r/min)	进给量 f/(mm/min)	背吃刀量 a_p/mm	备注
1	钻单孔 ϕ12mm	T01	BT40	1000	60	6	自动
2	钻多孔 ϕ10mm	T02	BT40	1200	60	5	自动

5. 参考程序（华中数控 HZ）（见表 2-31）

表 2-31 钻孔加工参考程序

程序内容	程序说明	备注
ϕ12mm 通孔参考程序		
%1	程序号	
G54 G90 G21	工件坐标系，绝对编程，米制尺寸(mm)	
M03 S1000	主轴正转，转速为 1000r/min	
G00 X0 Y0	快速定位到指定坐标点，起刀点	
Z100	定位 Z 轴	
M08	切削液开	
G98 G83 X0 Y0 Z-38 R3 Q-5 K3 L1 F60	深孔循环，孔位置(X0,Y0)，孔深 Z-38，钻孔结束后回到初始平面，钻孔速度为 60mm/min	
M30	程序结束	
ϕ10mm 多孔参考程序		
%2	程序号	

（续）

程序内容	程序说明	备注
G54 G90 G21	工件坐标系，绝对编程，米制尺寸(mm)	
M03 S1200	主轴正转，转速为1200r/min	
G00 X0 Y0	快速定位到指定坐标点，起刀点	
G17 G43 G00 Z50 H01	定位Z轴，刀具长度Z轴正向偏置补偿，补偿号为H01	
G99 G81 X40 Y40 Z-10.887 R3 L1 F60	钻孔循环，孔位置(X40,Y40)，孔深Z-13，钻孔结束回到参考R平面，钻孔速度为60mm/min	
X-40 Y40	指定孔位置，(X-40,Y40)，钻孔	
X-40 Y-40	指定孔位置，(X-40,Y-40)，钻孔	
G98 X40 Y-40	指定孔位置，(X40,Y-40)，钻孔结束回到初始平面	
G80	取消钻孔固定循环	
G49 G00 Z100	取消刀具长度补偿	
M30	程序结束	

注意事项：

1）起刀点可选择在零件中心正上方，麻花钻开始加工零件前应在钻孔位正上方。

2）程序校验正确后才能自动进行加工。

3）第一把刀钻孔时可不设置刀具的长度补偿。第一把刀加工孔结束后，第二把刀加工第二类孔时，应根据两把刀具的长度设置刀具的长度补偿，偏置值H01=第一把刀的长度-第二把刀的长度。

4）加工时若采用两把刀，则也可同时设置刀具长度补偿，在机床坐标系内Z坐标值均为0，分别对两把刀进行对刀操作，将对刀结果输入机床刀补表的长度值内，以达到刀具长度补偿的效果。

知识拓展

攻螺纹循环指令G84介绍如下。

(1) 功能　攻正螺纹时，用右旋丝锥主轴正转攻螺纹。攻螺纹时，速度倍率不起作用；使用进给保持时，在全部动作结束前也不停止。

(2) 指令格式　G98/G99 G84 X __ Y __ Z __ R __ P __ F __ L __

(3) 格式说明

1）X、Y：绝对编程时是螺孔中心在XY平面内的坐标位置；增量编程时是螺孔中心在XY平面内相对于起点的增量值。

2）Z：绝对编程时是孔底Z点的坐标值；增量编程时是孔底Z点相对于参考R点的增量值。

3）R：绝对编程时是参考R点的坐标值；增量编程时是参考R点相对于初始点的增

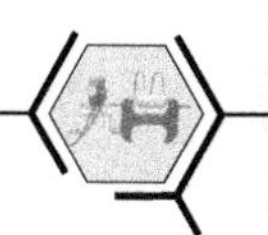

量值。

4）P：孔底停顿时间。

5）F：螺纹导程。

6）L：循环次数（一般用于多孔加工，因此 X 或 Y 应为增量值）。

攻螺纹循环指令 G84 循环动作如图 2-39 所示。

如图 2-40 所示，用 M10×1 的正丝锥攻螺纹的编程示例如下。

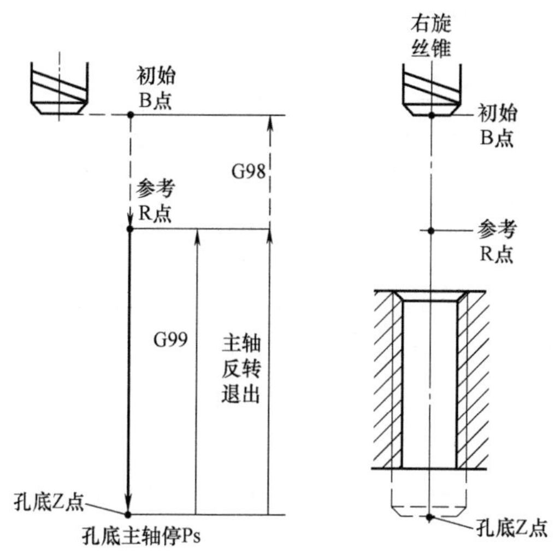

图 2-39　G84 指令循环动作图

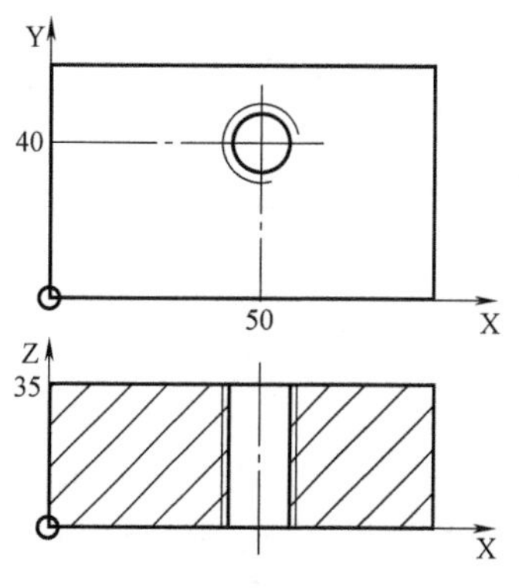

图 2-40　编程示例图

```
%2
G54 G90
M03 S300
G00 X0 Y0
Z50
G98 G84 X50 Y40 Z-40 R5 P3 F1
G00 Z80
M30
```

任务评价（见表 2-32）

表 2-32　钻孔编程加工评分表

工种	数控铣工	图号	SKX-6		单位				
定额时间	30min	起始时间			结束时间		总得分		
序号	考核项目	考核内容及要求		配分	评分标准	检测结果	扣分	得分	备注
1	孔长定位	(80±0.1)mm	IT	20	超差不得分				
2	孔宽定位	(80±0.1)mm	IT	20	超差不得分				

（续）

序号	考核项目	考核内容及要求		配分	评分标准	检测结果	扣分	得分	备注
3	孔直径	φ12mm	IT	5	超差不得分				
			Ra	8	降一级扣 4 分				
		4×φ10mm	IT	20	超差不得分				
			Ra	8	降一级扣 4 分				
4	深度	8mm	IT	8	超差不得分				
		12mm	IT	8	超差不得分				
5	技术要求	锐边去毛刺		3	未做不得分				
6	其他项目	工件须完整，局部无缺陷（如夹伤等）						扣分不超过 5 分	
7	程序编制	程序中有严重违反工艺者取消考试资格，其他视情况酌情扣分						扣分不超过 5 分	
8	加工时间	每超过 10min 扣 5 分							
9	安全生产	按国家颁布的有关规定						每违反一项从总分中扣 10 分	
10	文明生产	按单位规定						每违反一项从总分中扣 2 分	
记录员		监考员		检评员		复核员			

课后练习

利用所学编程指令及加工工艺知识编写图 2-41 所示零件的加工程序并加工出零件，毛坯尺寸为 110mm×110mm×30mm。

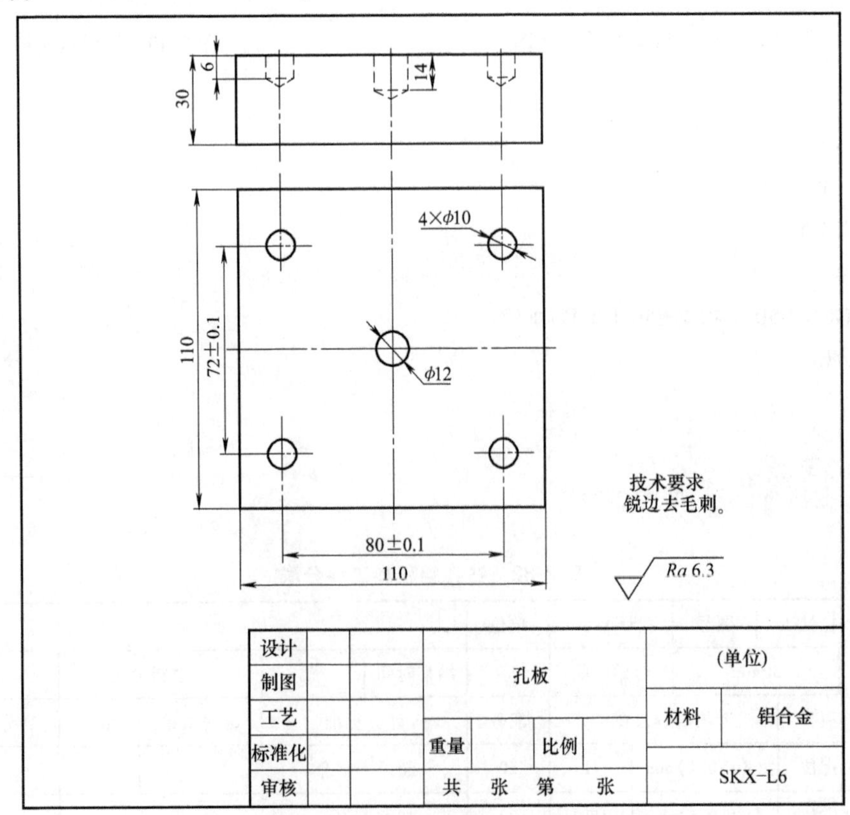

图 2-41 孔板铣削练习零件图

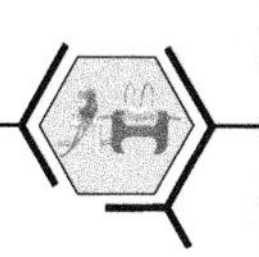

任务七　扩孔编程加工

学习目标

1. 知识目标
1）掌握扩孔加工的编程方法。
2）学会使用 M98、M99 指令。
3）掌握子程序的编程结构。
2. 技能目标
1）掌握扩孔加工工艺。
2）学会选用扩孔加工的刀具及合理的切削用量。
3）能够正确设置工件坐标系。
4）能够正确设置刀具的长度补偿、半径补偿。
5）能够完成本次零件加工任务。

任务描述

分析零件图 2-42，学习扩孔加工的进给路线，结合 M98、M99、G90、G91 指令的应

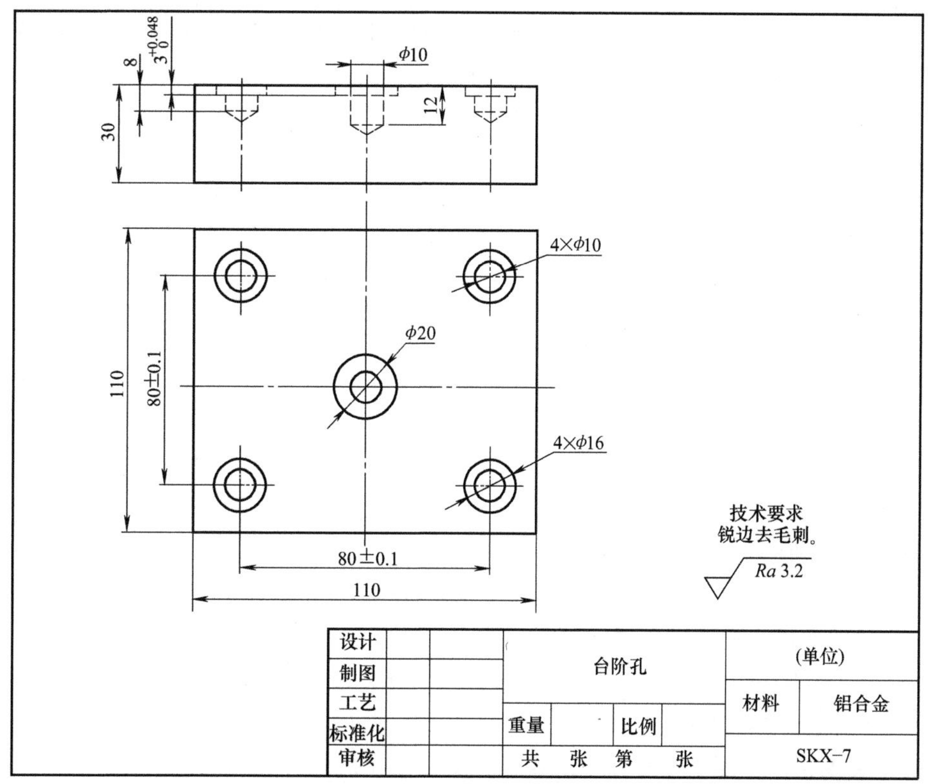

图 2-42　台阶孔零件图

用，设置刀具的长度补偿值。完成零件钻孔、扩孔加工工艺的制订，并编写加工程序单，完成零件的加工和检测。

知识链接

1. 调用子程序指令 M98

(1) 功能　M98 用于子程序的调用，在主程序中编程时，可调用子程序中的内容。

(2) 格式　M98 P __ L __

(3) 说明

1) M98：调用子程序。

2) P：被调用子程序的程序号，如 P2 表示子程序的程序号为%2。

L：重复调用的次数，如 L1 表示子程序被调用 1 次。

2. 返回主程序指令 M99

(1) 功能　在子程序中调用 M99，使加工返回主程序；在主程序中调用 M99，则又返回程序的开头继续执行，且会一直反复执行下去，直到用户干预为止。

(2) 指令格式

```
%＊＊＊
⋮
M99
```

(3) 格式说明　在程序开头，必须规定子程序号，作为调用入口地址。在子程序的结尾用 M99，以控制执行完该子程序后返回主程序。例如：

```
%1（主程序）
G54 G90
⋮
M98 P2 L1
⋮
M30
%2（子程序）
⋮
M99
```

任务实施

1. 确定零件坯料的装夹方式与加工方案

毛坯尺寸为 110mm×110mm×30mm，材料为铝合金，如图 2-10 所示。将该毛坯加工成图 2-42 所示零件，加工方法如下：

1) 安装找正，参照本项目任务二中图 2-14 所示的安装找正方法。

2) 钻多孔 ϕ10mm。

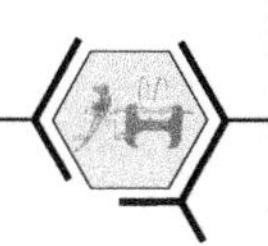

3）扩孔。

2. 工艺准备（见表 2-33）

表 2-33　扩孔加工工艺准备表

序号	内　　容	备注
1	认真阅读零件图，并按毛坯图检查坯料尺寸	
2	拟定加工方案，确定加工路线，计算切削用量	
3	检查工具、量具、刃具是否完整	
4	开机，返回参考点	
5	安装机用平口钳，装夹工件	
6	安装刀具	
7	对刀，设定工件坐标系	
8	编制加工程序并输入机床，设定刀具长度偏置值	
9	程序校验	
10	钻多孔 ϕ10mm	
11	扩孔	
12	结束加工	

3. 工具、量具、刃具清单（见表 2-34）

表 2-34　扩孔加工工具、量具、刃具清单

序号	名称	规格/mm	单位	数量
1	游标卡尺	0.02/0~150	把	1
2	深度游标卡尺	0.02/0~200	把	1
3	杠杆百分表及表座	0.01/0~10	套	1
4	表面粗糙度样板	N0~N1（12 级）	副	1
5	麻花钻	ϕ10	把	1
6	立铣刀	ϕ8	把	1
7	BT40 钻夹头刀柄		套	1
8	BT40 刀柄及卡簧	ER32（7~8）	套	1
9	机用平口钳	200	台	1
10	T 型螺栓及螺母、垫圈		套	1
11	呆扳手		套	1
12	平行垫铁		副	1
13	橡皮锤		把	1

4. 加工工艺过程卡（见表 2-35）

表 2-35　扩孔加工工艺过程卡

数控加工工艺卡		产品代号		零件名称	材料	零件图号	
				台阶孔	铝合金	SKX-7	
工步号	工步内容	刀具号	刀具规格	主轴转速 n/(r/min)	进给量 f/(mm/min)	背吃刀量 a_p/mm	备注
1	钻孔 ϕ10mm	T01	BT40	1200	50	5	自动
2	扩孔 ϕ20mm	T02	BT40	3000	200	3	自动
3	扩孔 ϕ16mm	T02	BT40	3000	200	3	自动

5. 参考程序（扩孔程序，华中数控 HZ）（见表 2-36）

表 2-36　扩孔加工参考程序

程序内容	程序说明	备注
%1	主程序程序号	
G54 G90 G21	工件坐标系，绝对编程，米制尺寸（mm）	

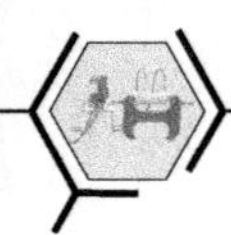

（续）

程序内容	程序说明	备注
M03 S3000	主轴正转，转速为 3000r/min	
G00 X0 Y0	快速定位到指定坐标点，即起刀点	
Z10	定位 Z 轴	
M08	切削液开	
M98 P2 L1	调用子程序%2，调用一次	
G00 X40 Y40	扩孔位置定位	
M98 P3 L1	调用子程序%3，调用一次	
G00 X-40 Y40	扩孔位置定位	
M98 P3 L1	调用子程序%3，调用一次	
G00 X-40 Y-40	扩孔位置定位	
M98 P3 L1	调用子程序%3，调用一次	
G00 X40 Y-40	扩孔位置定位	
M98 P3 L1	调用子程序%3，调用一次	
G00 Z50	快速退刀到 Z 值	
M30	程序结束	
%2	子程序程序号%2	扩孔 ϕ20mm
G90 G00 Z5	绝对编程，快速定位 Z 轴	
G01 Z-3 F50	直线插补到 Z-3，进给速度为 50mm/min	
G91 G01 X6 F200	增量编程，直线插补增量 X6，进给速度为 200mm/min	
G03 X0 Y0 I-6 J0	逆时针圆弧插补增量	
G03 X-6 Y6 I-6 J0	逆时针圆弧插补增量	
G01 X0 Y-6	直线插补增量	
G90 G00 Z10	绝对编程，快速退刀到 Z 值	
M99	返回主程序	
%3	子程序程序号%3	四周扩孔 ϕ16mm
G90 G00 Z5	绝对编程，快速定位 Z 轴	
G01 Z-3 F50	直线插补到 Z-3，进给速度为 50mm/min	
G91 G01 X4 F200	增量编程，直线插补增量 X4，进给速度为 200mm/min	
G03 X0 Y0 I-4 J0	逆时针圆弧插补	
G03 X-4 Y4 I4 J0	逆时针圆弧插补	
G01 X0 Y-4	直线插补增量	
G90 G00 Z10	绝对编程，快速退刀到 Z 值	
M99	返回主程序	

注意事项：

1）起刀点可选择在孔中心位置上方。

2）扩多个相同的孔时，孔中心的定位采用绝对编程值，起刀后，扩孔加工时采用增量编程值。

3）程序校验正确后才能自动加工。

知识拓展

1. 数控加工工艺的基本特点

1）数控加工的工序内容比普通铣床加工的工序内容复杂。由于数控铣床比普通铣床价格昂贵且加工功能强，因此，在数控铣床上一般安排较复杂的零件加工工序，甚至是在普通铣床上难以完成的加工工序。

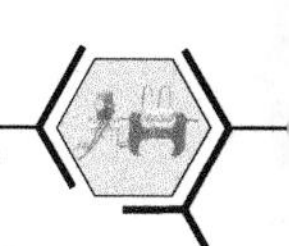

2）数控铣床加工程序的编制比普通铣床工艺规程的编制复杂。这是因为在普通铣床加工工艺中不必考虑的问题，如工序中工步的安排，起刀点、进刀点和退刀点、提刀点即进给路线的确定等因素，在数控铣床编程时必须考虑确定。

2. 数控加工工艺的主要内容

加工工艺路线是根据零件图样，按照一定的工艺规程，使刀具沿着轮廓轨迹进行切削加工的路线。

1）选择适合在数控铣床上加工的零件，确定数控铣床的加工内容。

2）对零件图样进行数控加工工艺分析，明确加工内容及技术要求。在此基础上，确定零件的加工方案，制订零件数控加工工艺路线。

3）具体设计数控加工工序。

4）进行轮廓轨迹的节点计算与数学处理。

5）处理特殊的工艺问题。

6）编制工艺文件与数控加工卡片。

7）合理分配数控加工中的允许误差。

8）处理数控铣床上的部分工艺指令。

任务评价（见表 2-37）

表 2-37　扩孔编程加工评分表

工种	数控铣工	图号	SKX-7	单位					
定额时间	30min	起始时间		结束时间		总得分			
序号	考核项目	考核内容及要求		配分	评分标准	检测结果	扣分	得分	备注
1	孔长定位	(80±0.1)mm	IT	15	超差不得分				
2	孔宽定位	(80±0.1)mm	IT	15	超差不得分				
3	孔直径	ϕ10mm	IT	10	超差不得分				
			Ra	5	降一级扣 3 分				
		ϕ20mm	IT	15	超差不得分				
			Ra	5	降一级扣 3 分				
		4×ϕ16mm	IT	15	超差不得分				
			Ra	5	降一级扣 3 分				
4	深度	12mm	IT	4	超差不得分				
		8mm	IT	4	超差不得分				
		$3^{+0.048}_{0}$	IT	10	超差 0.01mm 扣 5 分				
5	技术要求	锐边去毛刺		1	未做不得分				
6	其他项目	工件须完整,局部无缺陷(如夹伤等)						扣分不超过 5 分	
7	程序编制	程序中有严重违反工艺者取消考试资格,其他视情况酌情扣分						扣分不超过 5 分	
8	加工时间	每超过 10min 扣 5 分							
9	安全生产	按国家颁布的有关规定						每违反一项从总分中扣 10 分	
10	文明生产	按单位规定						每违反一项从总分中扣 2 分	
记录员		监考员			检评员		复核员		

课后练习

利用所学编程指令及加工工艺知识编写图 2-43 所示零件的加工程序并加工出零件，

毛坯尺寸为 110mm×110mm×30mm。

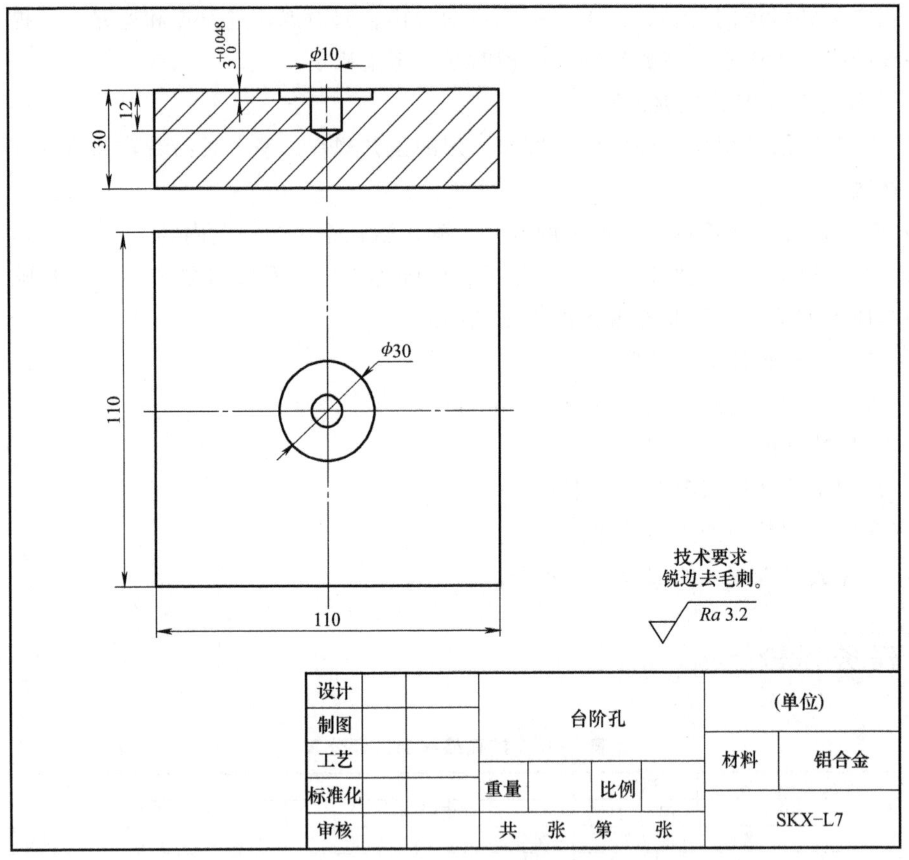

图 2-43 扩孔练习零件图

任务八 综合零件编程加工训练

学习目标

1. 知识目标

1）熟练掌握外型凸台、内腔及钻孔加工的编程方法。

2）熟练使用 G00、G01、G03、G83 等加工编程指令。

3）学会计算各点坐标值。

2. 技能目标

1）熟练掌握零件上外型凸台、内腔及钻孔的加工工艺。

2）学会选用外型凸台、内腔及钻孔加工的刀具及合理的切削用量。

3）正确使用刀具半径补偿和刀具长度补偿功能，并保证加工要求。

4）能够正确设置工件坐标系。

5）能够完成本次零件加工任务。

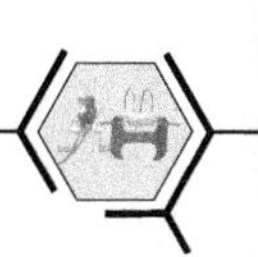

任务描述

分析零件图 2-44，复习零件上外型凸台、内腔及钻孔加工工艺、编程方法，以及刀具的半径补偿和长度补偿功能，设置坐标系。结合所学编程指令，完成综合零件加工工艺的制订，并编写加工程序单，完成零件的加工和检测。

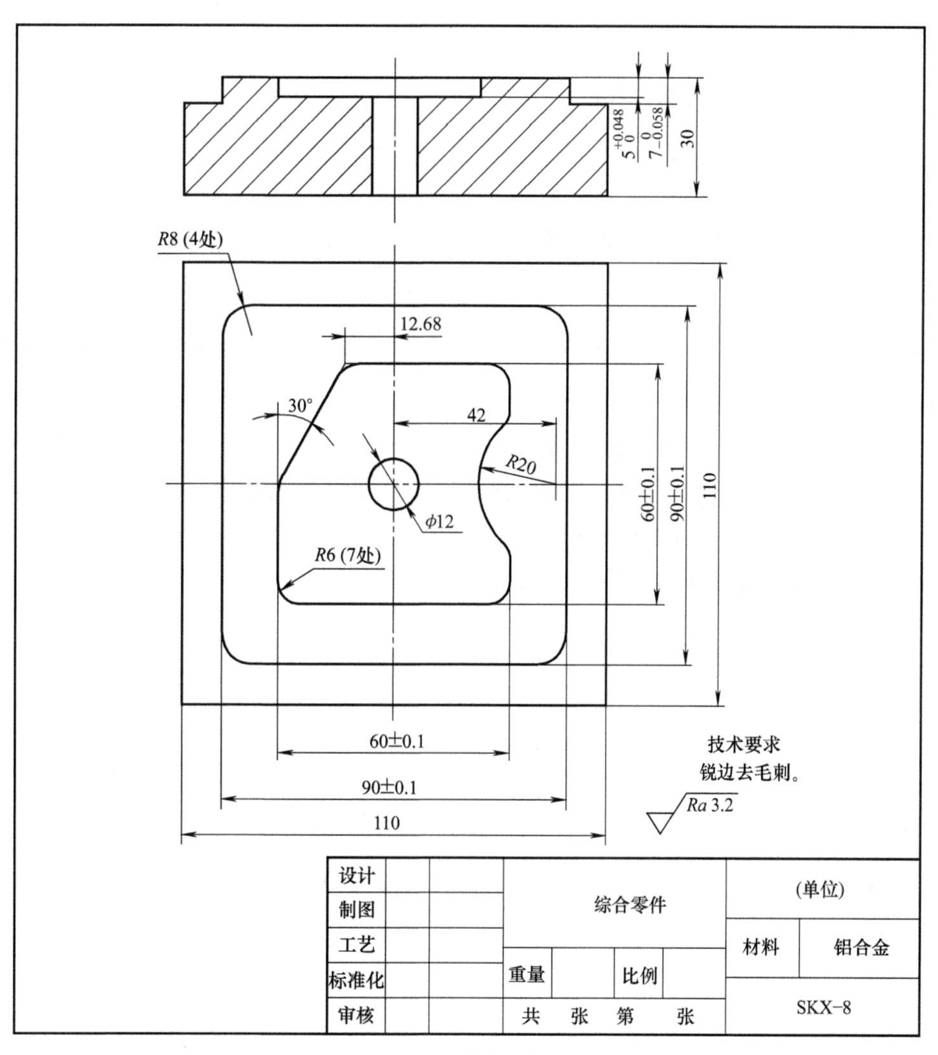

技术要求
锐边去毛刺。

$\sqrt{Ra\ 3.2}$

设计			综合零件				(单位)	
制图								
工艺							材料	铝合金
标准化			重量		比例			
审核			共　张		第　张		SKX-8	

图 2-44　综合零件图

知识链接

1. A、B 点坐标值计算

如图 2-45 所示，计算图形中 A、B 两点坐标值的方法如下：

1）作辅助直角三角形 OCE、ADE。

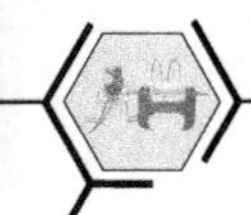

2）在直角三角形 OCE 中，$OE=AE+OA=20\text{mm}+6\text{mm}=26\text{mm}$，$OC=FC-FB+OB=42\text{mm}-30\text{mm}+6\text{mm}=18\text{mm}$，根据勾股定理

$$CE=\sqrt{OE^2-OC^2}=\sqrt{26^2-18^2}\text{mm}\approx 18.762\text{mm}$$

3）在直角三角形 ADE 中，$AE=20\text{mm}$；直角三角形 ADE 与直角三角形 OCE 相似，所以有

$$\frac{DE}{AE}=\frac{CE}{OE}\Rightarrow\frac{DE}{20}=\frac{18.762}{26}\Rightarrow DE\approx 14.432\text{mm}$$

$$\frac{AD}{AE}=\frac{OC}{OE}\Rightarrow\frac{AD}{20}=\frac{18}{26}\Rightarrow AD\approx 13.846\text{mm}$$

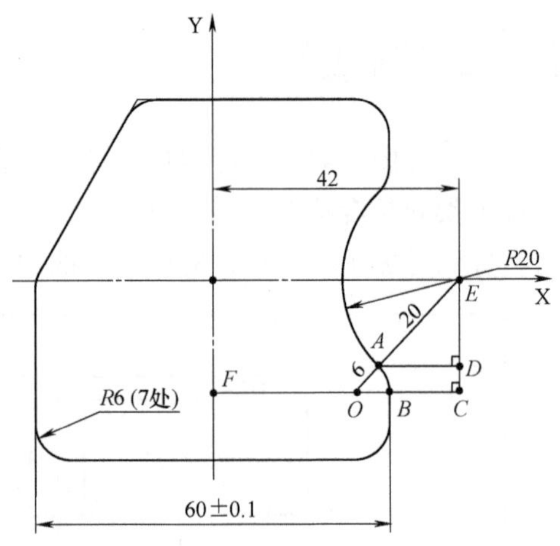

图 2-45　数值计算示意图一

4）如图 2-45 所示建立工件坐标系，A 点坐标：X = 42 - AD = 42mm - 13.846mm = 28.154mm，Y=-DE=-14.746mm；B 点坐标：$X=\frac{60}{2}\text{mm}=30\text{mm}$，Y=-CE=-18.762mm。即得 A（X28.154，Y-14.746）；B（X30，Y-18.762）。

2. M、N、G、H 点坐标计算

如图 2-46 和图 2-47 所示，利用角度的关系，使用三角函数或勾股定理，计算点 M、N、G、H 的坐标值。N 点坐标值为（X-30，Y-1.608），M 点坐标值为（X-29.196，Y1.392）。按同样方法计算 G、H 点的坐标值为 G（X-13.856，Y27）、H（X-9.216，Y30）。

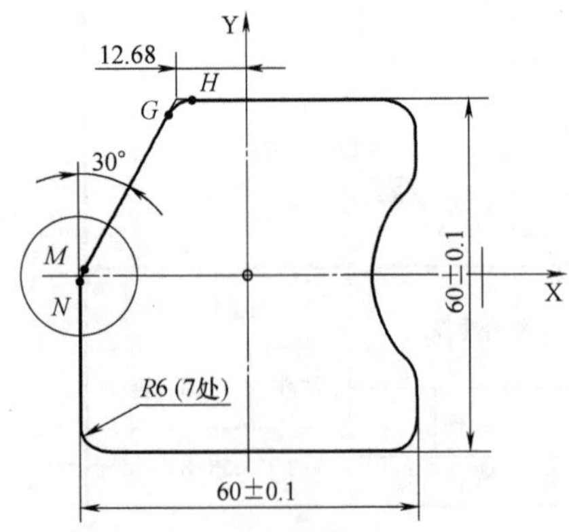

图 2-46　数值计算示意图二

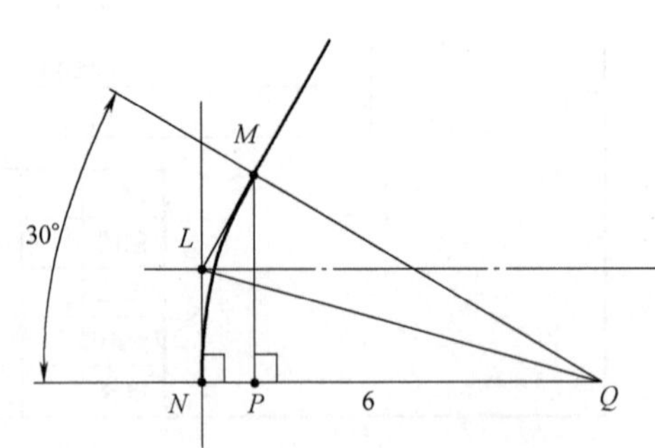

图 2-47　数值计算示意图三

任务实施

1. 确定零件坯料的装夹方式与加工方案

毛坯尺寸为 110mm×110mm×30mm，材料为铝合金，如图 2-10 所示。将该毛坯加工成图 2-44 所示零件，加工方法如下：

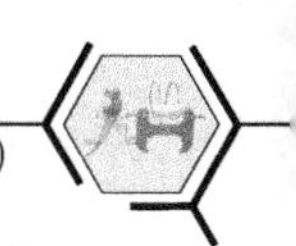

1）安装找正。使用平口钳装夹，底部垫平行垫块，垫块分前后垫底，中间留出通孔加工位置，工件加工表面高出钳口 10mm，使用橡皮锤敲击工件，使其与垫块紧密接触。使用百分表找正加工表面，夹紧力要适中。使用百分表找正时，需正确安装和使用百分表，具体方法如图 2-14 所示。

2）钻通孔。

3）粗铣外轮廓及内轮廓，留 0.5mm 余量。

4）精铣外轮廓及内轮廓至尺寸要求。

2. 工艺准备（见表 2-38）

表 2-38　综合零件加工工艺准备表

序号	内　　容	备注
1	认真阅读零件图，并按毛坯图检查坯料尺寸	
2	拟定加工方案，确定加工路线，计算切削用量	
3	检查工具、量具、刃具是否完整	
4	开机，返回参考点	
5	安装机用平口钳，装夹工件	
6	安装刀具	
7	对刀，设定工件坐标系	
8	编制加工程序并输入机床，设定刀具半径补偿值、刀具长度补偿值	
9	程序校验	
10	粗加工工件	
11	测量零件尺寸	
12	精加工工件	
13	结束加工	

3. 工具、量具、刃具清单（见表 2-39）

表 2-39　综合零件加工工具、量具、刃具清单

序号	名称	规格/mm	单位	数量
1	游标卡尺	0.02/0~150	把	1
2	深度游标卡尺	0.02/0~200	把	1
3	杠杆百分表及表座	0.01/0~10	套	1
4	表面粗糙度样板	N0~N1(12 级)	副	1
5	立铣刀	ϕ20	把	1
6	麻花钻	ϕ12	把	1
7	键槽铣刀	ϕ10	把	1
8	BT40 钻夹头刀柄		套	1
9	BT40 刀柄及卡簧	ER32(9~10、20)	套	各 1
10	机用平口钳	200	台	1
11	T 型螺栓及螺母、垫圈		套	1
12	呆扳手		套	1
13	平行垫铁		副	1
14	橡皮锤		把	1

4. **加工工艺过程卡**（见表 2-40）

表 2-40　综合零件加工工艺过程卡

数控加工工艺卡		产品代号		零件名称	材料	零件图号	
				综合零件	铝合金	SKX-8	
工步号	工步内容	刀具号	刀具规格	主轴转速 n/(r/min)	进给量 f/(mm/min)	背吃刀量 a_p/mm	备注
1	钻通孔	T02	BT40	1000	50	6	自动
2	粗铣外轮廓,留 0.5mm 余量	T01	BT40	1500	200	3	自动
3	粗铣内轮廓,留 0.5mm 余量	T03	BT40	2000	200	3	自动
4	精铣外轮廓至尺寸要求	T01	BT40	2000	200	7	自动
5	精铣内轮廓至尺寸要求	T03	BT40	2000	200	5	自动

5. **参考程序**（华中数控 HZ）

可参考凸台、内腔及钻孔数控加工程序的编写过程。

注意：

1）铣削外轮廓时，起刀点一定要选择在零件外面，加工路线确定时，铣刀应沿轮廓切向进刀和退刀。铣削内轮廓时，起刀点应选在零件正上方。

2）程序校验正确后才能自动进行。

3）第一次加工时，在粗加工结束后根据测量结果改变精加工刀具半径补偿值。

4）铣刀开始加工零件前，应完成刀具半径补偿动作。

5）换刀后，采用刀具长度补偿进行编程。

知识拓展

零件上所需加工表面的加工方法选择好后，就可确定加工工艺过程的工序数。确定工序数时有两个截然不同的原则：一个是工序集中原则，另一个是工序分散原则。

1. 工序集中原则

所谓工序集中，就是使每个工序包括较多的工步，完成比较多的表面加工任务，而整个工艺过程由比较少的工序组成。它的特点是：

1）工序数目少，设备数量少，可相应减少操作工人人数和生产面积。

2）工件装夹次数少，不但缩短了辅助时间，而且在一次装夹下所加工的各个表面之间容易保证较高的位置精度。

3）有利于采用高效专用机床和工艺装备，生产率高。

4）由于采用比较复杂的专用设备和专用工艺装备，因此生产准备工作量大，调整费时，对产品更新的适应性差。

2. 工序分散原则

所谓工序分散，就是每个工序包括比较少的工步，甚至只有一个工步，而整个工艺过程由比较多的工序组成。它的特点是：

1）工序数目多，设备数量多，相应地增加了操作工人人数和生产面积。

2）可以选用最有利的切削用量。

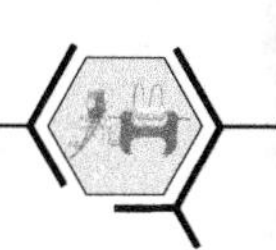

3）机床、刀具、夹具等结构简单，调整方便。

4）生产准备工作量小，改变生产对象容易，生产使用性好。

在数控铣削加工中，由于换刀麻烦，且花费时间多，所以多采用工序集中原则。例如，图 2-45 所示零件的加工，为了节省换刀时间、减少工序数目，内、外轮廓皆采用一把 ϕ10mm 四刃立铣刀进行铣削加工。

任务评价（见表 2-41）

表 2-41 综合零件编程加工评分表

工种	数控铣工	图号	SKX-8	单位					
定额时间	60min	起始时间		结束时间		总得分			
序号	考核项目	考核内容及要求		配分	评分标准	检测结果	扣分	得分	备注
1	长度	(60±0.1)mm	IT	6	超差不得分				
			Ra	3	降一级扣 2 分				
		(90±0.1)mm	IT	6	超差不得分				
			Ra	3	降一级扣 2 分				
2	宽度	(60±0.1)mm	IT	6	超差不得分				
			Ra	3	降一级扣 2 分				
		(90±0.1)mm	IT	6	超差不得分				
			Ra	3	降一级扣 2 分				
3	深度	$5^{+0.048}_{0}$mm	IT	10	超差 0.01mm 扣 5 分				
			Ra	3	降一级扣 2 分				
		$7^{0}_{-0.058}$	IT	10	超差 0.01mm 扣 5 分				
			Ra	3	降一级扣 2 分				
4	孔直径	ϕ12mm	IT	5	超差不得分				
			Ra	3	降一级扣 3 分				
5	半径	R20mm	IT	5	超差不得分				
		R6mm	IT	10	超差不得分				
		R8mm	IT	5	超差不得分				
6	角度	30°	IT	6	超差不得分				
7	技术要求	锐边去毛刺		4	未做不得分				
8	其他项目	工件须完整，局部无缺陷（如夹伤等）						扣分不超过 5 分	
9	程序编制	程序中有严重违反工艺者取消考试资格，其他视情况酌情扣分						扣分不超过 5 分	
10	加工时间	每超过 10min 扣 5 分							
11	安全生产	按国家颁布的有关规定						每违反一项从总分中扣 10 分	
12	文明生产	按单位规定						每违反一项从总分中扣 2 分	
记录员		监考员		检评员		复核员			

利用所学编程指令及加工工艺知识编写图 2-48 所示零件的加工程序并加工出零件，毛坯尺寸为 110mm×110mm×31mm。

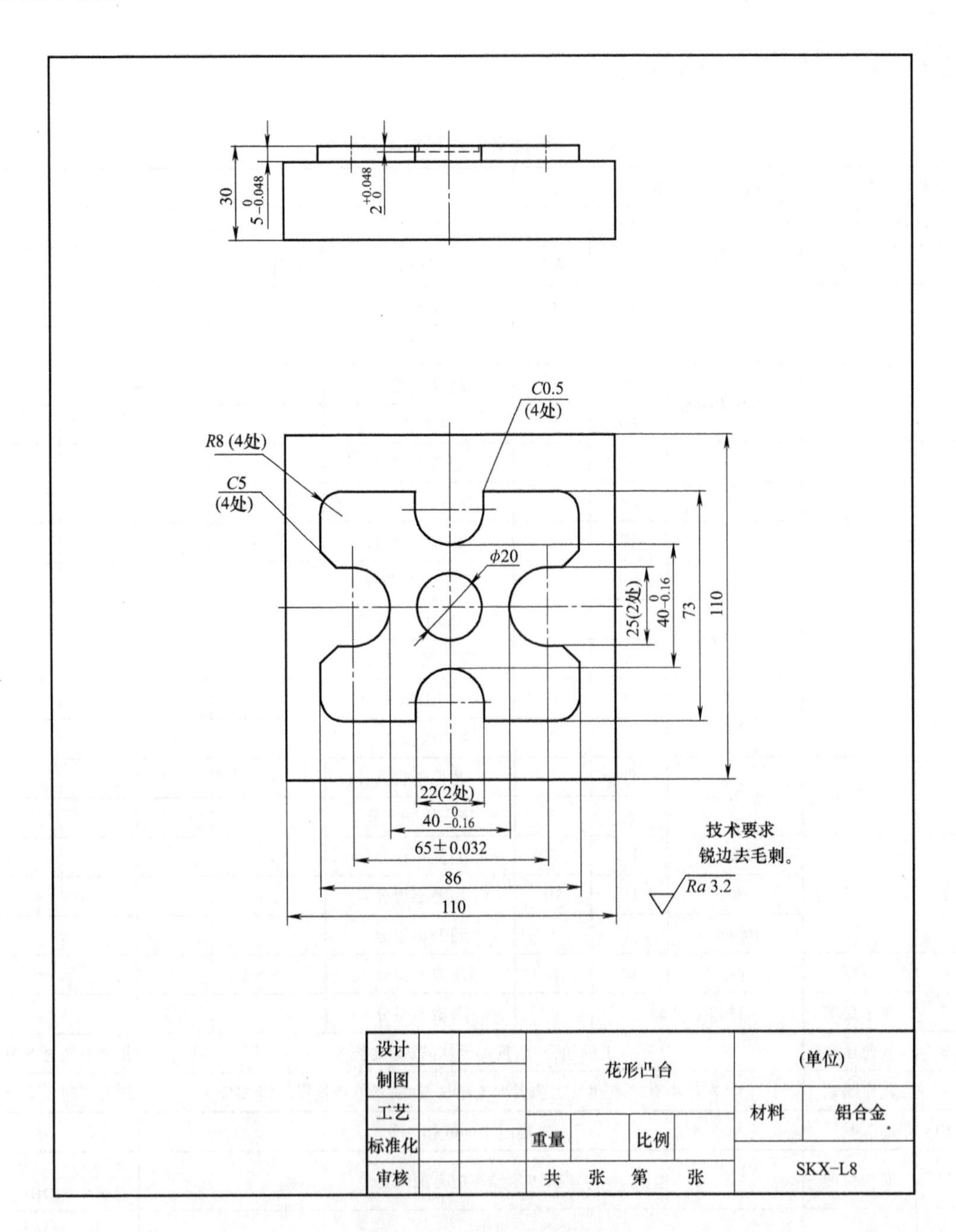

技术要求
锐边去毛刺。

设计			花形凸台				(单位)	
制图								
工艺							材料	铝合金
标准化			重量		比例			
审核			共 张 第 张				SKX-L8	

图 2-48 花形凸台零件图

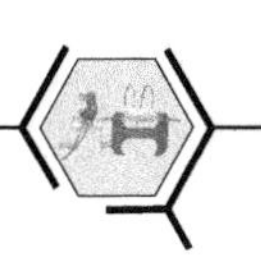

任务九　配合零件编程加工训练一

学习目标

1. 知识目标

1）掌握配合零件加工的顺序以及凸台和内腔加工的编程方法。

2）计算零件上各点的坐标值。

2. 技能目标

1）掌握配合零件的加工工艺。

2）学会正确选用配合零件加工所需的刀具及合理的切削用量。

3）掌握刀具半径补偿的设置方法。

4）能够正确设置工件坐标系。

5）能够完成本次零件加工任务。

任务描述

分析零件图 2-49～图 2-51，学习配合零件的加工工艺知识，配合零件外形凸台、内腔的加工工艺、编程方法，以及刀具半径补偿和长度补偿的设置方法。设置坐标系，完成配合零件加工工艺的制订，并编写加工程序单，完成零件的加工和检测。

知识链接

1. 配合件加工工艺分析

加工配合件时，要求达到加工精度要求，且加工要方便。所以在进行加工工艺分析时，通常先加工凸台件，使凸台件达到尺寸要求，最好为尺寸要求范围的中间值；再考虑加工内腔件，加工内腔时，可用已加工完成的凸台件进行配作，使其达到配合要求。

2. 数值计算

建立编程坐标系，计算轮廓上点的坐标值。如图 2-52 和图 2-53 所示，作图示辅助线，利用勾股定理、三角函数及相似三角形的知识，可计算出点 C、B 的坐标值。即 C（X-40，Y-33.166），B（X-41.667，Y-27.638）。

任务实施

1. 确定零件坯料的装夹方式与加工方案

毛坯尺寸为 110mm×110mm×30mm，材料为铝合金，如图 2-6 所示，数量为 2 件。将该毛坯加工成图 2-49 和图 2-50 所示零件，使之相互配合。加工方法如下：

1）安装找正，参照本项目任务二中图 2-14 所示安装找正方法。

2）铣削件一大平面。

3）翻面安装找正，铣削大平面至尺寸要求。

4）粗、精铣件一拱门凸台至尺寸要求。

5）安装找正件二，铣削大平面。

6）翻面安装找正，铣削大平面至尺寸要求。

7）粗、精铣件二拱门内腔，使拱门内腔与拱门凸台达到配合要求，如图 2-51 所示。

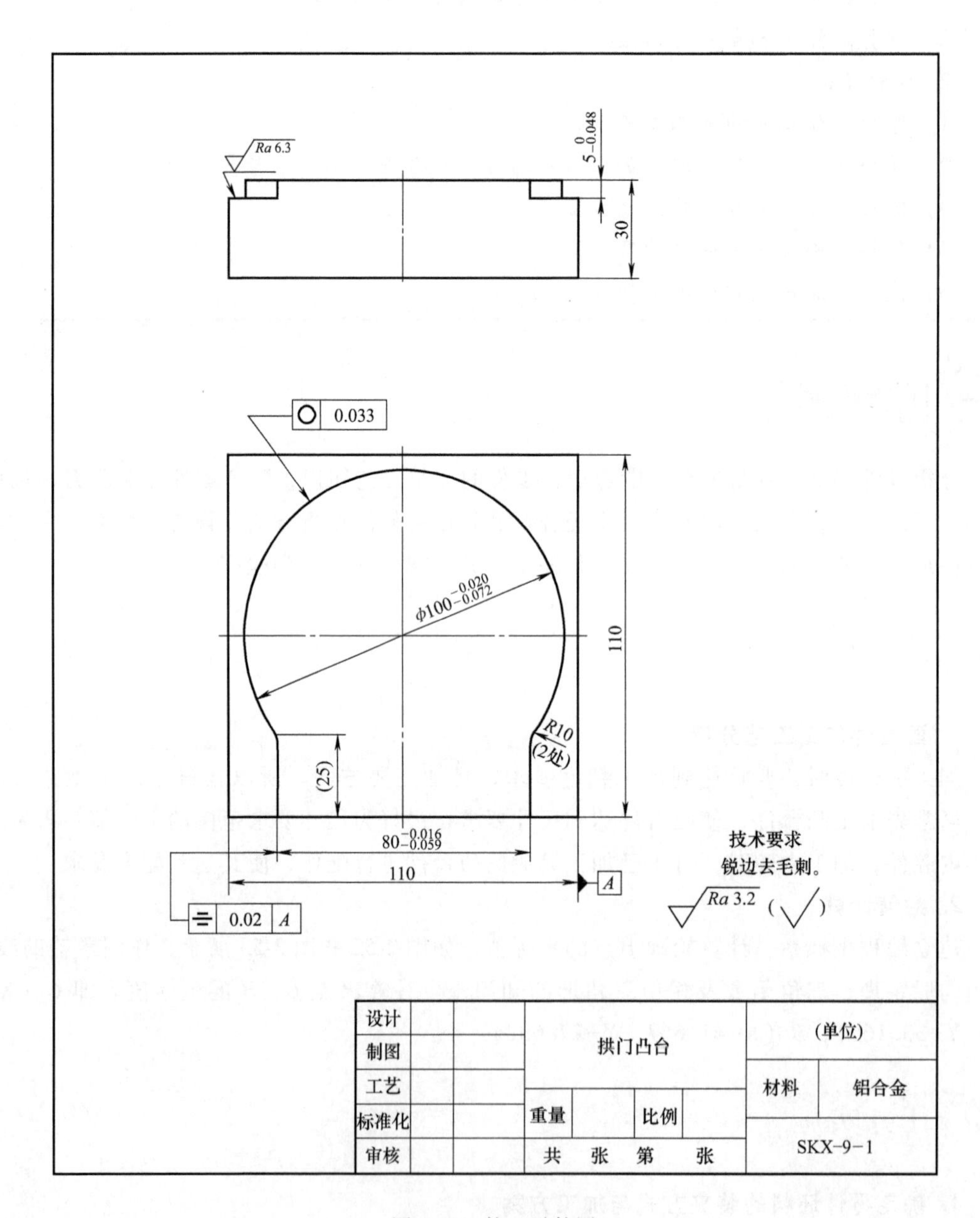

设计			拱门凸台				(单位)	
制图								
工艺							材料	铝合金
标准化			重量		比例			
审核			共 张 第 张				SKX-9-1	

图 2-49 件一零件图

Ra 6.3

$5^{+0.075}_{0}$

30

○ 0.033

$\phi100^{+0.052}_{0}$

110

R10 (2处)

(25)

$80^{+0.043}_{0}$

110

A

⌯ 0.02 A

技术要求
锐边去毛刺。

Ra 3.2 (√)

设计			拱门内腔				(单位)	
制图								
工艺							材料	铝合金
标准化			重量		比例			
审核			共　张　第　张				SKX-9-2	

图 2-50　件二零件图

2. 工艺准备（见表 2-42）

表 2-42　配合零件一加工工艺准备表

序号	内　容	备注
1	认真阅读零件图，并按毛坯图检查坯料尺寸	
2	拟定加工方案，确定加工路线，计算切削用量	
3	检查工具、量具、刃具是否完整	
4	开机，返回参考点	
5	安装机用平口钳，装夹工件	
6	安装刀具	
7	对刀，设定工件坐标系	
8	编制加工程序并输入机床，设定刀具半径补偿值与长度补偿值	
9	程序校验	

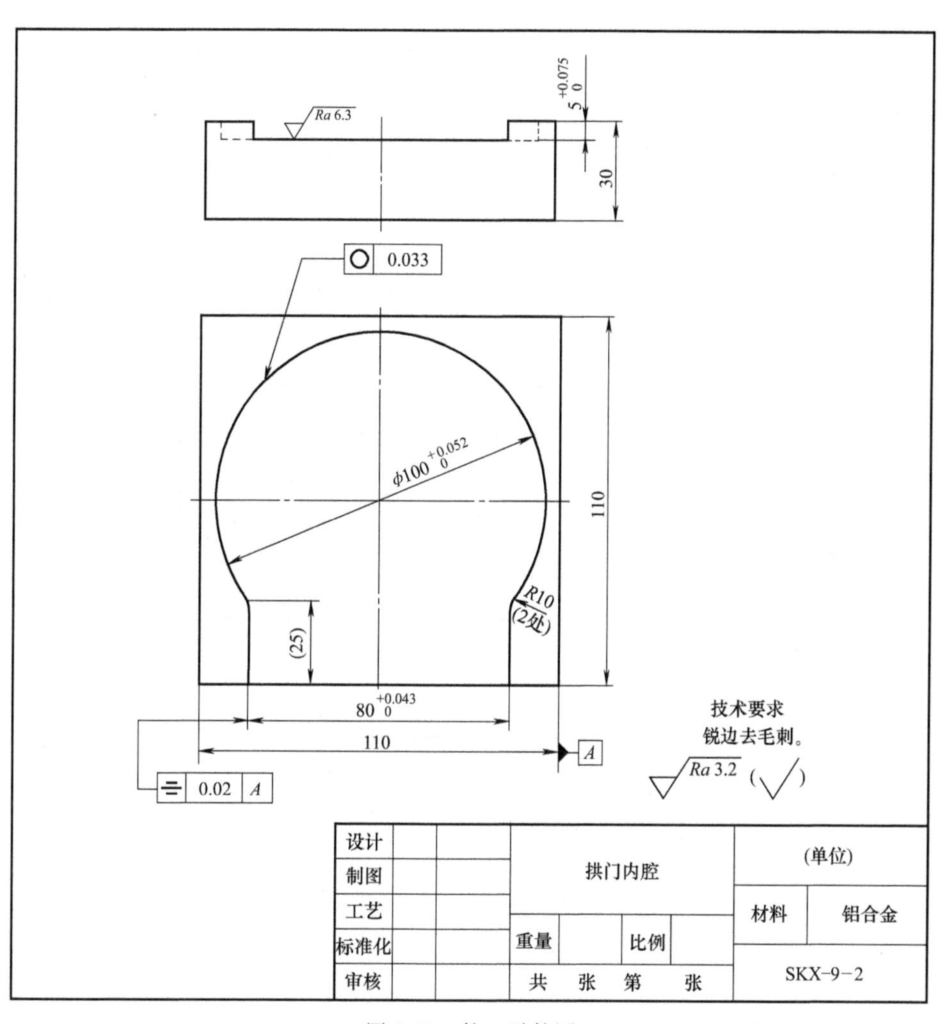

（续）

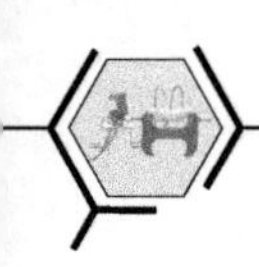

序号	内　　容	备注
10	粗加工件一	
11	测量零件尺寸	
12	精加工件一	
13	对刀,设定工件坐标系	
14	编制加工程序并输入机床,设定刀具半径补偿值	
15	程序校验	
16	粗加工件二	
17	测量零件尺寸	
18	精加工件二	
19	结束加工	

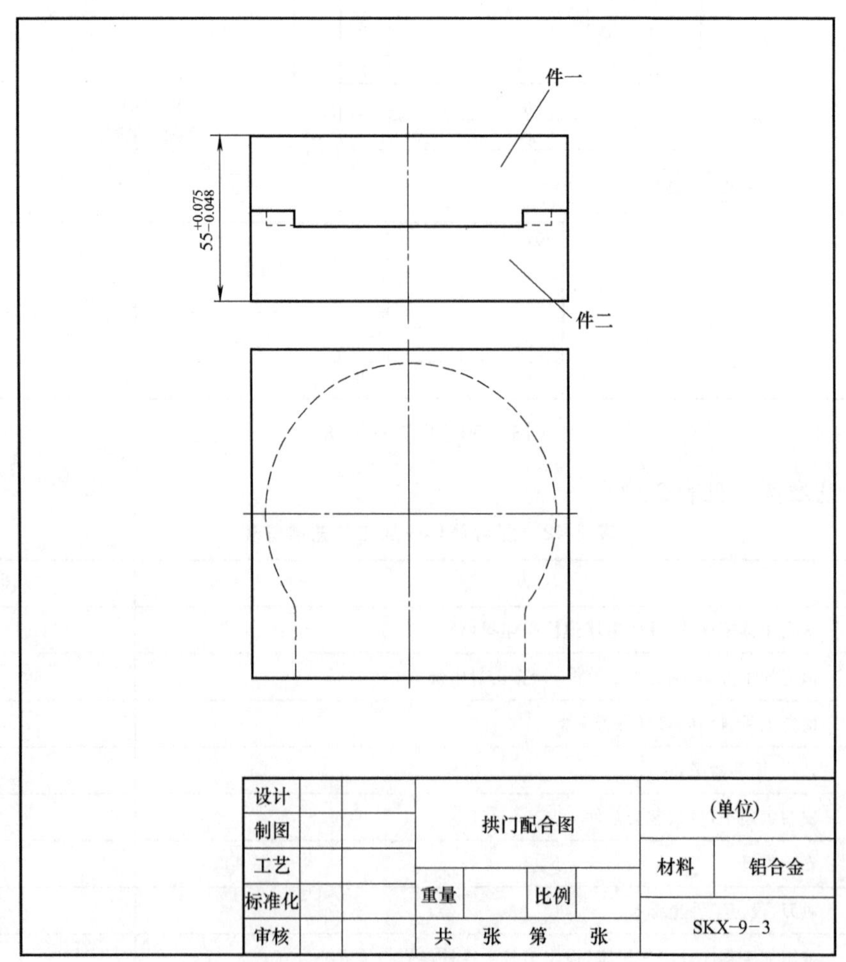

图 2-51　配合零件图

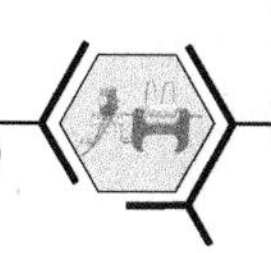

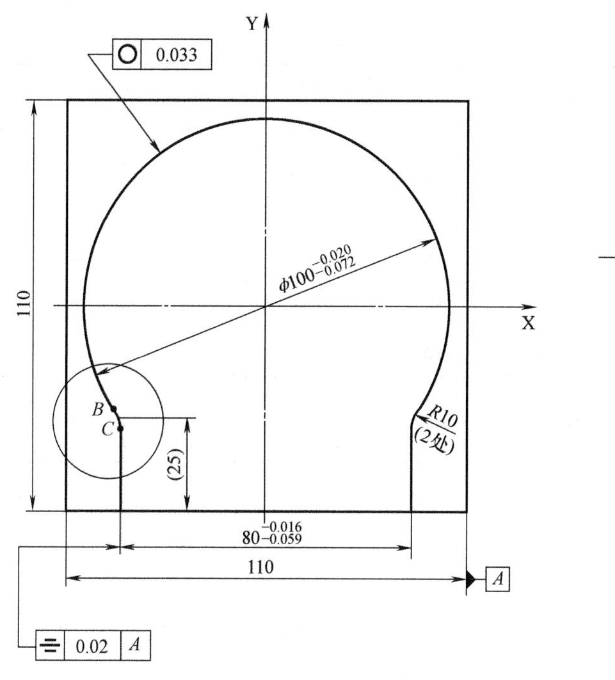

图 2-52　数值计算示意图

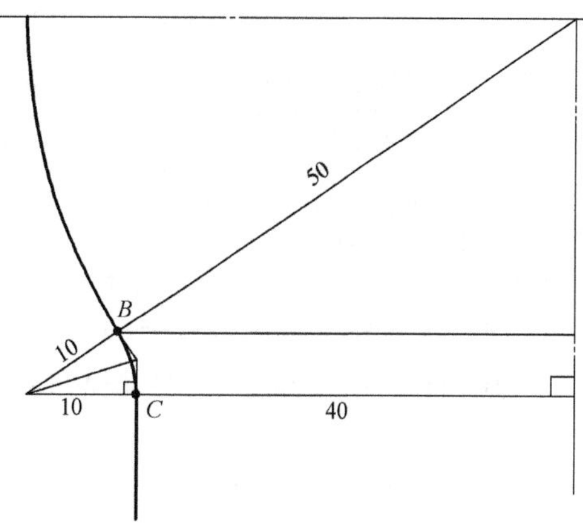

图 2-53　数值计算放大图

3. 工具、量具、刃具清单（见表 2-43）

表 2-43　配合零件一加工工具、量具、刃具清单

序号	名称	规格/mm	单位	数量
1	游标卡尺	0.02/0~150	把	1
2	深度游标卡尺	0.02/0~200	把	1
3	杠杆百分表及表座	0.01/0~10	套	1
4	表面粗糙度样板	N0~N1(12 级)	副	1
5	立铣刀	$\phi16$	把	1
6	面铣刀	$\phi125$	把	1
7	BT40 刀柄		套	1
8	BT40 刀柄及卡簧	ER32(16)	套	1
9	机用平口钳	200	台	1
10	T 型螺栓及螺母、垫圈		套	1
11	呆扳手		套	1
12	平行垫铁		副	1
13	橡皮锤		把	1

4. 加工工艺过程卡（见表 2-44）

表 2-44　配合零件一加工工艺过程卡

数控加工工艺卡		产品代号		零件名称	材料	零件图号	
				拱门配合件	铝合金	SKX-9-1、SKX-9-2	
工步号	工步内容	刀具号	刀具规格	主轴转速 $n/(\mathrm{r/min})$	进给量 $f/(\mathrm{mm/min})$	背吃刀量 a_p/mm	备注
1	粗铣件一外轮廓，留 0.5mm 余量	T01	BT40	1500	200	5	自动
2	精铣件一外轮廓至尺寸要求	T01	BT40	1500	200	5	自动
3	粗铣件二内轮廓，留 0.5mm 余量	T02	BT40	1500	150	5	自动
4	精铣件二内轮廓至尺寸要求，并达到与件一的配合要求	T02	BT40	1500	150	5	自动

5. 参考程序（华中数控 HZ）

可参照凸台与内腔加工的编程方法。

注意：

1）加工时，件一与件二的起刀点选择在零件外面；加工路线确定时，铣刀应沿轮廓切向进刀和退刀。

2）铣刀开始加工零件前，应完成刀具半径补偿动作。

3）加工配合件时，应先加工凸台件，再加工内腔件，以方便配合件内腔的修改配合。

4）安装机用平口钳时，必须用杠杆百分表找正固定钳口，使其与机床的 X 轴平行。

5）程序校验正确后才能自动进行。

6）第一次加工时，在粗加工结束后根据测量结果改变精加工刀具半径补偿值。

知识拓展

影响表面粗糙度的因素及控制措施如下。

1. 刀具切削加工中影响表面粗糙度的因素

（1）几何要素　几何要素是指将切削刃看作几何线段并相对于工件运动，形成已加工表面的粗糙度。它包括刀具半径、刀具每转进给量、行距等。

（2）非几何要素　包括积屑瘤、鳞刺、振动、切削刃的刃磨质量、工件材料组织缺陷、切削液使用情况等。

2. 影响切削加工表面粗糙度的主要因素

（1）切削速度　切削速度提高，切削过程中切屑和加工表面的塑性变形程度降低，因而表面粗糙度值减小。此外，采用更低或更高的切削速度，可以避开产生刀瘤和鳞刺的速度范围。

（2）刀具材料与刃磨质量　刀具材料与刃磨质量对产生刀瘤、鳞刺等现象影响很大。

3. 减小表面粗糙度值的措施

当已加工表面出现鳞刺或沿切削方向有刀瘤引起的沟槽时，可采取以下四项措施减小

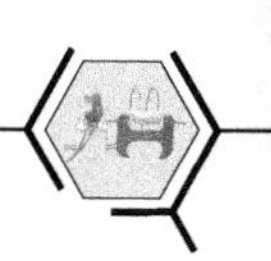

表面粗糙度值：

1）改用更低或更高的切削速度，并选用较小的进给量，这样可以有效地抑制鳞刺和刀瘤的生长。

2）在中、低速切削时，加大前角对抑制鳞刺和刀瘤的产生有良好的效果。同时应适当加大后角，这对减小鳞刺也有一定效果。

3）改用润滑性能良好的切削液，如动、植物油，极压乳化油或在切削液中添加硫、磷、氯等的极压切削油等。

4）必要时，可对工件材料先进行正火、调质等热处理，以提高工件的硬度，降低其塑性和韧性。

任务评价（见表 2-45）

表 2-45　配合零件编程加工—评分表

工种	数控铣工		图号	SKX-9-1，SKX-9-2	单位					
定额时间	120min		起始时间		结束时间		总得分			
序号	考核项目		考核内容及要求		配分	评分标准	检测结果	扣分	得分	备注
1	件一	长度	80mm	IT	10	超差 0.02mm 扣 5 分				
				Ra	5	降一级扣 3 分				
2		直径	ϕ100mm	IT	10	超差 0.02mm 扣 5 分				
				Ra	5	降一级扣 3 分				
3		半径	R10mm	IT	6	超差不得分				
4		深度	$5_{-0.048}^{0}$ mm	IT	6	超差 0.01mm 扣 5 分				
				Ra	3	降一级扣 2 分				
5	件二	长度	80mm	IT	10	超差 0.02mm 扣 5 分				
				Ra	5	降一级扣 3 分				
6		直径	ϕ100mm	IT	10	超差 0.02mm 扣 5 分				
				Ra	5	降一级扣 3 分				
7		半径	R10mm	IT	6	超差不得分				
8		深度	$5_{0}^{+0.075}$ mm	IT	6	超差 0.01mm 扣 5 分				
				Ra	3	降一级扣 2 分				
9	配合要求		$55_{-0.048}^{+0.075}$ mm	IT	6	超差不得分				
10	技术要求		锐边去毛刺		4	未做不得分				
11	其他项目		工件须完整，局部无缺陷（如夹伤等）						扣分不超过 5 分	
12	程序编制		程序中有严重违反工艺者取消考试资格，其他视情况酌情扣分						扣分不超过 5 分	

（续）

序号	考核项目	考核内容及要求	配分	评分标准	检测结果	扣分	得分	备注
13	加工时间	每超过 10min 扣 5 分						
14	安全生产	按国家颁布的有关规定					每违反一项从总分中扣 10 分	
15	文明生产	按单位规定					每违反一项从总分中扣 2 分	
记录员		监考员		检评员		复核员		

课后练习

利用所学编程指令及加工工艺知识，编写图 2-54～图 2-56 所示零件的加工程序并加工出零件，毛坯尺寸为 110mm×110mm×30mm，数量为 2 件。

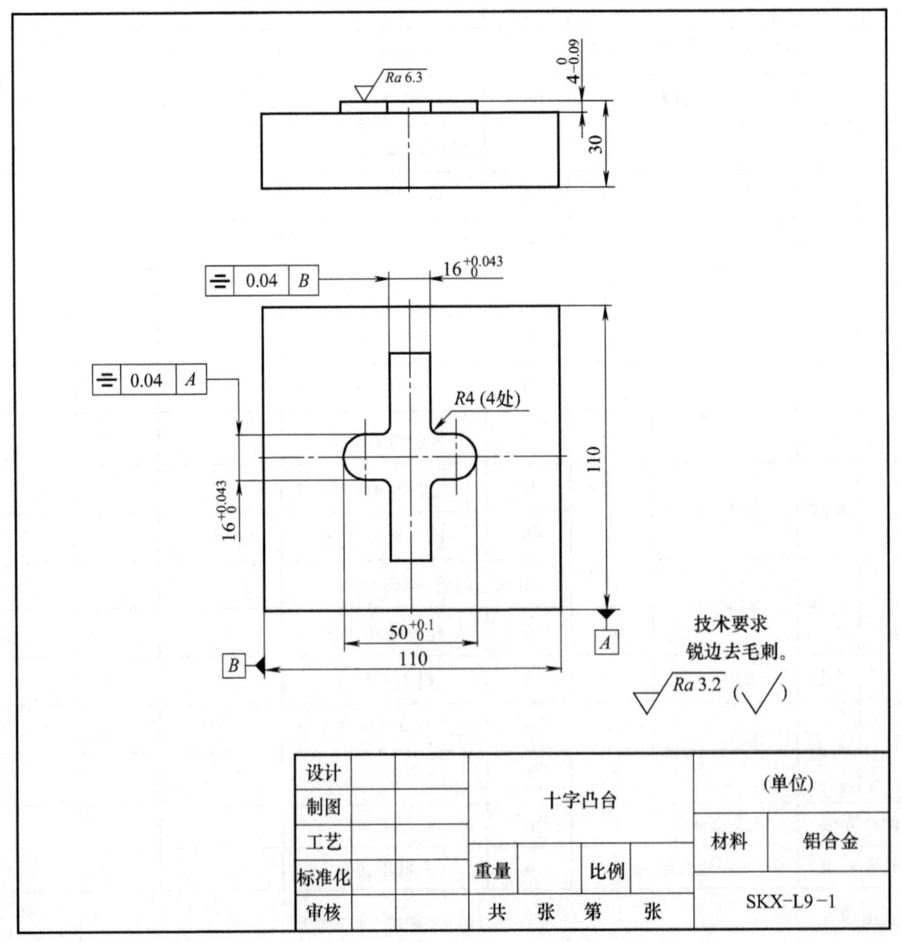

图 2-54　练习件一零件图

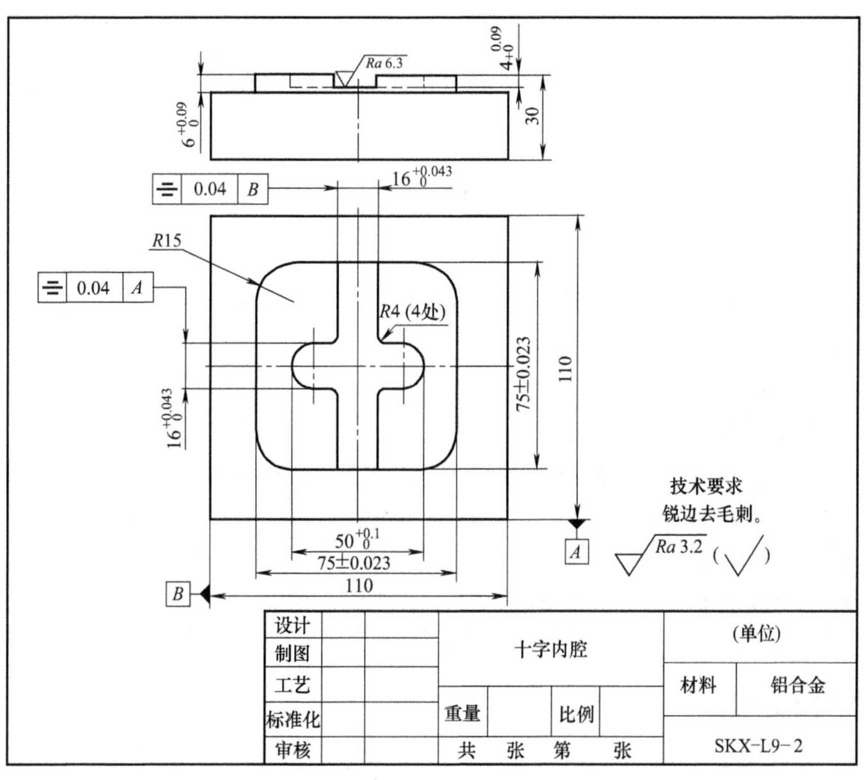

图 2-55　练习件二零件图

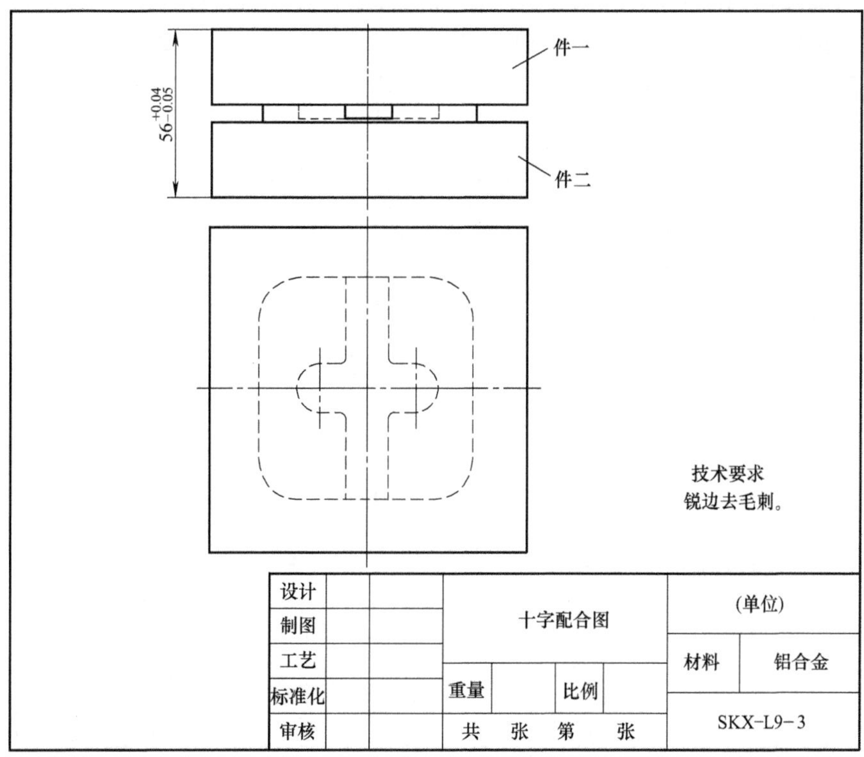

图 2-56　练习配合图

任务十　配合零件编程加工训练二

学习目标

1. 知识目标

1）掌握配合零件的加工顺序，以及内型腔、凸台及沟槽加工的编程方法。

2）计算零件上各点的坐标值。

2. 技能目标

1）掌握配合零件的加工工艺。

2）学会正确选用配合零件加工所需的刀具及合理的切削用量。

3）掌握刀具半径补偿及长度补偿的设置方法。

4）能够正确设置工件坐标系。

5）能够完成本次零件加工任务。

任务描述

分析零件图 2-57～图 2-59，掌握配合零件的加工工艺知识，配合零件外型凸台、内腔、直槽与圆弧槽加工工艺、编程方法，以及刀具半径补偿和长度补偿的设置方法。设置坐标系，完成配合零件加工工艺的制订，并编写加工程序单，完成零件的加工和检测。

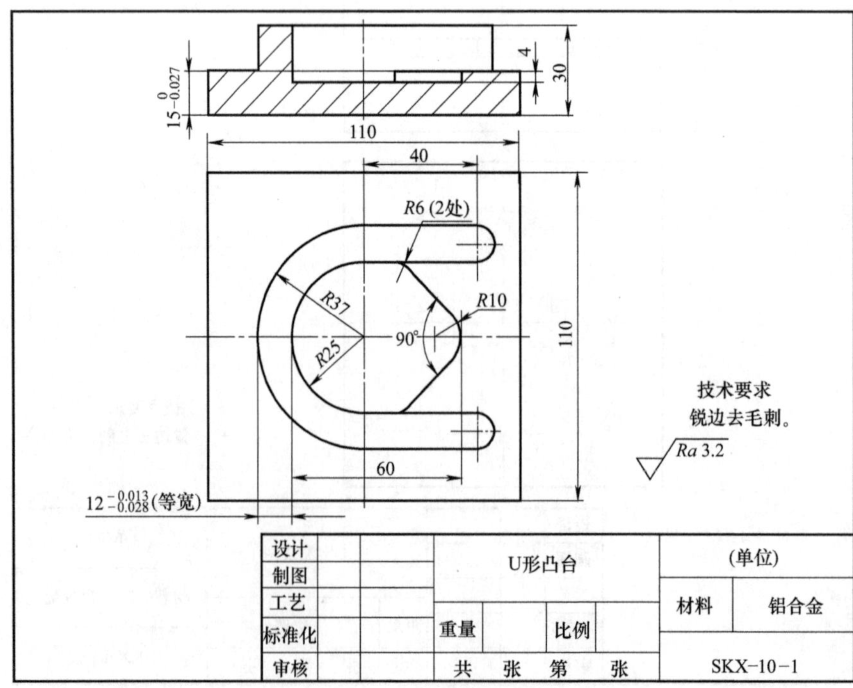

图 2-57　件一零件图

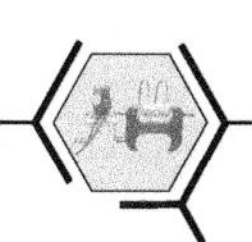

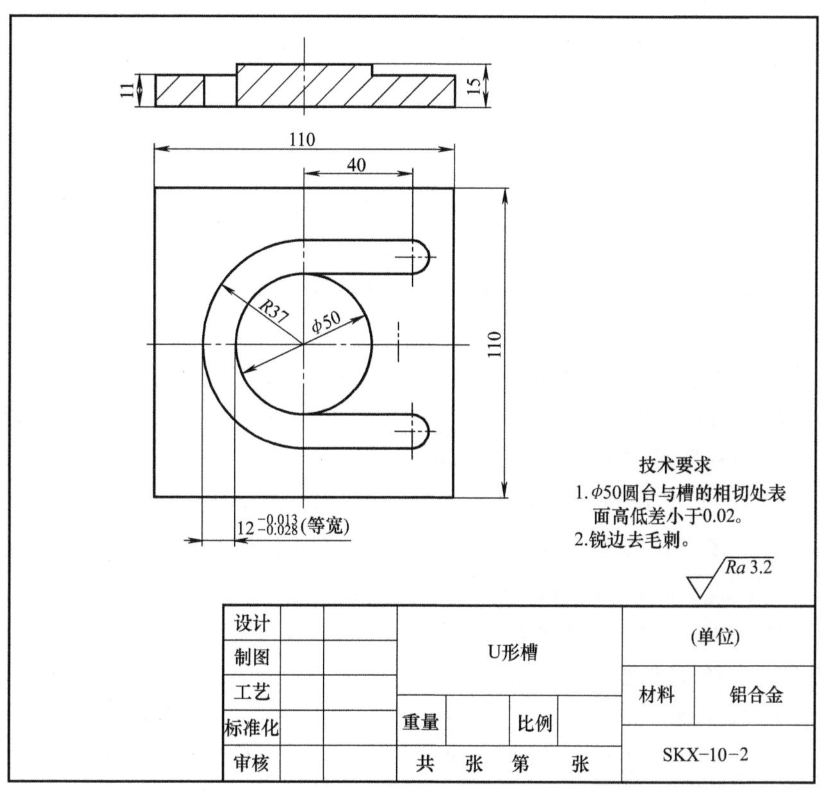

图 2-58　件二零件图

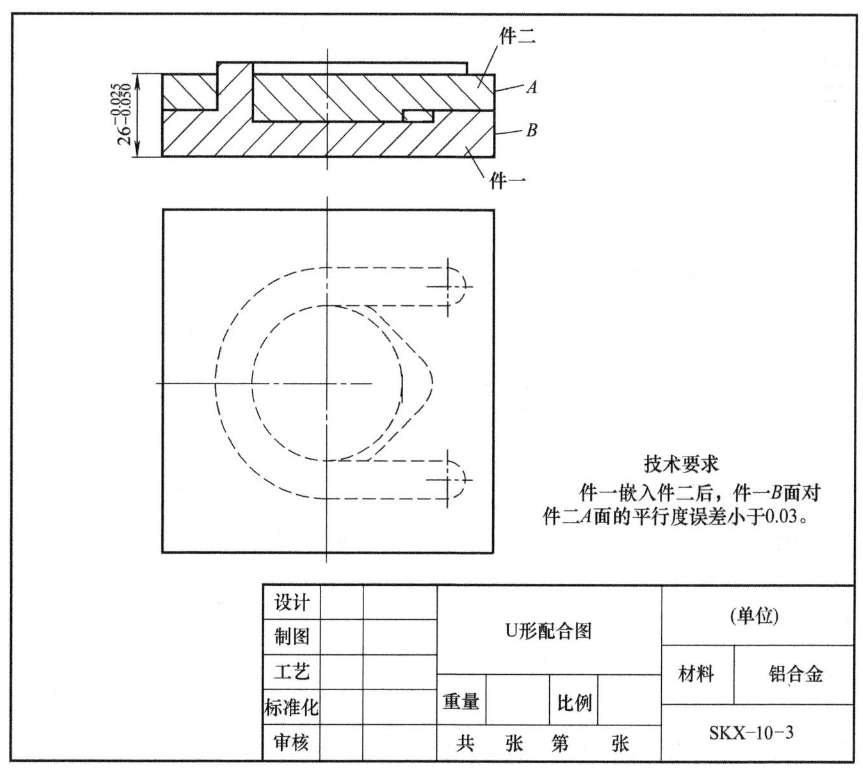

图 2-59　配合图

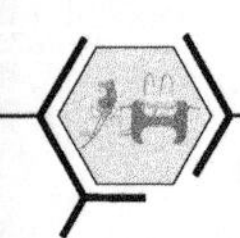

知识链接

1. 配合零件加工工艺分析

加工配合零件时，应首先加工容易掌握尺寸精度的面，再加工难掌握尺寸精度的面，使之相互配合。对于图 2-57 所示件一和图 2-58 所示件二，两者加工后应能按图 2-59 所示配合要求进行装配。很明显，件一的 U 形凸台较好加工，并且方便修改尺寸。件一的加工步骤如下：

1）铣削大平面，保证零件的轮廓和高度尺寸要求。

2）铣削 U 形凸台，铣削时以 U 形凸台的内径 *R*25mm 为基准，凸台宽度尺寸铣削至凸台宽度尺寸的下极限偏差值，即 11.98mm。

3）铣削内腔，与 U 形凸台采用同一基准，尺寸为 ϕ50mm。

加工件二时，要保证其能够与件一配合。件二的加工步骤如下：

1）铣削大平面，保证零件的轮廓和高度尺寸要求。

2）铣削圆柱凸台，为了与件一配合，保证圆柱凸台的直径尺寸到 49.98mm。

3）铣削 U 形通槽，铣削时以 U 形凸台的内径 *R*25mm 为基准，将 U 形通槽的宽度尺寸铣削至凸台宽度尺寸的上极限偏差值，即 11.985mm。铣削后，U 形通槽与圆柱凸台的相切面高低差小于 0.02mm。

2. 零件图加工数值计算

建立编程坐标系，作辅助线，如图 2-60 所示，利用三角函数计算点 *A*、*B*、*C*、*D* 的坐标值。

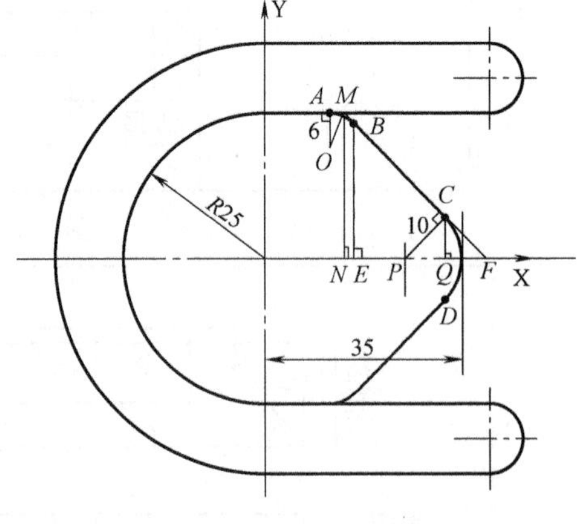

图 2-60 数值计算示意图

经计算，坐标值分别为：*A*(X11.657, Y25)，*B*(X15.892, 23.243)，*C*(X32.071, Y7.071)，*D*(X32.071, Y-7.071)。

任务实施

1. 确定零件坯料的装夹方式与加工方案

毛坯图如图 2-61 所示，件一毛坯尺寸为 110mm×110mm×32mm，件二毛坯尺寸为 110mm×110mm×17mm，材料为铝合金。将毛坯分别加工成图 2-58 和图 2-59 所示零件，使之相互配合。加工方法如下：

1）安装找正件一，参照图 2-14 所示的安装找正方法。

2）铣削件一大平面。

3）翻面安装找正，铣削大平面至尺寸要求。

4）粗、精铣件一零件凸台至尺寸要求。

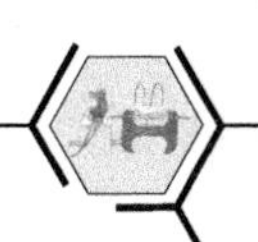

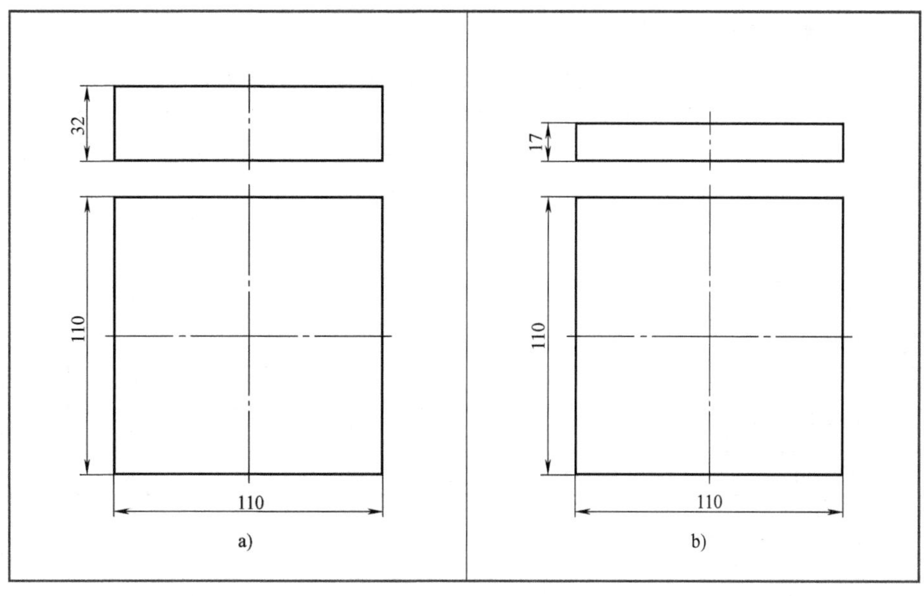

图 2-61　毛坯图
a）件一毛坯　b）件二毛坯

5）安装找正件二，参照图 2-14 所示的安装找正方法，并铣削大平面。

6）翻面安装找正，铣削大平面至尺寸要求。

7）粗、精铣件二至尺寸要求，并使件一与件二达到配合要求，如图 2-59 所示。

2. 工艺准备（见表 2-46）

表 2-46　配合零件二加工工艺准备表

序号	内　　容	备注
1	认真阅读零件图，并按毛坯图检查坯料尺寸	
2	拟定加工方案，确定加工路线，计算切削用量	
3	检查工具、量具、刃具是否完整	
4	开机，返回参考点	
5	安装机用平口钳，装夹工件	
6	安装刀具	
7	对刀，设定工件坐标系	
8	编制加工程序并输入机床，设定刀具半径补偿值与长度补偿值	
9	程序校验	
10	粗加工件一	
11	测量零件尺寸	
12	精加工件一	
13	对刀，设定工件坐标系	
14	编制加工程序并输入机床，设定刀具半径补偿值	
15	程序校验	
16	粗加工件二	
17	测量零件尺寸	
18	精加工件二	
19	结束加工	

3. 工具、量具、刃具清单

表 2-47 配合零件二加工工具、量具、刃具清单

序号	名称	规格/mm	单位	数量
1	游标卡尺	0.02/0~150	把	1
2	深度游标卡尺	0.02/0~200	把	1
3	杠杆百分表及表座	0.01/0~10	套	1
4	表面粗糙度样板	N0~N1(12 级)	副	1
5	面铣刀	ϕ125	把	1
6	立铣刀	ϕ40	把	1
7	键槽铣刀	ϕ10	把	1
8	BT40 刀柄		套	1
9	BT40 刀柄		套	1
10	BT40 刀柄及卡簧	ER32(9~10)	套	1
11	机用平口钳	200	台	1
12	T 型螺栓及螺母、垫圈		套	1
13	呆扳手		套	1
14	平行垫铁		副	1
15	橡皮锤		把	1

4. 加工工艺过程卡（见表 2-48）

表 2-48 配合零件二加工工艺过程卡

数控加工工艺卡		产品代号		零件名称	材料	零件图号	
				U 形配合件	铝合金	SKX-10-1, SKX-10-2	
工步号	工步内容	刀具号	刀具名称	主轴转速 n/(r/min)	进给量 f/(mm/min)	背吃刀量 a_p/mm	备注
1	铣削件一大平面至尺寸要求	T01	BT40	400	100	1	自动
2	粗铣件一外轮廓，留 0.5mm 余量	T02	BT40	2000	200	5	自动
3	精铣件一外轮廓至尺寸要求	T02	BT40	2000	200	0.5	自动
4	粗、精铣件一内腔至尺寸要求	T03	BT40	1500	150	4	自动
5	铣削件二大平面至尺寸要求	T01	BT40	400	100	1	自动
6	粗、精铣件二外轮廓至尺寸要求	T02	BT40	2000	200	3	自动
7	粗铣件二内轮廓	T03	BT40	1500	150	3	自动
8	精铣件二内轮廓至尺寸要求	T03	BT40	1500	150	0.5	自动

5. 参考程序（华中数控 HZ）

注意事项：

1）加工外轮廓时，起刀点应选择在零件外面，加工路线确定时，铣刀应沿轮廓切向

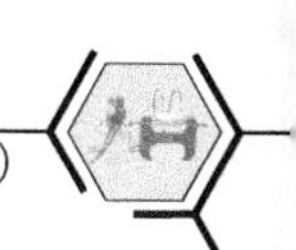

进刀和退刀。加工内腔时，起刀点应选择在内腔的正上方。加工槽时，起刀点应在槽内，以便于计算。

2）铣刀开始加工零件前，应完成刀具半径补偿、刀具长度补偿动作。

3）加工配合件时，应先加工凸台件，再加工内腔件，以方便配合件内腔的修改配合。

4）安装机用平口钳时，必须用杠杆百分表找正固定钳口，使其与机床的 X 轴平行。

5）程序校验正确后才能自动进行。

6）第一次加工时，在粗加工结束后根据测量结果改变精加工刀具半径补偿值。

7）加工程序可参照大平面、外轮廓、内腔、槽的铣削编程方法。

知识拓展

提高和保证加工精度的途径如下。

（1）直接减少误差法　这种方法是生产中应用较广的一种基本方法，它是在查明影响加工精度的主要原始误差因素后，设法对其直接进行消除或减少。

（2）误差补偿法　这种方法就是人为地制造出一种新的原始误差，去补偿或抵消原来工艺系统中固有的原始误差，从而达到减少加工误差、提高加工精度的目的。

（3）误差分组法　把毛坯（或半成品）尺寸按误差大小分为 n 组，每组毛坯的误差就缩小为原来的 $1/n$，然后按各组尺寸分别调整刀具与工件的相对位置或调整定位元件，就可大大缩小整批工件的尺寸分布范围。

（4）误差转移法　这种方法的实质是将原始误差从误差敏感方向转移到误差非敏感方向上去。

任务评价（见表 2-49）

表 2-49　配合零件编程加工二评分表

工种		数控铣工	图号	SKX-10-1，SKX-10-2	单位					
定额时间		150min	起始时间		结束时间		总得分			
序号	考核项目		考核内容及要求		配分	评分标准	检测结果	扣分	得分	备注
1	件一	长度	60mm	IT	4	超差 0.02mm 扣 5 分				
			40mm	IT	3	降一级扣 3 分				
2		宽度	$12^{-0.013}_{-0.028}$mm（等宽）	IT	8	超差 0.02mm 扣 5 分				
				Ra	3	降一级扣 3 分				
3		半径	R6mm	IT	3	超差不得分				
			R10mm	IT	4	超差不得分				
			R25mm	IT	4	超差不得分				
			R37mm	IT	3	超差不得分				

（续）

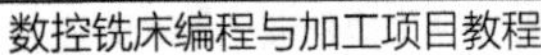

序号	考核项目		考核内容及要求		配分	评分标准	检测结果	扣分	得分	备注
4	件一	高度	4mm	IT	4	超差 0.01mm 扣 5 分				
				Ra	2	降一级扣 2 分				
			$15_{-0.027}^{\ 0}$mm	IT	6	超差不得分				
				Ra	2	降级不得分				
			30mm	IT	3	超差不得分				
				Ra	2	降级不得分				
5		角度	90°	IT	4	超差不得分				
				Ra	2	降级不得分				
6	件二	长度	40mm	IT	3	超差 0.02mm 扣 5 分				
7		宽度	$12_{-0.028}^{-0.013}$mm（等宽）	IT	8	超差 0.01mm 扣 4 分				
				Ra	2	降级不得分				
8		直径	ϕ50mm	IT	5	超差 0.02mm 扣 5 分				
				Ra	2	降一级扣 3 分				
9		半径	*R*37mm	IT	3	超差不得分				
10		深度	11mm	IT	3	超差 0.01mm 扣 5 分				
				Ra	2	降一级扣 2 分				
			15mm	IT	3	超差不得分				
				Ra	2	降一级扣 2 分				
11	配合要求		$55_{-0.050}^{-0.025}$mm	IT	3	超差不得分				
12	技术要求		锐边去毛刺		1	未做不得分				
			ϕ50mm 圆台与槽相切处表面高低差小于 0.02mm		3	超差不得分				
			件一嵌入件二后，件一 *B* 面与件二 *A* 面的平行度误差小于 0.03mm		3	超差不得分				
13	其他项目		工件须完整，局部无缺陷（如夹伤等）							扣分不超过 5 分
14	程序编制		程序中有严重违反工艺者取消考试资格，其他视情况酌情扣分							扣分不超过 5 分
15	加工时间		每超过 10min 扣 5 分							
16	安全生产		按国家颁布的有关规定							每违反一项从总分中扣 10 分
17	文明生产		按单位规定							每违反一项从总分中扣 2 分
记录员			监考员			检评员		复核员		

课后练习

利用所学编程指令及加工工艺知识，编写图 2-62～图 2-63 所示零件的加工程序并加工出零件，毛坯尺寸为 110mm×110mm×32mm 和 110mm×110mm×17mm，各一件。

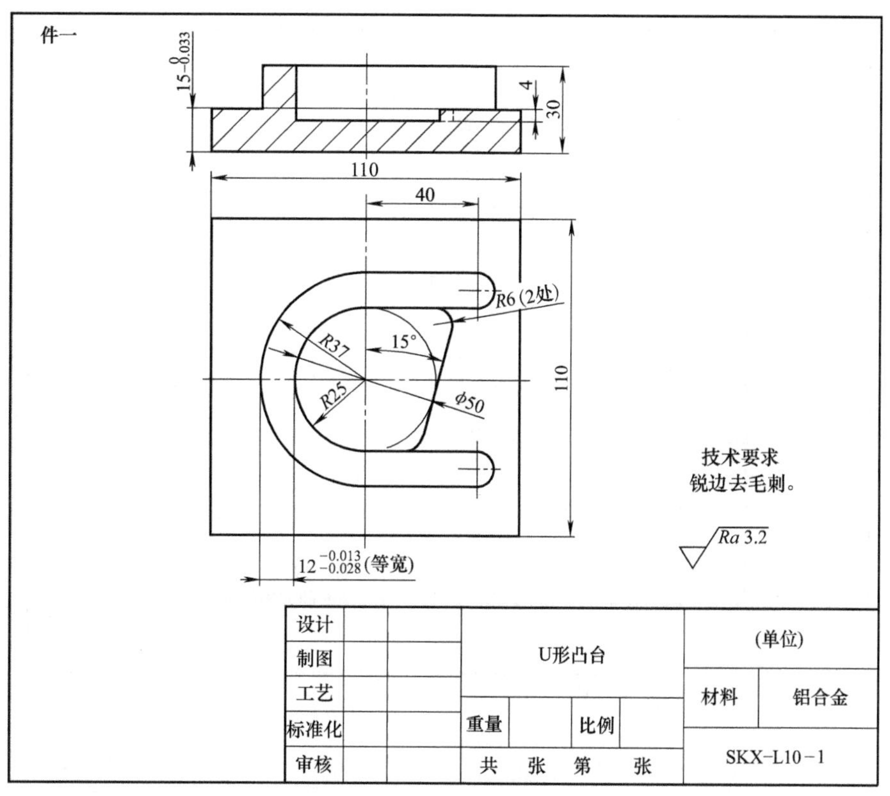

图 2-62　练习件一零件图

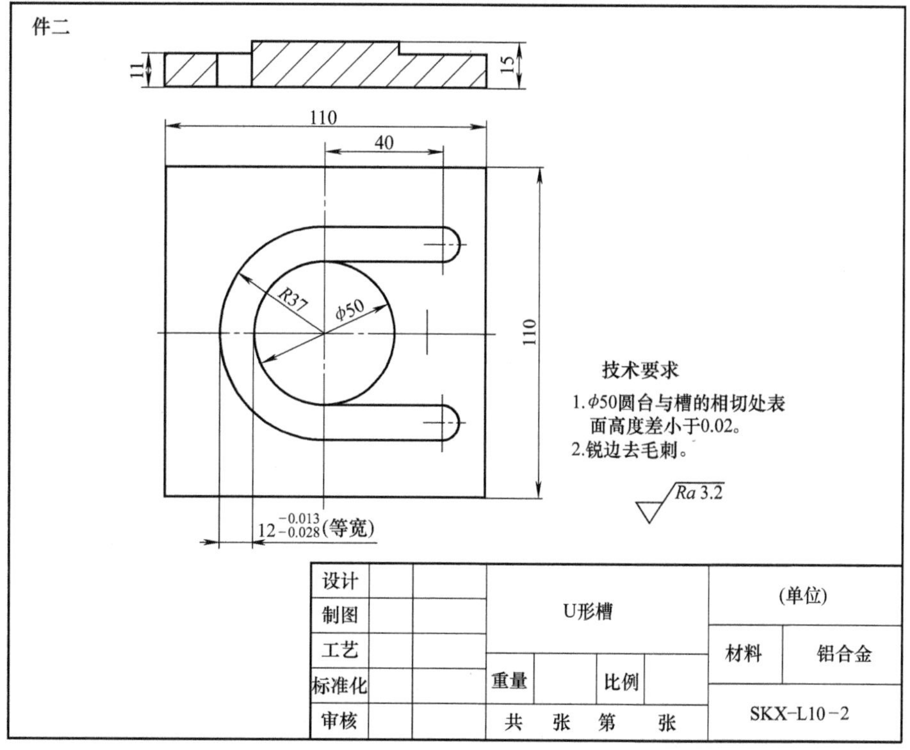

图 2-63　练习件二零件图

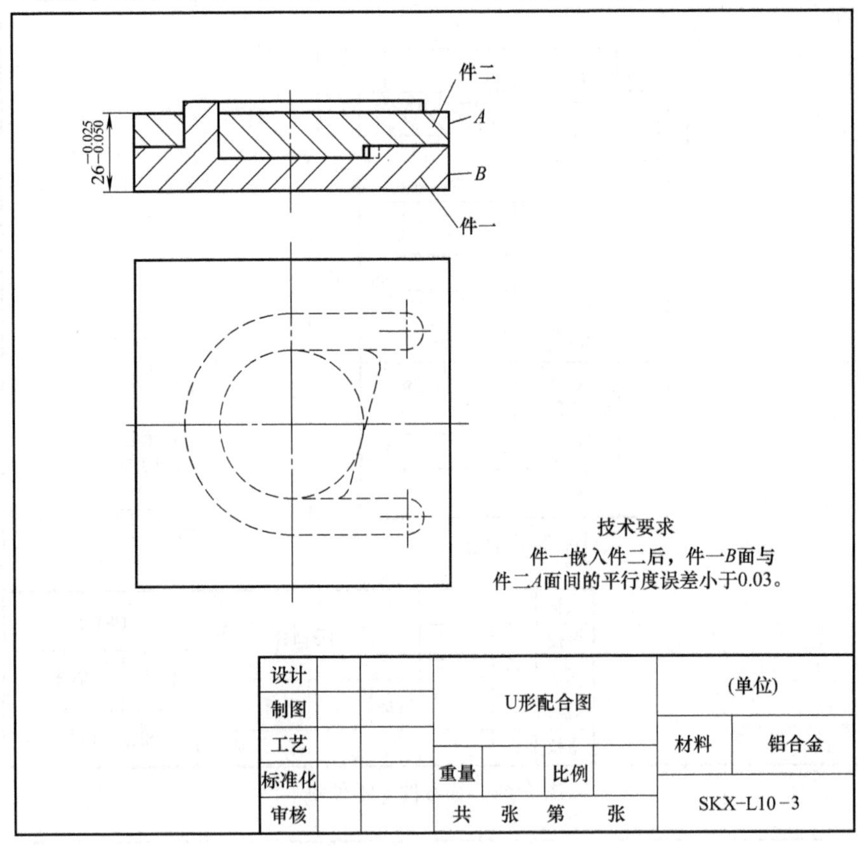

件二
A
B
件一
26−0.025 −0.050
技术要求
件一嵌入件二后，件一B面与件二A面间的平行度误差小于0.03。
设计
制图
工艺
标准化
审核
U形配合图
重量
比例
共 张 第 张
(单位)
材料
铝合金
SKX-L10-3

图 2-64　练习配合图

项目三

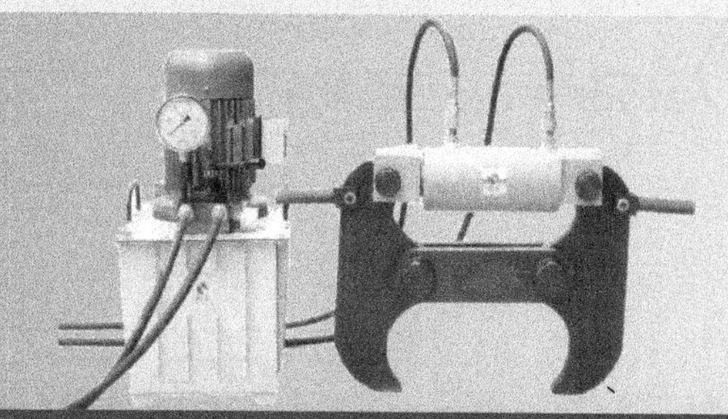

数控铣工操作训练（提高篇）

项目描述

本项目以安装华中世纪星数控系统的数控铣床为例，对数控铣削编程中镜像功能、局部坐标系、旋转功能、缩放功能及宏程序的基本知识进行学习，完成复合型或复杂程度较高的零件加工工艺编制练习。使学生掌握复合型或复杂程度较高的零件的加工工艺编制方法、编程方法和编程技巧，并能够根据编写的程序完成零件的加工和质量控制。

任务一 使用镜像功能铣削编程加工

学习目标

1. 知识目标

1）掌握镜像功能指令的使用方法。

2）了解二级子程序嵌套的编程及调用方法。

2. 技能目标

1）掌握零件镜像功能编程的加工工艺。

2）能够正确设置工件坐标系。

3）能够完成本次零件加工任务。

任务描述

分析零件图 3-1，通过学习使用数控铣削镜像功能指令 G24、G25 编程的知识，结合项目二所学内容和知识，完成零件铣削加工工艺的制订，并编写加工程序单，完成零件的加工和检测。

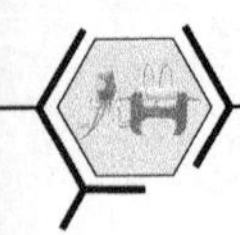

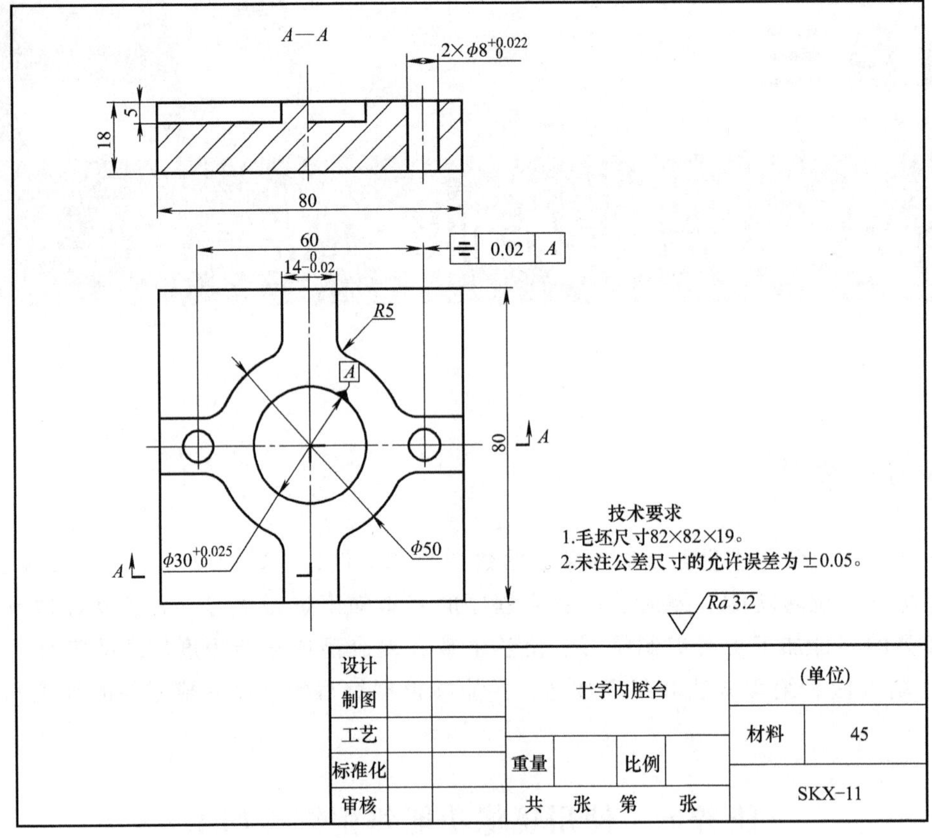

图 3-1 十字内腔台零件图

知识链接

1. G24、G25 指令

（1）建立镜像功能指令 G24

1）功能。当工件相对某一轴具有对称形状时，可以利用镜像功能和子程序，只对工件的一部分进行编程，然后加工出工件的对称部分，这就是镜像功能。当某一轴的镜像有效时，该轴执行与编程方向相反的运动。

2）格式：

G24 X __ Y __ Z __

M98 P __

3）说明：

① X、Y、Z：镜像位置。

② M98：调用子程序。

③ P：子程序号。

（2）取消镜像功能指令 G25

1）格式：G25 X __ Y __ Z __

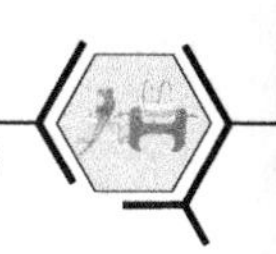

2）说明：G24、G25 为模态指令，可相互注销。

（3）镜像功能编程示例　图 3-2 所示镜像功能加工轨迹的编程如下：

%1　（主程序号）

⋮

M98　P02　（调用子程序运行轨迹①）

G24　X0(以 Y 轴为镜像轴)

M98　P02　（调用子程序运行轨迹②）

G24　Y0(以(X0,Y0)为镜像点)

M98　P02　（调用子程序运行轨迹③）

M25　X0(取消 X0,以 X 轴为镜像轴)

M98　P02　（调用子程序运行轨迹④）

M25　Y0(取消 Y0 镜像轴)

⋮

%2　（子程序号）

…

M99(返回主程序)

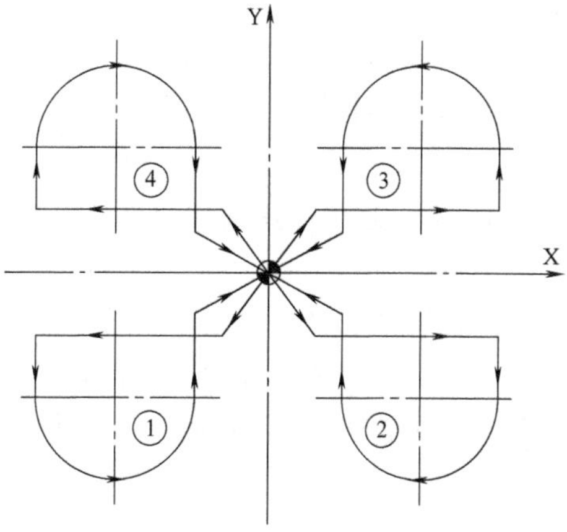

图 3-2　镜像功能轨迹图

2. 子程序的嵌套编程及调用

子程序的调用能够使加工程序得到很大的简化。在常用的平面铣削中，通过多次调用行铣子程序，能够达到面铣的目的，从而可通过调用面铣子程序实现型腔或凸台的加工。在本加工任务中，将使用二级子程序嵌套实现多个相同轮廓的加工，见表 3-1。

表 3-1　镜像功能与子程序的调用示例

缩略程序	加工轨迹
%1(主程序) ⋮ M98　P0002　L4(调用一级子程序%2,4 次) ⋮ M30	
%2(子程序 2) ⋮ G91 G00 X20 M98　P0003　L3(调用二级子程序%3,3 次) ⋮ M99	
%3(子程序 3) ⋮ M99	

任务实施

1. 确定零件加工工艺方案

(1) 分析零件图

1) 由图 3-1 可知，需先处理 82mm×82mm×19mm 的毛坯到零件外部尺寸 80mm×80mm×18mm，这里采用面铣刀铣削六方体的方法，参考项目二任务一。

2) 图 3-1 中，上、下、左、右四个铣削部分可以通过镜像功能调用子程序的方式进行加工，轮廓节点坐标可由 CAD 软件查找，或参考项目二中坐标点的计算方法。

节点①②③⑥的坐标如图 3-3 所示，节点④⑤的坐标可由节点③②X、Y 向互换得到。

3) 图中全部表面粗糙度值均为 *Ra*3.2μm，需要分粗、精加工来完成，如图 3-4 所示。

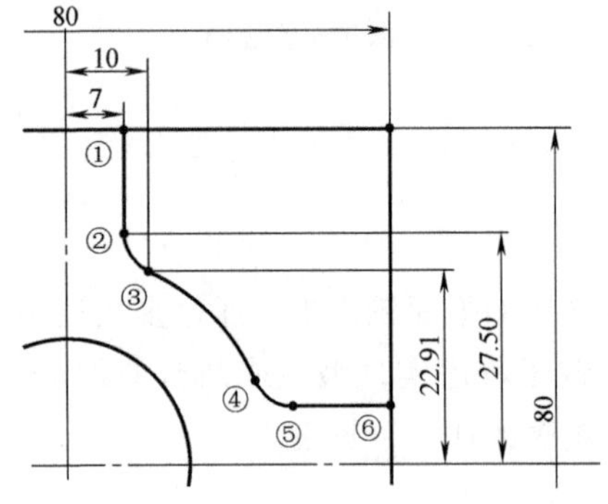

图 3-3 节点坐标示意图

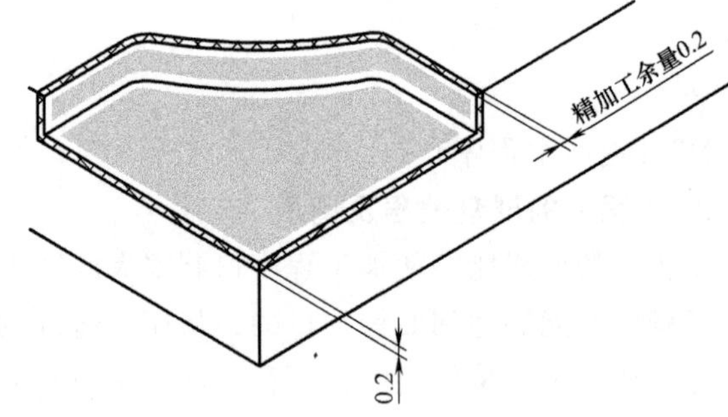

图 3-4 精加工余量示意图

4) 图 3-1 中，左、右通孔有对称度和尺寸精度（H8）要求，必须先用中心钻定心，再用麻花钻钻通并留下余量，最后使用铰刀精加工成形。

(2) 加工顺序 如图 3-5 所示，加工顺序如下：

1) 手动铣削毛坯六个面，使毛坯达到尺寸要求 80mm×80mm×18mm，如图 3-5a 所示。

2) 粗、精铣十字凸台和中心圆到尺寸要求，如图 3-5b、c 所示。

3) 完成孔的加工，并达到尺寸要求，如图 3-5d 所示。

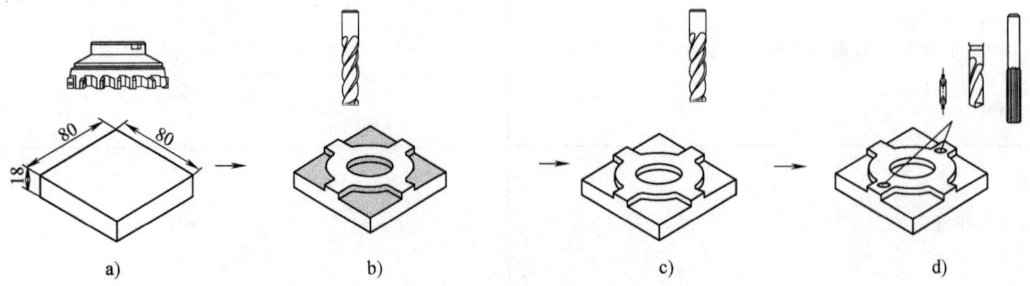

图 3-5 加工过程示意图

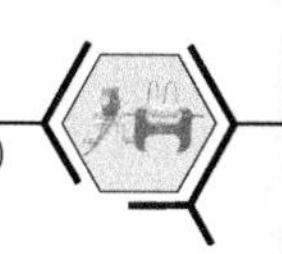

（3）进给路线

1）外轮廓进给路线采用等距线方式，由切向进刀，沿轮廓向外偏移，进给路线及节点坐标如图 3-6 所示。

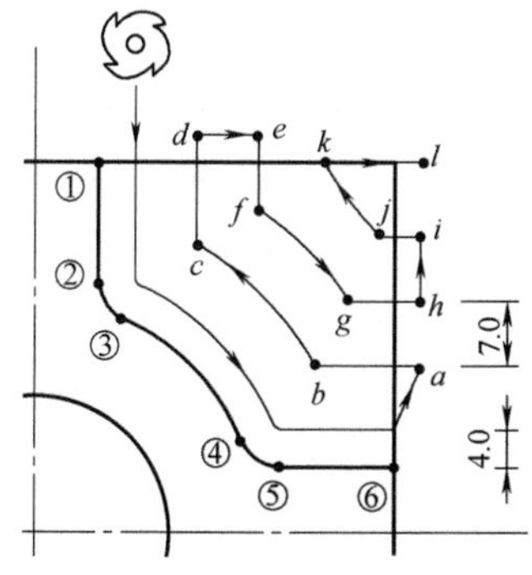

a	x43, y18	*g*	x35, y25
b	x31, y18	*h*	x43, y25
c	x18, y31	*i*	x43, y32
d	x18, y43	*j*	x38, y32
e	x25, y43	*k*	x32, y40
f	x25, y35	*l*	x43, y40

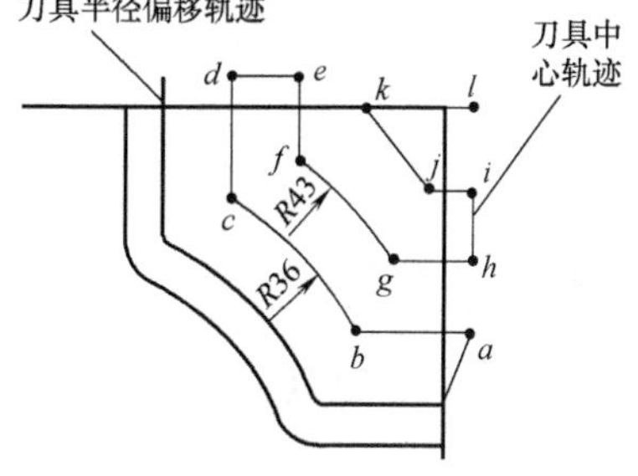

图 3-6 外轮廓进给路线轨迹图

2）内轮廓粗铣进给路线采用等距线方式，由轮廓边界垂直下刀，沿轮廓向内偏移，如图 3-7 所示。

3）内轮廓精铣进给路线由中心下刀，按圆弧螺旋铣削切向进入轮廓边界，如图 3-8 所示。

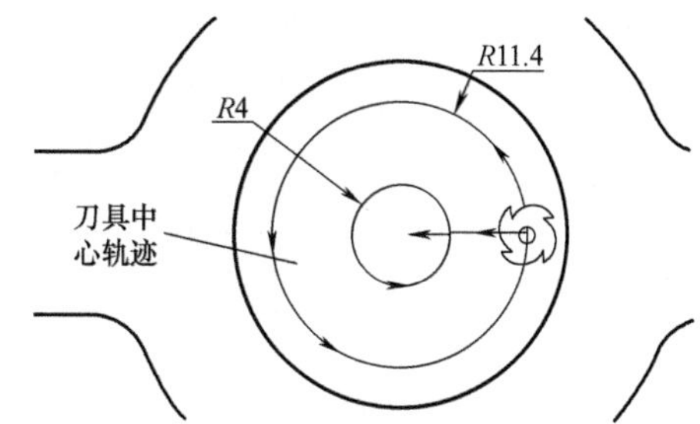

图 3-7 内轮廓粗铣进给路线轨迹图

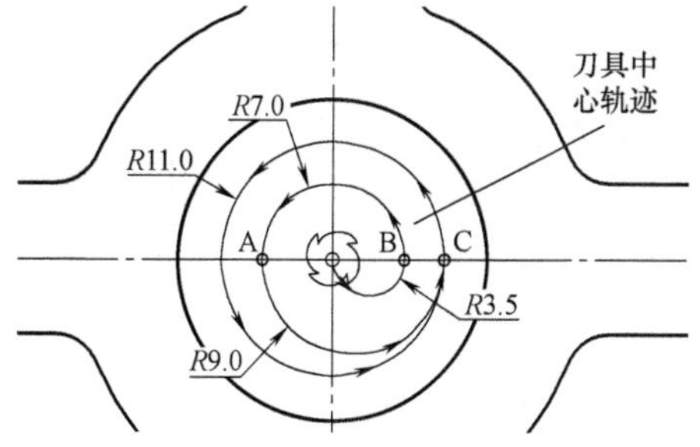

图 3-8 内轮廓精铣进给路线轨迹图

注：点 A、B、C 的坐标值可由轨迹半径算出

2. 工艺准备（见表 3-2）

表 3-2 十字内腔台铣削工艺准备表

序号	内 容	备注
1	认真阅读零件图，并按毛坯图检查坯料尺寸	
2	拟定加工方案，确定加工路线，计算切削用量	
3	检查工具、量具、刃具是否完整	
4	开机，返回参考点	
5	安装机用平口钳，装夹工件	
6	安装刀具	
7	对刀，设定工件坐标系	
8	编制加工程序并输入机床	

（续）

序号	内　容	备注
9	程序校验	
10	粗铣十字凸台和中心圆	
11	精铣十字凸台和中心圆	
12	钻中心孔	
13	钻底孔	
14	铰孔	
15	结束加工	

3. 工具、量具、刃具清单（见表 3-3）

表 3-3　十字内腔台铣削工具、量具、刃具清单

序号	名　称	规格/mm	单位	数量
1	游标卡尺	0.02/0~150	把	1
2	杠杆百分表及表座	0.01/0~10	套	1
3	表面粗糙度样板	N0~N1(12 级)	副	1
4	半径样板	$R1$~$R6.5$	个	1
5	塞规	ϕ8H8	套	1
6	面铣刀	ϕ80	把	1
7	立铣刀	ϕ8	把	1
8	键槽铣刀	ϕ8	把	1
9	中心钻	A2	枚	1
10	麻花钻	ϕ7.8	把	1
11	机用铰刀	ϕ8H8	把	1
12	BT40 刀柄及卡簧	ER32(7~8)	套	1
13	钻夹头		套	1
14	机用平口钳	200	台	1
15	T 形螺栓及螺母、垫圈		套	1
16	呆扳手		套	1
17	平行垫铁		副	1
18	橡皮锤		把	1

4. 加工工艺过程卡（见表 3-4）

表 3-4　十字内腔台加工工艺过程卡

数控加工工艺卡		产品代号		零件名称	材料	零件图号	
				圆台	45	SKX-11	
工步	工步内容	刀具号	刀具规格	主轴转速 n/(r/min)	进给量 f/(mm/min)	背吃刀量 a_p/mm	备注
1	铣削六方平面	T01	BT40	500	100	<1	手动
2	粗铣十字凸台，留 0.2mm 精铣余量	T02	BT40	800	100	1	自动

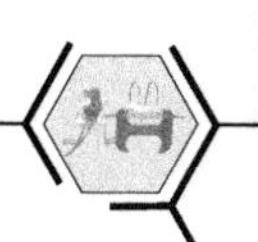

（续）

工步	工步内容	刀具号	刀具规格	主轴转速 n/(r/min)	进给量 f /(mm/min)	背吃刀量 a_p/mm	备注
3	精铣十字凸台至尺寸要求	T03	BT40	1500	150	0.2	自动
4	粗铣中心圆,留 0.2mm 精铣余量	T02	BT40	800	100	1	自动
5	精铣中心圆至尺寸要求	T03		1500	150	0.2	自动
6	钻中心孔	T04		1000	60		自动
7	钻通孔	T05		800	100		自动
8	铰孔	T06		300	80	0.1	自动

5. 参考程序（华中数控 HZ）（见表 3-5）

表 3-5　十字内腔台铣削加工参考程序

程序段号	加 工 程 序	说 明
%1		主程序
N0010	G90 G40 G49 G80	程序初始化设置
N0020	G54 G00 X0 Y0	使用 G54 坐标
N0030	M06 T02	调用 2 号刀（键槽铣刀 ϕ8mm）
N0040	M08 M03 S800	开切削液,主轴转速为 800r/min
N0050	G00 G43 Z10 H2	调用 2 号长度补偿参数
N0060	M98 P0002 L5	调用子程序粗铣第 I 象限外轮廓
N0070	G00 Z10	返回 Z 向高度
N0080	G24 Y0	开启 X 轴镜像,调用子程序粗铣第Ⅲ象限外轮廓
N0090	M98 P0002 L5	
N0100	G00 Z10	
N0110	G24 X0	设置原点镜像,调用子程序粗铣第Ⅳ象限外轮廓
N0120	M98 P0002 L5	
N0130	G00 Z10	
N0140	G25 Y0	设置 Y 轴镜像,调用子程序粗铣第Ⅱ象限外轮廓
N0150	M98 P0002 L5	
N0160	G25 X0	关闭镜像功能
N0170	G00 X0 Y0 Z100	返回安全高度
N0180	Z10	定位到中心圆铣削准备位置
N0190	M98 P0005 L5	调用子程序,粗铣中心圆
N0200	G00 X0 Y0 Z100	返回安全高度
N0210	M05 M09	主轴停,关切削液
N0220	M06 T03	换 3 号刀（立铣刀 ϕ8mm）
N0230	M08 M03 S1500	开切削液,主轴转速为 1500r/min

（续）

程序段号	加　工　程　序	说　　明
N0240	G00 G43 Z10 H3	调用 3 号长度补偿参数
N0250	M98 P0003	调用子程序精铣第Ⅰ象限外轮廓
N0260	G00 Z10	返回 Z 向高度
N0270	G24 Y0	开启 X 轴镜像，调用子程序精铣第Ⅲ象限外轮廓
N0280	M98 P0003	
N0290	G00 Z10	
N0300	G24 X0	设置原点镜像，调用子程序精铣第Ⅳ象限外轮廓
N0310	M98 P0003	
N0320	G00 Z10	
N0330	G25 Y0	设置 Y 轴镜像，调用子程序精铣第Ⅱ象限外轮廓
N0340	M98 P0003	
N0350	G25 X0	关闭镜像功能
N0360	G00 X0 Y0 Z10	定位到中心圆铣削准备位置
N0370	G01 Z-5 F150	下刀到 Z-5
N0380	G03 X7 I3.5	由中心螺旋铣削切入轮廓进行精铣 R7.0 R11.0 A B C R3.5 R9.0
N0390	X-7 I-7	
N0400	X11 I9	
N0410	X11 I-11	
N0420	X3 I-4	由圆弧切出轮廓
N0430	G00 X0 Y0 Z100	返回安全高度
N0440	M05 M09	主轴停，关切削液
N0450	M06 T04	换 4 号刀（中心钻 A2）
N0460	M08 M03 S1000	开切削液，主轴转速为 1000r/min
N0470	G00 G43 Z100 H4	调用 4 号长度补偿参数
N0480	G99 G81 X30 Y0 Z-4.5 R5 F60	钻两处中心孔，完成后返回安全高度 Z100
N0490	G98 X-30 Y0 Z-4.5	
N0500	G80	取消固定循环
N0510	M05 M09	主轴停，关切削液
N0520	M06 T05	换 5 号刀（麻花钻 ϕ7.8mm）
N0530	M08 M03 S800	开切削液，主轴转速为 800r/min
N0540	G00 G43 Z100 H5	调用 5 号长度补偿参数
N0550	G99 G73 X30 Y0 Z-24 R10 Q-10 K3 F100	钻两处通孔，完成后返回安全高度 Z100
N0560	G98 X-30 Y0 Z-24	
N0570	G80	取消固定循环

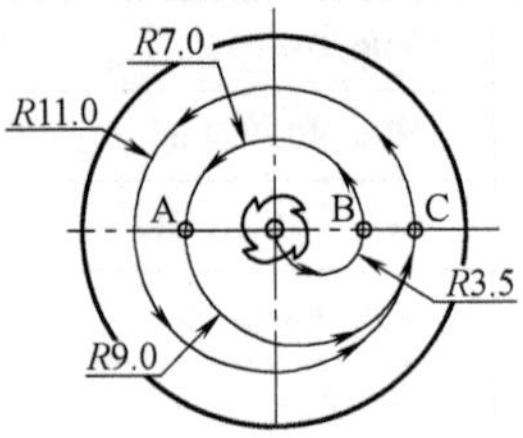

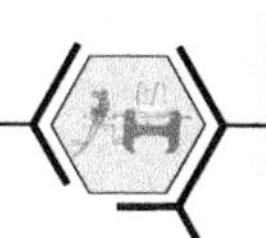

（续）

程序段号	加　工　程　序	说　　明
N0580	M05 M09	主轴停，关切削液
N0590	M06 T06	换6号刀（铰刀 φ8H8）
N0600	M08 M03 S300	开切削液，主轴转速为300r/min
N0610	G00 G43 Z100 H6	调用6号长度补偿参数
N0620	G99 G81 X30 Y0 Z-22 R5 F80	铰孔两处，完成后返回安全高度Z100
N0630	G98 X-30 Y0 Z-22	
N0640	G80	取消固定循环
N0650	M30	程序结束
%2		外轮廓粗铣子程序
N0660	G00 X12 Y50	定位到轮廓外准备下刀
N0670	G91 G01 Z-11 F500	快速下刀，Z方向相对坐标下11mm
N0680	G90 G01 G41 X7 Y40 D2 F100	由轮廓外引入刀具到轮廓起点①，半径补偿D2（R4.2）
N0690	Y27.5	沿轮廓铣削，补偿值比刀具半径大0.2mm，所以有0.2mm的精加工余量
N0700	G03 X10 Y22.91 R5	
N0710	G02 X22.91 Y10 R25	
N0720	G03 X27.5 Y7	
N0730	G01 X40	
N0740	G40 X45	切出工件，取消刀具半径补偿
N0750	M98 P0004	调子程序4，完成其余平面铣削动作
N0760	G91 G00 Z10	Z方向相对坐标返回10mm
N0770	G90 X12 Y50	返回本子程序起点位置
N0780	M99	子程序结束
%3		外轮廓精铣子程序
N0790	G00 X12 Y50	定位到轮廓外准备下刀
N0800	G01 Z-5 F500	快速下刀，到Z-5位置
N0810	G01 G41 X7 Y40 D3 F150	由轮廓外引入刀具到轮廓起点①，半径补偿D3（R4.2）
N0820	Y27.5	沿轮廓精铣
N0830	G03 X10 Y22.91 R5	
N0840	G02 X22.91 Y10 R25	
N0850	G03 X27.5 Y7 R5	
N0860	G01 X40	
N0870	G40 X45	切出工件，取消刀具半径补偿
N0880	M98 P004	调子程序4，完成其余平面铣削动作
N0890	G00 Z10	快速返回Z10位置
N0900	X12 Y50	返回本子程序起点位置
N0910	M99	子程序结束

（续）

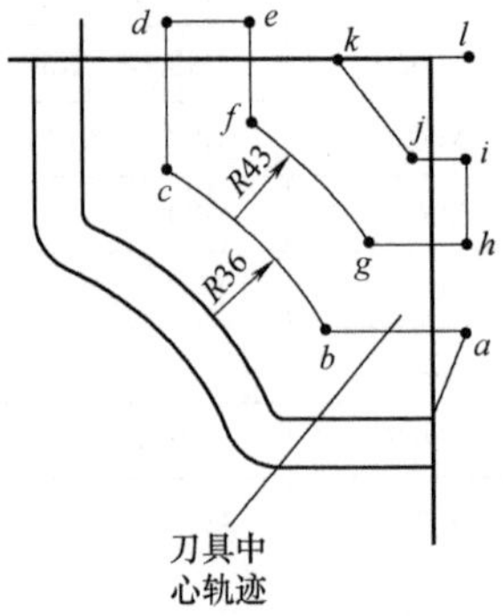

程序段号	加　工　程　序	说　　明
%4		外轮廓铣面子程序
N0920	G01 X43 Y18	从 a 到 l 的平面铣削轨迹，进给速度由调用程序前给出，因为粗、精加工进给而不同
N0930	X31	
N0940	G03 X18 Y31 R36	
N0950	G01 Y43	
N0960	X25	
N0970	Y35	
N0980	G02 X35 Y25 R43	
N0980	G01 X43	
N0990	Y32	
N1000	X38	
N1010	X32 Y40	
N1020	X43	
N1030	M99	子程序结束
%5		中心圆粗铣子程序
N1040	G00 X11.4 Y0	定位到下刀准备位置
N1050	G91 G01 Z-11 F100	Z 方向相对坐标下 -11mm
N1060 0 0	G90 G03 X11.4 Y0 I-11.4	沿轮廓铣削一周，留下 0.3mm 余量
N1070	G01 X4	向内侧移动到 X4
N1080	G03 X4 Y0 I4	圆周铣削平面
N1090 0	G01 X0	铣削到中心
N1100	G91 G00 Z10	Z 方向相对坐标返回 10mm
N1110	G90 X11.4 Y0	返回本子程序起点位置
N1120	M99	子程序结束

a	X43，Y18
b	X31，Y18
c	X18，Y31
d	X18，Y43
e	X25，Y43
f	X25，Y35
g	X35，Y25
h	X43，Y25
i	X43，Y32
j	X38，Y32
k	X32，Y40
l	X43，Y40

注意事项：

1）程序首次运行应将进给速度调低，运行时应时刻观察加工情况，手指放在进给保持键上，如有异常情况立刻暂停运行，查清原因确保安全后再继续运行。

2）每次换刀后，应校验对刀的数值是否异常，如有出入，务必检查对刀是否有误。

3）刀具快速靠近工件时，应随时查看面板上显示的剩余进给量，与实际距离相比较，看刀具是否会撞上工件，如果有可能撞上，则应暂停运行，仔细检查。

4）程序运行过程中，必须清楚整个程序运行的所有环节，并时刻与实际运行动作相

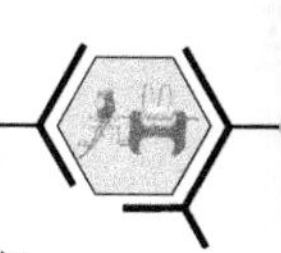

比对，包括起刀点、进刀点、主轴转速、进给速度、背吃刀量、进给路线等，若有与预期不符的情况，应立刻暂停运行，查明原因。

知识拓展

数控铣削精加工时，为了避免铣削轮廓上出现接刀痕，通常采用切入切出的进退刀方式，下面介绍几种常用的进退刀路线。

1. 开放式外轮廓

开放式外轮廓通常由轮廓起点延伸线切入，由轮廓终点延伸线切出，如图 3-9 所示。

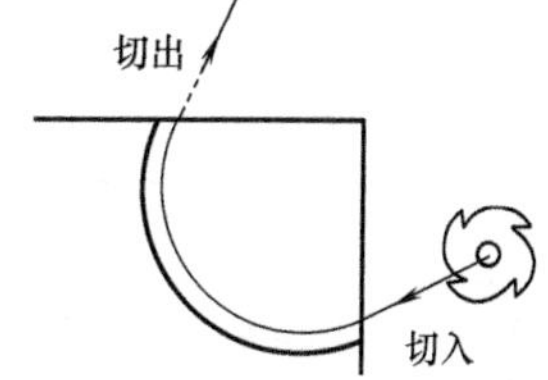

图 3-9　开放式外轮廓切入切出

2. 封闭式外轮廓

封闭式外轮廓分两种情况：一种是轮廓上有非光滑过渡的转折点，此时由转折点处切入、切出；另一种是整个轮廓无转折点，此时由便于计算的点切入、切出，如图 3-10 所示。

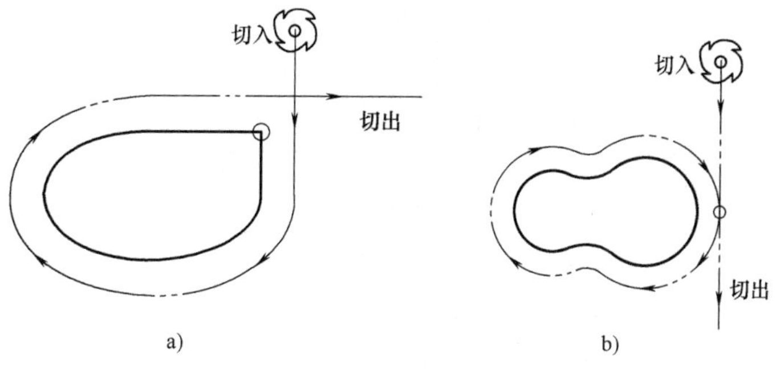

图 3-10　封闭式外轮廓切入切出

a）有转折点　b）无转折点

3. 内轮廓

内轮廓的选择与封闭式外轮廓类似，不同的是对于没有转折点的轮廓，通常采用圆弧切入和圆弧切出，如图 3-11 所示。

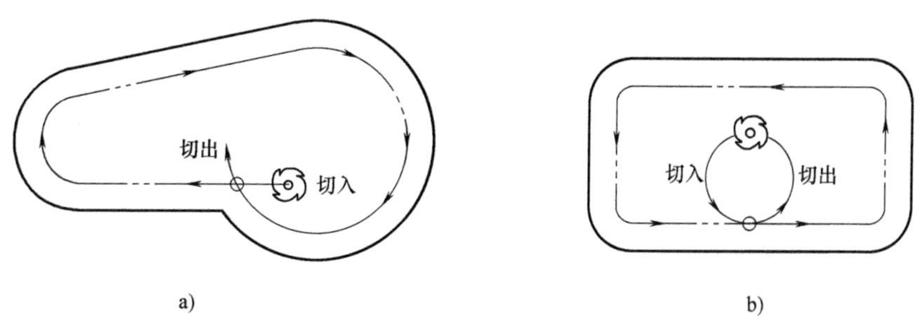

图 3-11　内轮廓切入切出

a）有转折点　b）无转折点

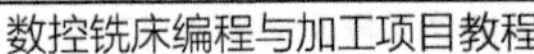

任务评价(见表 3-6)

表 3-6　使用镜像功能铣削编程加工评分表

工种	数控铣工		图号	SKX-1	单位				
定额时间	120min		起始时间		结束时间		总得分		
序号	考核项目	考核内容及要求		配分	评分标准	检测结果	扣分	得分	备注
1	长度	$14_{-0.02}^{0}$mm	IT	12	超差不得分				
2	宽度	80mm×80mm	IT	10	超差不得分				
3	高度	18mm	IT	5	超差不得分				
4	深度	5mm	IT	6	超差不得分				
5	形状轮廓	ϕ50mm	IT	10	超差不得分				
		$\phi 30_{0}^{+0.025}$mm	IT	12	每超差 0.01mm 扣				
		R5mm(8 处)	IT	8	超差不得分				
		对称度 0.02mm	IT	6	每超差 0.01mm 扣				
6	孔	$\phi 8_{0}^{+0.022}$mm(2 处)	IT	12	每超差 0.01mm 扣				
		孔距 60mm	IT	5	超差不得分				
7	表面粗糙度	Ra3.2μm	IT	8	每降一级扣 3 分				
8	技术要求	锐边去毛刺		6	未做不得分				
9	其他项目	工件须完整,局部无缺陷(如夹伤等)							扣分不超过 5 分
10	程序编制	程序中有严重违反工艺者取消考试资格,其他视情况酌情扣分							扣分不超过 5 分
11	加工时间	每超过 10min 扣 5 分							
12	安全生产	按国家颁布的有关规定							每违反一项从总分中扣 10 分
13	文明生产	按单位规定							每违反一项从总分中扣 2 分
记录员		监考员		检评员		复核员			

课后练习

利用本节所学内容，对图 3-12 所示零件进行工艺分析，编写加工程序并加工出零件，毛坯尺寸为 100mm×100mm×18mm。

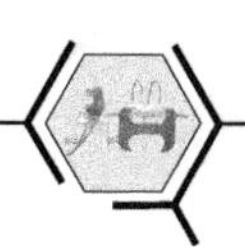

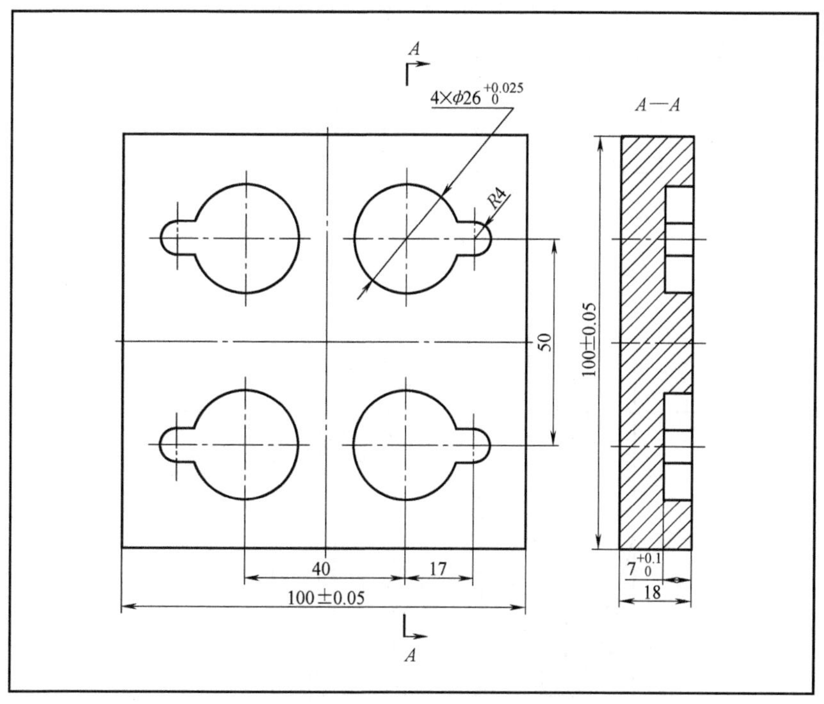

图 3-12　镜像功能编程练习零件图

任务二　使用局部坐标系功能铣削编程加工

学习目标

1. 知识目标

1）掌握局部坐标系指令的使用方法。

2）掌握攻螺纹循环指令的使用方法。

2. 技能目标

1）掌握零件上多槽及螺纹孔的加工工艺。

2）学会选用多槽及螺纹孔加工的刀具及合理的切削用量。

3）能够正确设置工件坐标系。

4）能够完成本次零件加工任务。

任务描述

分析零件图 3-13，学习局部坐标系指令 G52、攻螺纹指令 G84 的编程方法，学习多槽及螺纹孔铣削加工的工艺路线。结合 M98、M99 指令的应用，完成零件上多槽及螺纹孔

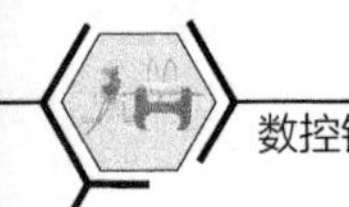

铣削加工工艺的制订，并编写加工程序单，完成零件的加工和检测。

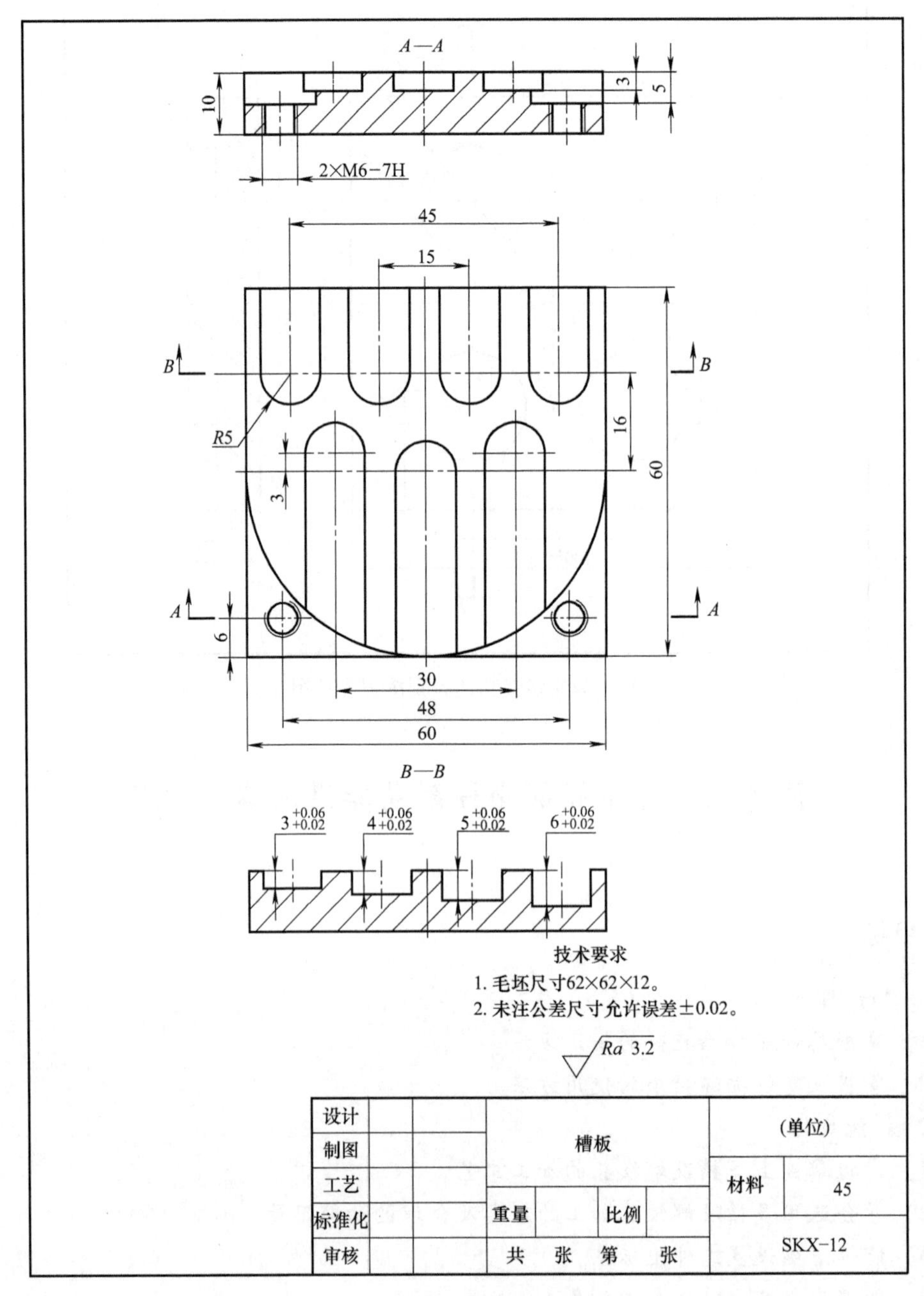

A—A

2×M6-7H

B—B

技术要求

1. 毛坯尺寸62×62×12。
2. 未注公差尺寸允许误差±0.02。

Ra 3.2

设计			槽板			(单位)	
制图							
工艺						材料	45
标准化			重量		比例		
审核			共　张　第　张			SKX-12	

图 3-13　槽板零件图

知识链接

1. 局部坐标系指令 G52

(1) 功能　当在工件坐标系中编制程序时，为了方便编程，可以设定工件坐标系的

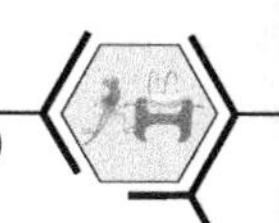

子坐标系，该子坐标系称为局部坐标系。

（2）格式

G52　X __ Y __ Z __

G52　X0　Y0　Z0

（3）说明

1）G52　X __ Y __ Z __：可以在工件坐标系 G54~G59 中设定局部坐标系。

2）X、Y、Z：局部坐标系的坐标原点在工件坐标系中的位置。

3）G52　X0　Y0　Z0：取消局部坐标系。

当局部坐标系设定好时，后面的以绝对值方式 G90 指令移动是局部坐标系中的坐标值。如图 3-14 所示，在点①、②、③处分别建立局部坐标系进行编程，示例如下：

```
%1(主程序号)
⋮
G52　X40　Y30(建立局部坐标系原点)
M98　P02　(调用子程序运行轨迹①)
G52　X0 Y0(取消局部坐标)
G00　Z10
G52　X-20　Y15(建立局部坐标系原点)
M98　P02　(调用子程序运行轨迹②)
G52　X0　Y0(取消局部坐标)
G00　Z10
G52　X25　Y-15(建立局部坐标系原点)
M98　P02　(调用子程序运行轨迹③)
G52　X0　Y0(取消局部坐标)
G00　Z100
⋮
%2(子程序号)
⋮
M99(返回主程序)
```

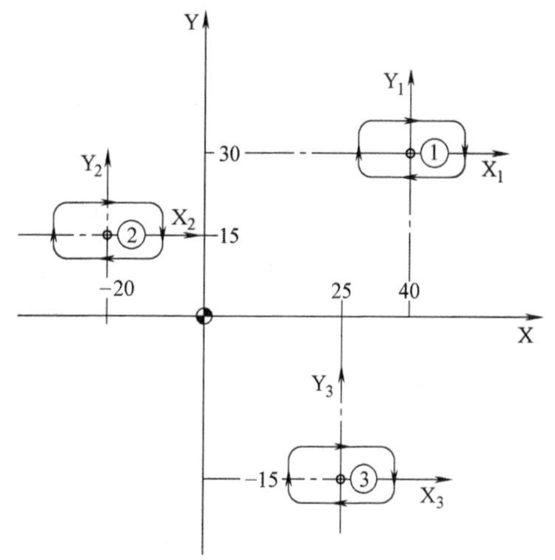

图 3-14　局部坐标系编程示意图

（①②③为局部坐标系）

2. 攻螺纹循环指令 G84

（1）功能　攻右旋螺纹时，用右旋丝锥主轴正转攻螺纹，在这个攻螺纹循环中，当到达孔底时，主轴以反方向旋转退出。攻螺纹时，速度倍率不起作用。使用进给保持时，在全部动作结束前也不停止。具体的攻螺纹动作，可参照项目二中图 2-39 所示的 G84 攻螺纹循环指令动作图。

（2）格式　G98/G99　G84　X __ Y __ Z __ R __ F __ L __

（3）说明

1）G98：结束后返回初始平面。

2）G99：结束后返回 R 平面。

3）X __ Y __ Z __：螺纹终点轴心坐标。

4）R __：主轴快速下降到安全高度。

5）F __：螺纹导程。

6）L __：加工次数。

如图 3-15 所示，对多个孔进行攻螺纹加工，编程示例如下：

```
%1
⋮
G00  Z100  （定位到起点高度）
G99  G84  X15  Y-15  Z-15  R20  F1.25（加工右下角螺孔，结束后返回 R 点）
G99  G84  X15  Y15  Z-15  R20  F1.25（加工右上角螺孔，结束后返回 R 点）
G98  G84  X-15  Y15  Z-15  R20  F1.25（加工左上角螺孔，结束后返回起点）
⋮
```

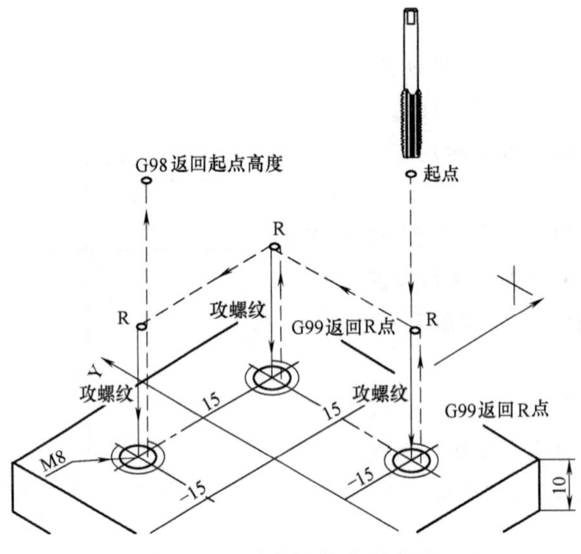

图 3-15　攻螺纹轨迹示意图

任务实施

1. 确定加工工艺方案

（1）分析零件图

1）如图 3-13 所示，先处理 62mm×62mm×13mm 的毛坯到零件外部尺寸 60mm×60mm×10mm，采用面铣刀铣削六方体的方法。

2）图中七个槽可以分为两组，分别调用两个子程序，运用指令 G52 指定不同局部坐标的方法加工，四个槽不同的深度可通过调用子程序不同的次数来完成，如图 3-16 所示。

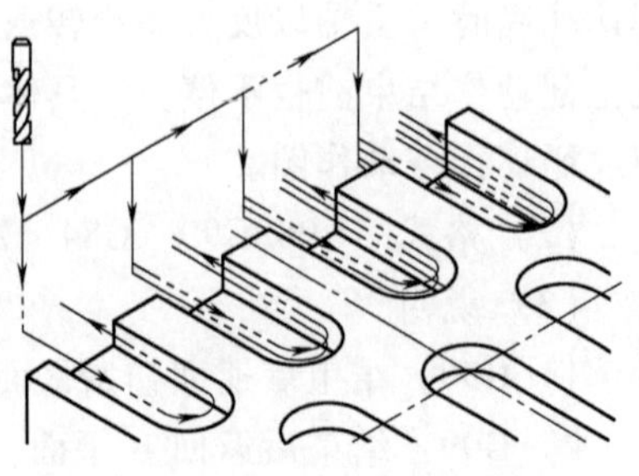
图 3-16　加工示意图

3）攻内螺纹，首先需要计算底孔的尺寸，计算

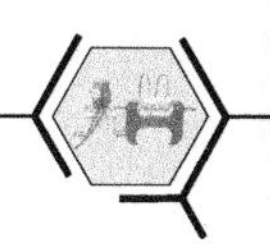

公式如下

$$小径=公称直径(大径)-1.0825\times P(螺距)$$

由于钻削底孔的钻头并不是每个尺寸都有，因此一般采用近似算法（小径=公称直径-螺距），部分螺纹参数见表3-7。

表3-7　部分螺纹参数表（参考）　　（单位：mm）

螺纹代号	公称直径	螺距	小径	螺纹代号	公称直径	螺距	小径
M1	1	0.25	0.75	M8	8	1.25	6.75
M2	2	0.4	1.6	M10	10	1.5	8.5
M3	3	0.5	2.5	M12	12	1.75	10.25
M4	4	0.7	3.3	M14	14	2	12
M5	5	0.8	4.2	M16	16	2	14
M6	6	1	5	M18	18	2.5	15.5

（2）装夹方案　使用机用平口钳装夹，底部垫平行垫块，垫块置中间，一端留出通孔螺纹的加工位置，工件加工表面高出钳口6mm，使用橡皮锤敲击工件使其与垫块紧密接触。使用百分表找正加工表面，夹紧力要适中。

（3）加工顺序　如图3-17所示，加工顺序如下：

1）手动铣削毛坯的六个面，使毛坯达到尺寸60mm×60mm×10mm。

2）粗、精铣槽轮廓到尺寸要求。

3）粗、精铣半圆台。

4）完成螺纹孔的加工，并达到尺寸要求。

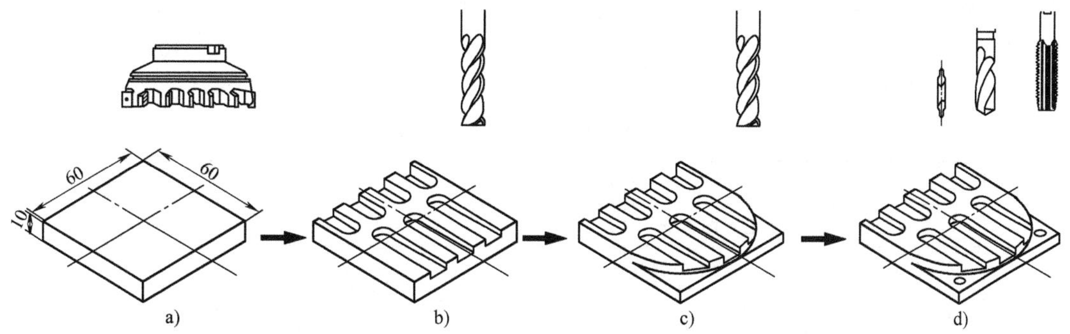

图3-17　多槽及螺纹孔零件加工顺序图

a）手动铣削毛坯到60mm×60mm×10mm　b）粗、精铣槽轮廓

c）粗、精铣半圆台　d）钻中心孔，钻螺纹底孔，攻螺纹

（4）进给路线

1）槽轮廓加工子程序以圆心处为局部坐标系原点，由缺口切向直线进刀，切入动作如图3-18所示。加工分三步：①定位到切入准备位置；②加入刀补定位到切入点延长线上；③切入轮廓。

2）半圆台铣削进给路线，采用1/4圆弧切入和切出的方式，如图3-19所示。

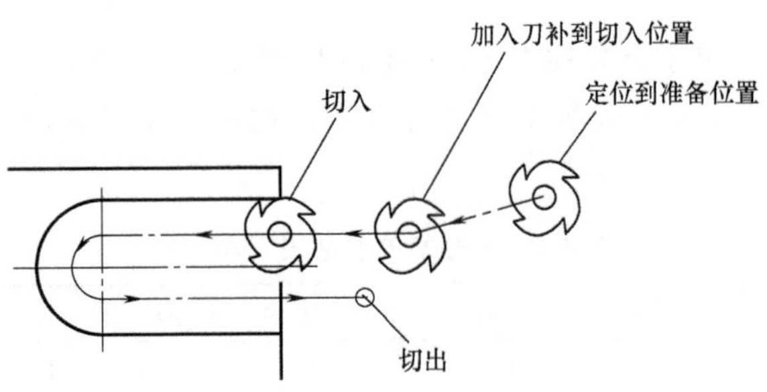

图 3-18　切入动作图

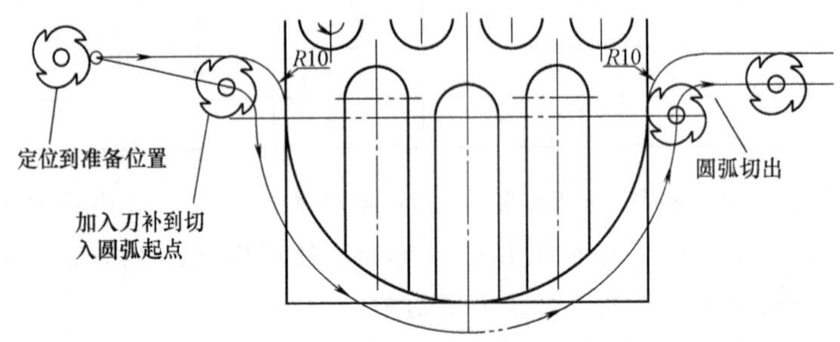

图 3-19　1/4 圆弧切入和切出方式

3）中心孔的钻削在本次加工任务中有两个作用：一是对下一步的钻削底孔起到导向作用；二是要在底孔上留下倒角用于引导丝锥攻螺纹。因此在编程前，需要手动钻削试探出合适的中心钻钻削深度，如图3-20所示。

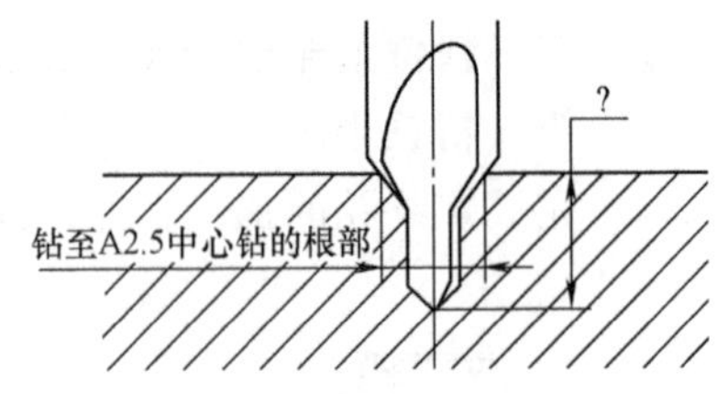

图 3-20　中心钻钻孔示意图

2. 工艺准备（见表 3-8）

表 3-8　槽板加工工艺准备表

序号	内　　容	备注
1	认真阅读零件图，并按毛坯图检查坯料尺寸	
2	拟定加工方案，确定加工路线，计算切削用量	
3	检查工具、量具、刃具是否完整	
4	开机，返回参考点	
5	安装机用平口钳，装夹工件	
6	安装刀具	
7	对刀，设定工件坐标系	
8	设定刀具半径补偿值	
9	编制加工程序并输入机床	
10	程序校验	
11	粗铣槽轮廓	
12	精铣槽轮廓	

（续）

序号	内　　容	备注
13	粗铣半圆台	
14	精铣半圆台	
15	钻中心孔	
16	钻螺纹底孔	
17	攻螺纹	
18	结束加工	

3. 工具、量具、刃具清单

表 3-9　槽板加工工具、量具、刃具清单

序号	名称	规格/mm	单位	数量
1	游标卡尺	0.02/0~150	把	1
2	深度游标卡尺	0.02/0~200	把	1
3	杠杆百分表及表座	0.01/0~10	套	1
4	表面粗糙度样板	N0~N1(12 级)	副	1
5	半径样板	$R7 \sim R14.5$	个	1
6	塞规	ϕ8H8	套	1
7	面铣刀	ϕ80	把	1
8	立铣刀	ϕ8、ϕ12	把	各 1
9	中心钻	A3	枚	1
10	麻花钻	ϕ5.2	把	1
11	机用丝锥及刀杆	M6	套	1
12	BT40 刀柄		套	1
13	卡簧	ER32(7~8、12)	个	各 1
14	钻夹头		套	2
15	机用平口钳	200	台	1
16	T 形螺栓及螺母、垫圈		套	1
17	呆扳手		套	1
18	平行垫铁		副	1
19	橡皮锤		把	1

4. 加工工艺过程卡（见表 3-10）

表 3-10　槽板加工工艺过程卡

数控加工工艺卡		产品代号		零件名称	材料	零件图号	
				槽板	45	SKX-12	
工步号	工步内容	刀具号	刀具规格	主轴转速 n/(r/min)	进给量 f /(mm/min)	背吃刀量 a_p/mm	备注
1	铣削六方平面	T01	BT40	500	100	<1	手动

（续）

工步号	工步内容	刀具号	刀具规格	主轴转速 n/(r/min)	进给量 f /(mm/min)	背吃刀量 a_p/mm	备注
2	粗铣槽轮廓，留 0.2mm 精铣余量	T02	BT40	800	100	1	自动
3	精铣槽轮廓至尺寸要求	T02	BT40	1500	150	0.2	自动
4	粗铣半圆台，留 0.2mm 精铣余量	T03	BT40	800	100	1	自动
5	精铣半圆台至尺寸要求	T03	BT40	1200	120	0.2	自动
6	钻中心孔	T04	BT40	1000	40		自动
7	钻通孔	T05	BT40	800	50		自动
8	攻螺纹	T06	BT40	100			自动

5. 参考程序（华中数控 HZ）（见表 3-11）

表 3-11　槽板铣削参考程序

程序段号	加工程序	说明
%1		主程序
N0010	G90 G40 G49 G80	程序初始化设置
N0020	G54 G00 X0 Y0	使用 G54 坐标
N0030	M06 T02	调用 2 号刀（ϕ10mm 立铣刀）
N0040	M08 M03 S800	开切削液，主轴转速为 800r/min
N0050	G00 G43 Z10 H2	调用 2 号长度补偿参数，快速定位到高度 Z10
N0060	G52 X-22.5 Y16	建立局部坐标系
N0070	M98 P0002 L3	调用子程序 2 铣削 3mm 槽
N0080	G52 X0 Y0	取消局部坐标系
N0090	G00 Z10	返回 Z10 高度，准备下一次铣削动作
N0100	G52 X-7.5 Y16	建立局部坐标系
N0110	M98 P0002 L4	调用子程序 2 铣削 4mm 槽
N0120	G52 X0 Y0	取消局部坐标系
N0130	G00 Z10	返回 Z10 高度，准备下一次铣削动作
N0140	G52 X7.5 Y16	建立局部坐标系
N0150	M98 P0002 L5	调用子程序 2 铣削 5mm 槽
N0160	G52 X0 Y0	取消局部坐标系
N0170	G00 Z10	返回 Z10 高度，准备下一次铣削动作
N0180	G52 X22.5 Y16	建立局部坐标系
N0190	M98 P0002 L6	调用子程序 2 铣削 6mm 槽
N0200	G52 X0 Y0	取消局部坐标系
N0210	G00 Z10	返回 Z10 高度，准备下一次铣削动作
N0220	G52 X-15 Y3	建立局部坐标系
N0230	M98 P0003 L3	调用子程序 3 铣削左下部 3mm 槽

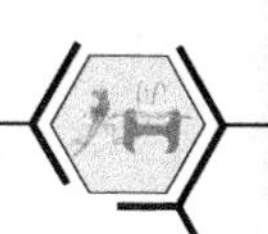

（续）

程序段号	加 工 程 序	说 明
N0240	G52 X0 Y0	取消局部坐标系
N0250	G00 Z10	返回 Z10 高度,准备下一次铣削动作
N0260	M98 P0003 L3	调用子程序 3 铣削中间 3mm 槽
N0270	G00 Z10	返回 Z10 高度,准备下一次铣削动作
N0280	G52 X15 Y3	建立局部坐标系 调用子程序 3 铣削右下部 3mm 槽
N0290	M98 P0003 L3	
N0300	G52 X0 Y0	取消局部坐标系
N0310	G00 Z100	返回 Z100 高度准备换刀
N0320	M05 M09	主轴停转,切削液停止
N0330	M06 T03	换 3 号刀（ϕ12mm 立铣刀）
N0340	M08 M03 S800	开切削液,主轴正转,转速为 800r/min
N0350	G00 G43 Z10 H3	调用 3 号刀具长度补偿,快速定位到 Z10
N0360	M98 P0004 L5	调用子程序 4 铣削半圆槽
N0370	G00 Z100	返回 Z100 高度准备换刀
N0380	M05 M09	主轴停转,切削液停止
N0390	M06 T04	换 4 号刀（A2.5 中心钻）
N0400	M08 M03 S1000	开切削液,主轴正转,转速为 1000r/min
N0410	G00 G43 Z100 H4	调用 4 号刀具长度补偿,快速定位到 Z100
N0420	G81 G99 X-24 Y-24 Z-10 R5	钻削两处中心孔后返回起点处,其中 Z 坐标值为估计深度
N0430	G98 X24 Y-24 Z-10 R5 F40	
N0440	G80	取消固定循环
N0450	M05 M09	主轴停转,切削液停止
N0460	M06 T05	换 5 号刀（ϕ5.2mm 麻花钻）
N0470	M08 M03 S800	开切削液,主轴正转,转速为 800r/min
N0480	G00 G43 Z100 H5	调用 5 号刀具长度补偿,快速定位到 Z100
N0490	G81 G99 X-24 Y-24 Z-15 R5	钻削两处底孔,其中 Z 坐标值为估计钻通深度
N0500	G98 X24 Y-24 Z-15 R5 F50	
N0510	G80	取消固定循环
N0520	M05 M09	主轴停转,切削液停止
N0530	M06 T06	换 6 号刀（M6 丝锥）
N0540	M08 M03 S100	开切削液,主轴正转,转速为 100r/min
N0550	G00 G43 Z100 H6	调用 6 号刀具长度补偿,快速定位到 Z100
N0560	G84 G99 X-24 Y-24 Z-15 R10	攻螺纹两处,其中 Z 坐标值为估计深度
N0570	G98 X24 Y-24 Z-15 R10 F1	
N0580	G80	取消固定循环
N0590	M30	程序结束

（续）

程序段号	加　工　程　序		说　明
%2			槽铣削子程序 1
N0600	G00 G40 X-3.5 Y20	定位到准备位置	
N0610	G01 G91 Z-11 F100	Z 轴下降 11mm	
N0620	G90 G41 X3.5 Y16	刀补到切入位置	
N0630	Y0	切入到 Y0 位置	
N0640	G03 X3.5 Y0 R3.5	沿轮廓铣削	
N0650	G01 Y16	切出到 Y16 位置	
N0660	G00 G91 Z10	Z 轴上抬 10mm	
N0670	G00 G40 X-3.5 Y20	返回起点位置	
N0680	M99	子程序结束	
%3			槽铣削子程序 2
N0690	G00 G40 X3.5 Y-38	定位到准备位置	
N0700	G01 G91 Z-11 F100	Z 轴下降 11mm	
N0710	G90 G41 X3.5 Y-35	刀补到切入位置	
N0720	Y0	切入到 Y0 位置	
N0730	G03 X3.5 Y0 R3.5	沿轮廓铣削	
N0740	G01 Y-35	切出到 Y-35 位置	
N0750	G00 G91 Z10	Z 轴上抬 10mm	
N0760	G00 G40 X3.5 Y-38	返回起点位置	
N0770	M99	子程序结束	
%4			半圆台铣削子程序
N0780	G00 G40 X-45 Y10	定位到准备位置	
N0790	G01 G91 Z-11 F100	Z 轴下降 11mm	
N0800	G90 G42 X-40 Y10	刀补到切入位置	
N0810	G02 X-30 Y0 R10	圆弧切入	
N0820	G03 X30 Y0 R30	沿轮廓切削	
N0830	G02 X40 Y10 R10	圆弧切出	
N0840	G00 G91 Z10	Z 轴上抬 10mm	
N0850	G00 G40 X-45 Y10	返回起点位置	
N0860	M99	子程序结束	

注意事项：

1）每次换刀后，应校验对刀的数值是否异常，如有出入，务必检查对刀是否有误。

2）刀具快速靠近工件时，应随时查看面板上显示的剩余进给量，与实际距离相比较，看刀具是否会撞上工件，如果有可能撞上，则暂停运行，仔细检查。

3）程序运行过程中，必须清楚整个程序运行的所有环节，并时刻与实际运行动作相

比对，包括起刀点、进刀点、主轴转速、进给速度、背吃刀量、进给路线等，若有与预期不符的情况，应立刻暂停运行，查明原因。

4）程序校验正确后才能自动运行。

知识拓展

攻螺纹是数控铣削中较为常见的工序，合理选择攻螺纹的切削用量及钻削底孔的尺寸，能避免将丝锥攻断，保证内螺纹的有效和可靠。数控铣削常用普通螺纹钻孔参数见表3-12。

表3-12　数控铣削常用普通螺纹钻孔参数

普通螺纹	底孔直径/mm	钻头转速/(r/min)	钻头进给/(mm/min)	丝锥转速/(r/min)	螺距/mm
M3	2.5	900	50	100	0.5
M4	3.3	850	50	100	0.7
M5	4.2	800	50	100	0.8
M6	5.1	650	50	100	1
M8	6.8	600	50	100	1.25
M10	8.5	520	70	100	1.5
M12	10.5	450	70	100	1.75
M14	12	450	50	100	2
M16	14	450	40	80	2
M18	15.5	450	40	70	2.5
M20	17.5	365	50	70	2.5
M24	21	350	50	70	3

任务评价（见表3-13）

表3-13　使用局部坐标系功能铣削编程加工评分表

工种	数控铣工	图号	SKX-2	单位					
定额时间	120min		起始时间		结束时间		总得分		
序号	考核项目	考核内容及要求		配分	评分标准	检测结果	扣分	得分	备注
1	长、宽度	60mm×60mm	IT	4	超差不得分				
2	宽度	10mm	IT	2	超差不得分				
3	深度	3mm	IT	6	超差不得分				
		5mm	IT	3	超差不得分				
		$3^{+0.06}_{+0.02}$mm	IT	6	超差0.01mm扣5分				
		$4^{+0.06}_{+0.02}$mm	IT	6	超差0.01mm扣5分				

（续）

序号	考核项目	考核内容及要求		配分	评分标准	检测结果	扣分	得分	备注
3	深度	$5^{+0.06}_{+0.02}$mm	IT	6	超差 0.01mm 扣 5 分				
		$6^{+0.06}_{+0.02}$mm	IT	6	超差 0.01mm 扣 5 分				
4	形状轮廓	$R5$（7 处）	IT	14	超差不得分				
		$\phi30$mm	IT	6	不相切不得分 超差不得分				
5	位置	45mm	IT	5	超差不得分				
		15mm	IT	5	超差不得分				
		30mm	IT	5	超差不得分				
		16mm	IT	3	超差不得分				
		3mm	IT	3	超差不得分				
6	螺纹孔	M6（2 处）	IT	8	超差不得分				
		孔距 48mm	IT	3	超差不得分				
		6mm	IT	3	超差不得分				
7	表面粗糙度	$Ra3.2\mu m$		4	降级不得分				
8	技术要求	锐边去毛刺		2	未做不得分				
9	其他项目	工件须完整，局部无缺陷（如夹伤等）							扣分不超过 5 分
10	程序编制	程序中有严重违反工艺者取消考试资格，其他视情况酌情扣分							扣分不超过 5 分
11	加工时间	每超过 10min 扣 5 分							
12	安全生产	按国家颁布的有关规定							每违反一项从总分中扣 10 分
13	文明生产	按单位规定							每违反一项从总分中扣 2 分
记录员			监考员		检评员		复核员		

课后练习

根据本节所学内容，对零件图 3-21 进行工艺分析，编写数控加工程序，并完成零件的加工。

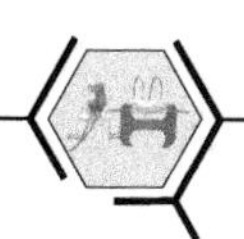

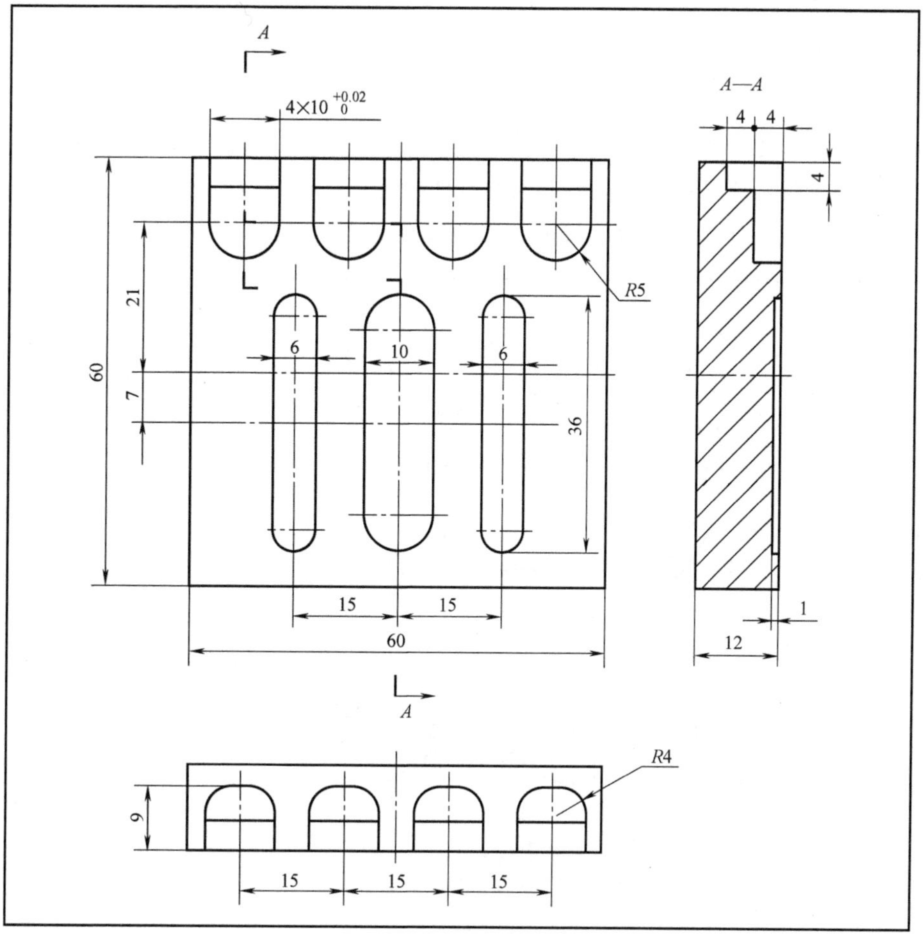

图 3-21　多槽及螺纹孔练习零件图

任务三　使用旋转功能铣削编程加工

学习目标

1. 知识目标

1）掌握旋转功能指令的使用方法。

2）能正确使用 M98、M99 指令。

2. 技能目标

1）掌握盘类零件的加工工艺。

2）能够选择平面轮廓面域铣削路线。

3）能够正确设置工件坐标系。

4）能够完成本次零件加工任务。

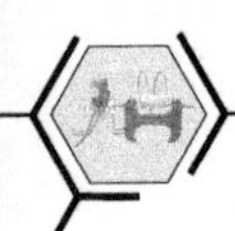

任务描述

分析零件图 3-22，学习盘类零件铣削的加工工艺及平面轮廓面域的铣削路线。通过对 G68、G69 指令的学习和应用，结合 M98、M99 等指令，完成盘类零件铣削加工工艺的制订，并编写加工程序单，完成零件的加工和检测。

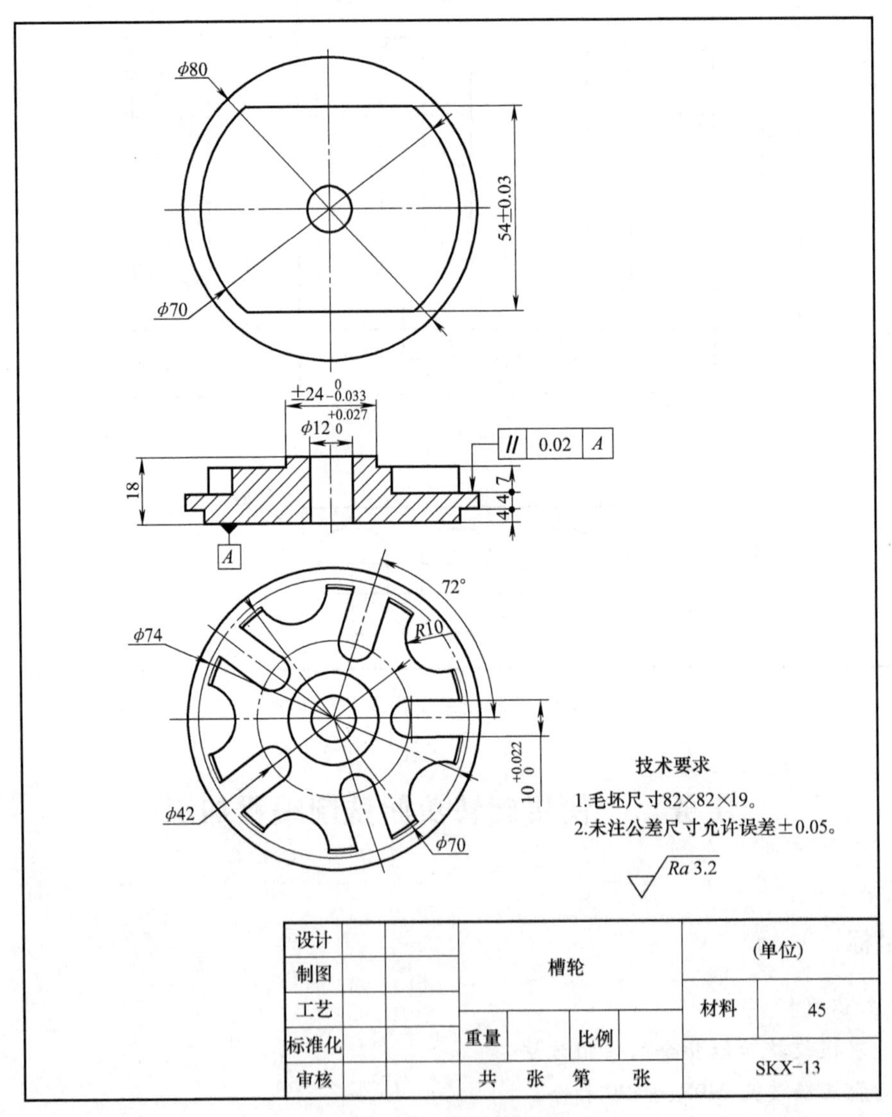

技术要求

1.毛坯尺寸82×82×19。

2.未注公差尺寸允许误差±0.05。

设计			槽轮				(单位)	
制图							材料	45
工艺								
标准化			重量		比例			
审核			共	张	第	张	SKX-13	

图 3-22　槽轮零件图

知识链接

旋转变换功能指令 G68、G69 说明及编程应用训练如下。

1. 功能

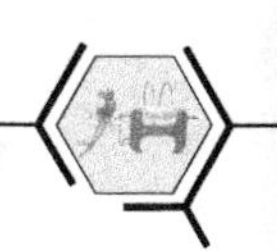

G68 指令用于建立旋转，G69 指令用于取消旋转。在刀具补偿的情况下，先旋转后刀补（刀具半径补偿、长度补偿）。G68、G69 均为 05 组模态指令，可相互注销。

2. 指令格式

G17 G68 X __ Y __ P __

或 G18 G68 X __ Z __ P __

或 G19 G68 Y __ Z __ P __

M98 P __

G69

3. 格式说明

1）G17、G18、G19：分别指定 XY、ZX、YZ 平面。

2）X 、Y 、Z：旋转中心的坐标。

3）P：旋转角度，单位为“°”。

4）M98：调用子程序。

5）G69：旋转取消。

4. 示例

如图 3-23 所示，利用旋转功能编写程序，编程示例如下：

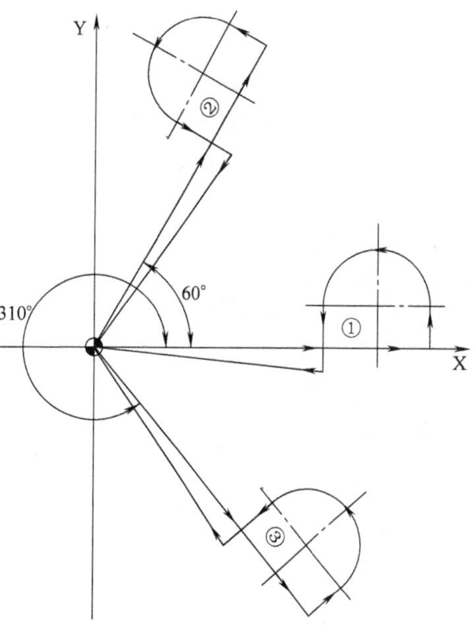

图 3-23 旋转方式编程示意图

%1(主程序号)

…

G17(XY 平面)

M98 P02 （调用子程序运行轨迹①）

G68 X0 Y0 P60(以原点为旋转中心,旋转 60°)

M98 P02 （调用子程序运行轨迹②）

G68 X0 Y0 P310(以原点为旋转中心,旋转 310°)

M98 P02 （调用子程序运行轨迹③）

G69（旋转取消）

…

%2(子程序号)

…

M99(子程序结束并返回子程序)

任务实施

1. 确定加工工艺方案

（1）分析零件图

1）该零件为盘类零件，有上、下两面，需要进行两次装夹加工。上、下两面间有平行度要求，需要在第二次装夹时保证零件的位置精度。

2）零件上面轮廓是一个旋转对称图形，在一周内由 5 个相同部分构成（360°÷5=72°），可以运用旋转功能指令调用子程序的方式加工。

节点②、③的坐标由图 3-22 给出，节点①、④、⑤、⑥的坐标如图 3-24 所示。

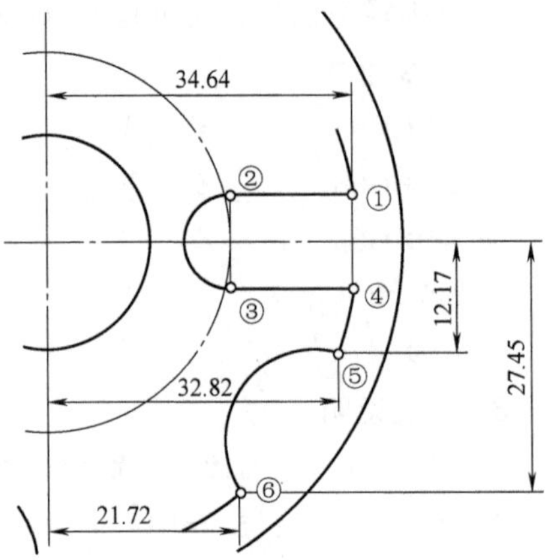

图 3-24　节点坐标示意图

3）全部表面粗糙度值均为 *Ra*3.2μm，分粗、精加工来到完成。

4）根据通孔尺寸公差（H8），按中心钻定心、麻花钻钻通和铰刀精加工成形的顺序进行加工。

（2）装夹方案　第一次使用平口钳装夹，底部垫平行垫块，工件加工表面高出钳口 11mm，使用橡皮锤敲击工件使其与垫块紧密接触，加工表面基本水平，夹紧力要适中；第二次装夹时，夹持底部以加工轮廓，使用橡皮锤敲击工件使其与钳口紧密接触，以保证上、下两面的平行度，如图 3-25 所示。

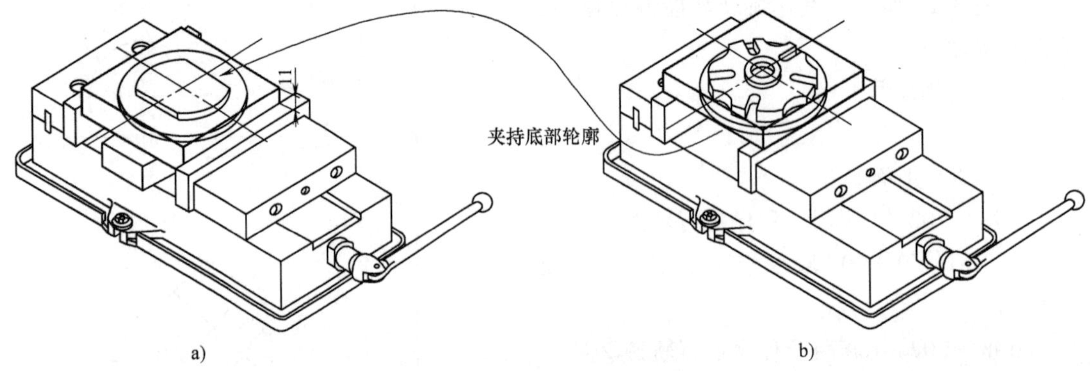

图 3-25　装夹方案示意图

a）第一次装夹　b）第二次装夹

（3）加工顺序

1）粗、精铣底面轮廓，如图 3-26a 所示。

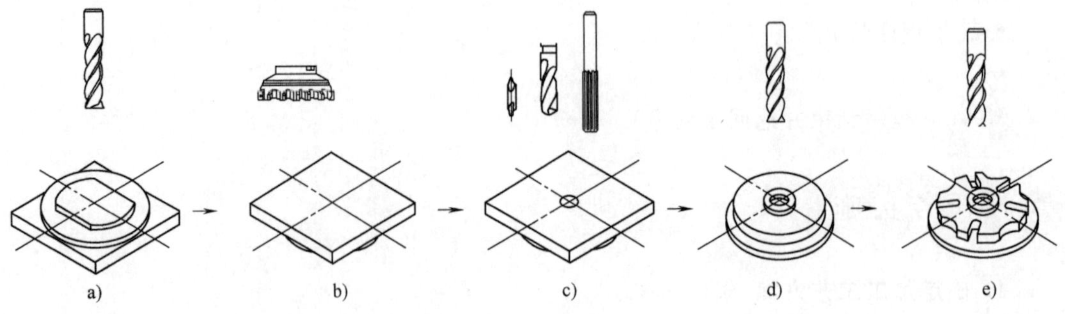

图 3-26　加工顺序图

2）翻转装夹，铣平顶面，控制厚度为 18mm，如图 3-26b 所示。

3）加工中心通孔，如图 3-26c 所示。

4）粗、精铣圆台轮廓，如图 3-26d 所示。

5）粗、精铣槽轮轮廓，如图 3-26e 所示。

（4）进给路线

1）底部轮廓进给路线采用刀具半径偏移方式，由切向进刀，沿轮廓向外偏移，如图 3-27 所示。

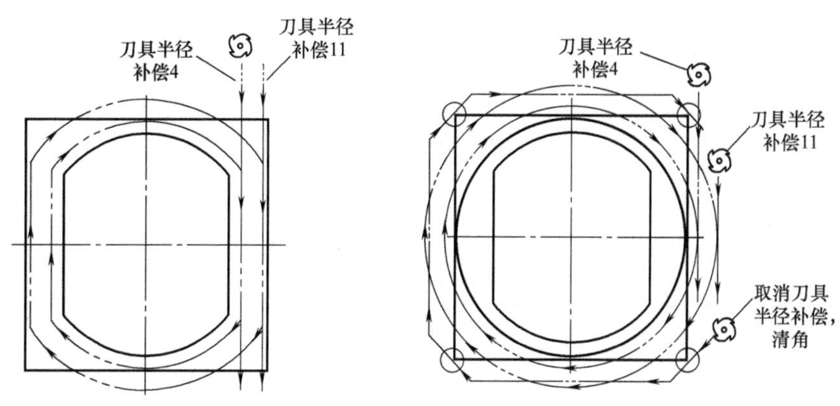

图 3-27　进给路线图一

2）顶部圆台铣削采用刀具中心轨迹编程等距线偏移方式，由轮廓外切入，从中心切出。中间圆台余量较少，采用刀具半径偏移方式进行粗、精加工，如图 3-28 所示。

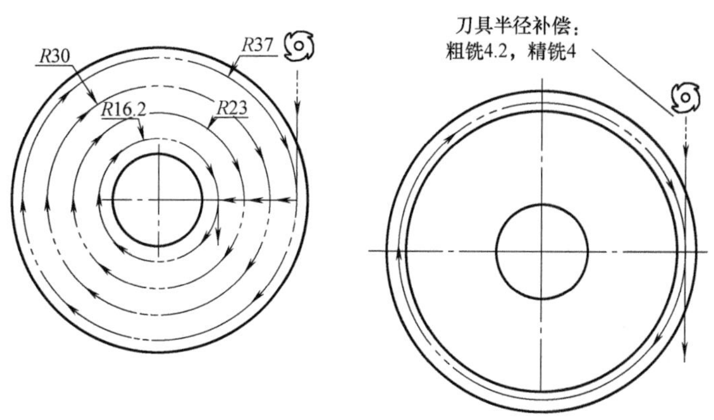

图 3-28　进给路线图二

3）槽轮轮廓余量较少，采用刀具半径偏移方式进行粗、精加工，粗铣时刀具半径补偿值为 4.2mm，精铣时半径补偿值为 4mm。为保证其轮廓的完整性，将其轮廓向外延伸一段距离构成轨迹 a 到 f，如图 3-29 所示（点 a、d 坐标由原坐标向外直线延伸，点 e、f 坐标按圆弧轨迹延伸）。

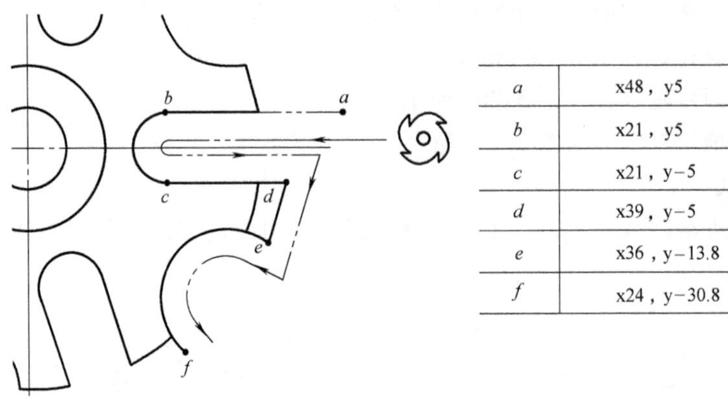

a	x48，y5
b	x21，y5
c	x21，y−5
d	x39，y−5
e	x36，y−13.8
f	x24，y−30.8

图 3-29　节点坐标示意图

2. 工艺准备（见表 3-14）

表 3-14　槽轮零件加工工艺准备表

序号	内　　容	备注
1	认真阅读零件图，并按毛坯图检查坯料尺寸	
2	拟定加工方案，确定加工路线，计算切削用量	
3	检查工具、量具、刃具是否完整	
4	开机，返回参考点	
5	安装机用平口钳，装夹工件	
6	安装刀具	
7	对刀，设定工件坐标系	
8	设定刀具半径补偿值、长度补偿值	
9	编制加工程序并输入机床	
10	程序校验	
11	粗、精铣底面轮廓	
12	翻转装夹，铣平顶面，控制厚度为 18mm	
13	钻中心孔	
14	钻孔	
15	铰孔	
16	粗、精铣圆台轮廓	
17	粗、精铣槽轮轮廓	
18	结束加工	

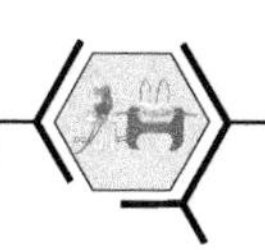

3. 工具、量具、刃具清单

表 3-15　槽轮零件加工工具、量具、刃具清单

序号	名　　称	规格/mm	单位	数量
1	游标卡尺	0.02/0～150	把	1
2	深度游标卡尺	0.02/0～200	把	1
3	杠杆百分表及表座	0.01/0～10	套	1
4	表面粗糙度样板	N0～N1(12 级)	副	1
5	半径样板	$R1$～$R6.5$, $R7$～$R14.5$	个	各 1
6	塞规	ϕ8H8	套	1
7	面铣刀	ϕ80	把	1
8	立铣刀	ϕ8	把	1
9	中心钻	A2	枚	1
10	麻花钻	ϕ11.8	把	1
11	机用铰刀	M6	套	1
12	BT40 刀柄		套	1
13	卡簧	ER32(7～8)	个	1
14	钻夹头		套	2
15	机用平口钳	200	台	1
16	T 型螺栓及螺母、垫圈		套	1
17	呆扳手		套	1
18	平行垫铁		副	1
19	橡皮锤		把	1

4. 加工工艺过程卡（见表 3-16）

表 3-16　槽轮零件加工工艺过程卡

数控加工工艺卡		产品代号		零件名称	材料	零件图号	
				槽轮	45	SKX-13	
工步号	工步内容	刀具号	刀具规格	主轴转速 n/(r/min)	进给量 f/(mm/min)	背吃刀量 a_p/mm	备注
1	铣削底部平面，留 0.5mm 精铣余量	T01	BT40	500	100	<1	手动
2	粗铣底部轮廓，留 0.2mm 精铣余量	T02	BT40	800	100	1	自动
3	精铣底部轮廓至尺寸要求	T02	BT40	1200	100	0.2	自动
4	铣削上平面至尺寸要求	T01	BT40	500	100	<1	手动
5	钻中心孔	T04	BT40	1000	150		自动
6	钻通孔	T05	BT40	800	60		自动
7	铰孔	T06	BT40	300	50	0.1	自动
8	粗铣圆台，留 0.2mm 精铣余量	T02	BT40	800	100	1	自动
9	粗铣圆台至尺寸要求	T02	BT40	1200	100	0.2	自动
10	粗铣轮槽，留 0.2mm 精铣余量	T02	BT40	800	100	1	自动
11	精铣轮槽至尺寸要求	T02	BT40	1200	100	0.2	自动

5. 参考程序（华中数控 HZ）

（1）底面加工程序（见表 3-17）

表 3-17 底面加工参考程序

程序段号	加 工 程 序	说 明
%1		底面加工主程序
N0010	G90 G40 G49 G80	程序初始化设置
N0020	G54 G00 X0 Y0	使用 G54 坐标
N0030	M06 T03	调用 3 号刀(立铣刀 ϕ8mm)
N0040	M08 M03 S800	开切削液,主轴转速为 800r/min
N0050	G00 G43 Z10.2 H3	调用 3 号长度补偿参数
N0060	M98 P002 L4	调用子程序 2、3,粗铣底部轮廓,高度方向留下 0.2mm 的精加工余量
N0070	G00 Z10.2	
N0080	M98 P003 L4	
N0090	G00 Z7	调用子程序 2 精铣
N0100	M03 S1200	
N0110	M98 P002	
N0120	G00 Z10	调用 3 号半径补偿值(4mm),沿轮廓精铣一周 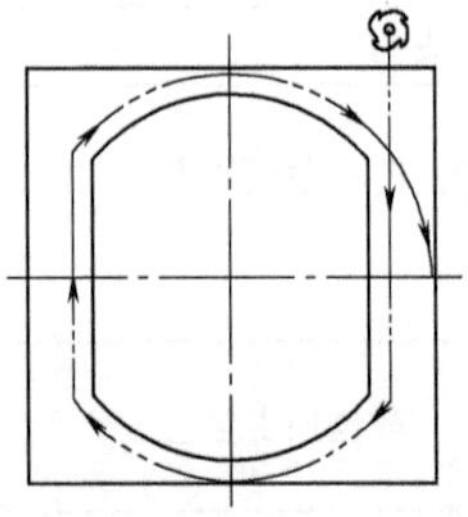
N0130	G41 X27 Y43 D3	
N0140	Z-4	
N0150	G01 X27 Y22.27	
N0160	Y-22.27	
N0170	G02 X-27 R35	
N0180	G01 Y22.27	
N0190	G02 X35 Y0 R35	
N0200	G00 Z7	取消半径补偿,防止刀具干涉 调用子程序 3 精铣
N0210	G00 G40 Y45	
N0220	M98 P003	
N0230	G00 Z10	调用 3 号半径补偿值(4mm),沿轮廓精铣一周 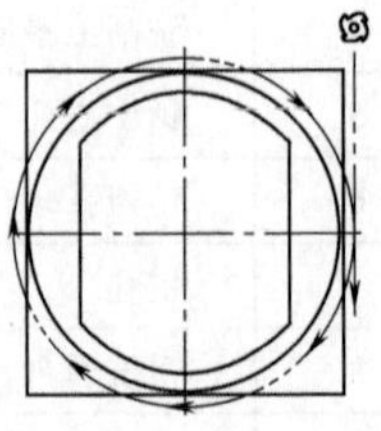
N0240	G41 X40 Y45 D3	
N0250	G01 Y0	
N0260	G02 X40 Y0 I-40	
N0270	G01 Y-10	
N0280	G00 Z100	
N0290	M30	

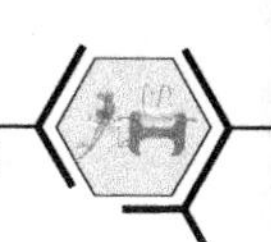

（续）

程序段号	加　工　程　序	说　　明
%2		第一层轮廓加工子程序
N0300	G00 G41 X27 Y45 D1	调用 1 号半径补偿参数(11mm)到下刀准备位置
N0310	G91 G01 Z-11 F500	相对坐标 Z 方向移动-11mm
N0320	G90 Y22.27 F100	铣削外围 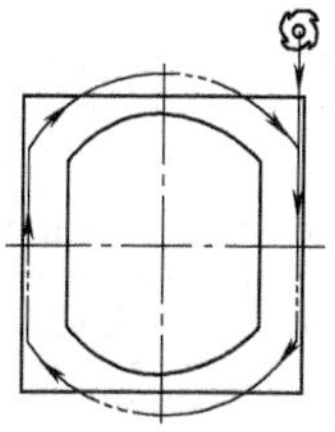
N0330	Y-22.27	
N0340	G02 X-27 R35	
N0350	G01 Y22.27	
N0360	G02 X27 R35	
N0370	G00 G91 Z11	相对坐标 Z 方向移动+11mm
N0380	G40 G90 Y45	取消半径补偿,防止刀具干涉
N0390	G41 X27 D2	调用 2 号半径补偿参数(4.2mm)到下刀准备位置
N0400	G91 G01 Z-11 F500	相对坐标 Z 方向移动-11mm
N0410	G90 Y22.27 F100	沿轮廓铣削,留下 0.2mm 余量 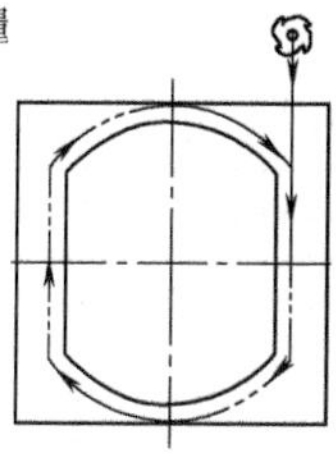
N0420	Y-22.27	
N0430	G02 X-27 R35	
N0440	G01 Y22.27	
N0450	G02 X27 R35	
N0460	G00 G91 Z10	相对坐标 Z 方向移动+10mm
N0470	G40 G90 X27 Y45	返回子程序起点位置
N0480	M99	子程序结束
%3		第二层轮廓加工子程序
N0490	G00 X50 Y-30	不带半径补偿,定位到下刀位置
N0500	G91 G1 Z-15 F500	相对坐标 Z 方向移动-15mm
N0510	G90 X30 Y-50 F100	粗铣外圈,清角 刀具中心轨迹编程 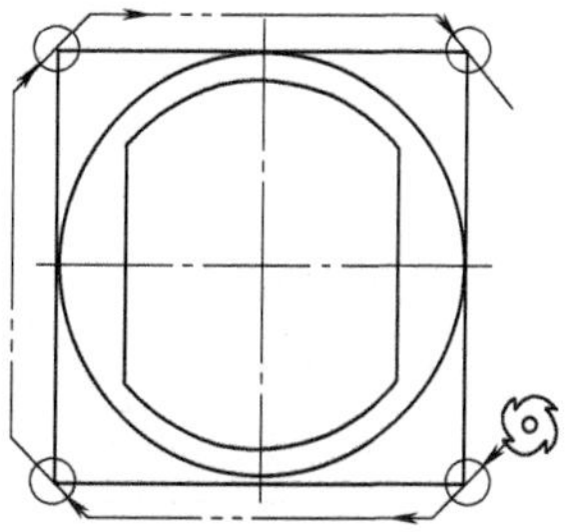
N0520	G00 X-30	
N0530	G01 X-50 Y-30	
N0540	G00 Y30	
N0550	G01 X-30 Y50	
N0560	G00 X30	
N0570	G01 X50 Y30	

（续）

程序段号	加工程序	说明
N0580	G41 X40 Y15 D1	调用 1 号半径补偿参数（11mm）铣削外围
N0590	G01 Y0	
N0600	G02 X40 Y0 I-40	
N0610	G01 G40 Y10	
N0620	G41 X40 D2	调用 2 号半径补偿参数（4.2mm）沿轮廓铣削，留下 0.2mm 余量
N0630	G01 Y0	
N0640	G02 X40 Y0 I-40	
N0650	G01 Y-5	
N0660	G91 G00 Z14	相对坐标 Z 方向移动+14mm
N0670	G90 X50 Y-30	返回子程序起点位置
N0680	M30	子程序结束

（2）顶面加工程序（见表 3-18）

表 3-18　顶面加工参考程序

程序段号	加工程序	说明
%1		顶面加工主程序
N0010	G17 G90 G40 G49 G80	程序初始化设置
N0020	G54 G00 X0 Y0	使用 G54 坐标
N0030	M06 T04	换 4 号刀（中心钻 A3）
N0040	M08 M03 S1000	开切削液，主轴转速为 1000r/min
N0050	G00 G43 Z100 H4	调用 4 号长度补偿参数
N0060	G98 G81 X0 Y0 Z-4.5 R5 F60	钻中心孔，完成后返回安全高度 Z100
N0070	G80	取消固定循环
N0080	M05 M09	主轴停，关切削液
N0090	M06 T05	换 5 号刀（麻花钻 ϕ11.8mm）
N0100	M08 M03 S800	开切削液，主轴转速为 800r/min
N0110	G00 G43 Z100 H5	调用 5 号长度补偿参数
N0120	G73 X0 Y0 Z-24 R10 Q-10 K3 F100	钻通孔，完成后返回安全高度 Z100
N0130	G80	取消固定循环
N0140	M05 M09	主轴停，关切削液
N0150	M06 T06	换 6 号刀（铰刀 ϕ8H8）
N0160	M08 M03 S300	开切削液，主轴转速为 300r/min
N0170	G00 G43 Z100 H6	调用 6 号长度补偿参数
N0180	G81 X0 Y0 Z-22 R5 F80	铰孔，完成后返回安全高度 Z100
N0190	G80	取消固定循环

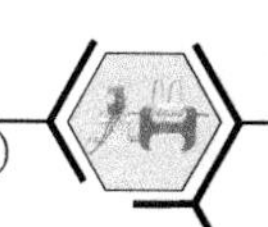

（续）

程序段号	加　工　程　序	说　　明
N0200	M05 M09	主轴停，关切削液
N0210	M06 T03	换 3 号刀（立铣刀 ϕ8mm）
N0220	M08 M03 S800	开切削液，主轴转速为 800r/min
N0230	G00 G43 Z10.2 H3	调用 3 号长度补偿参数
N0240	M98 P002 L3	粗、精铣顶部小圆台
N0250	G00 Z8	
N0260	M98 P002	
N0270	M03 S1200	
N0280	G00 Y12	
N0290	G01 G41 X12 D3 F100	
N0300	Y0	
N0310	G02 X12 Y0 I-12	
N0320	G01 Y-5	
N0330	G00 Z10.2	粗、精铣槽轮外圆
N0340	M98 P003 L7	
N0350	M3 S1200	
N0360	G00 G41 X35 Y45 D3	
N0370	G01 Z-10 F500	
N0380	Y0 F100	
N0390	G02 X35 Y0 I-35	
N0400	G01 Y-5	
N0410	G00 Z10.2	调用子程序 4 粗铣 0°方向槽及轮廓
N0420	M98 P004 L7	
N0430	G68 X0 Y0 P72	调用子程序 4 粗铣 72°方向槽及轮廓
N0440	M98 P004 L7	
N0450	G68 X0 Y0 P144	调用子程序 4 粗铣 144°方向槽及轮廓
N0460	M98 P004 L7	
N0470	G68 X0 Y0 P216	调用子程序 4 粗铣 216°方向槽及轮廓
N0480	M98 P004 L7	
N0490	G68 X0 Y0 P288	调用子程序 4 粗铣 288°方向槽及轮廓
N0500	M98 P004 L7	
N0510	G69	旋转取消
N0520	G00 Z10	调用子程序 005 精铣 0°方向槽及轮廓
N0530	M98 P005	
N0540	G68 X0 Y0 P72	调用子程序 005 精铣 72°方向槽及轮廓
N0550	M98 P005	

（续）

程序段号	加 工 程 序	说 明
N0560	G68 X0 Y0 P144	调用子程序 005 精铣 144°方向槽及轮廓
N0570	M98 P005	
N0580	G68 X0 Y0 P216	调用子程序 005 精铣 216°方向槽及轮廓
N0590	M98 P005	
N0600	G68 X0 Y0 P288	调用子程序 005 精铣 288°方向槽及轮廓
N0610	M98 P005	
N0620	G69	旋转取消
N0630	G00 Z100	抬刀，返回安全高度
N0640	M30	主程序结束
%2		粗铣顶部小圆台子程序
N0650	G00 X37 Y45	刀具中心轨迹编程粗铣顶部小圆台，留下 0.2mm 余量 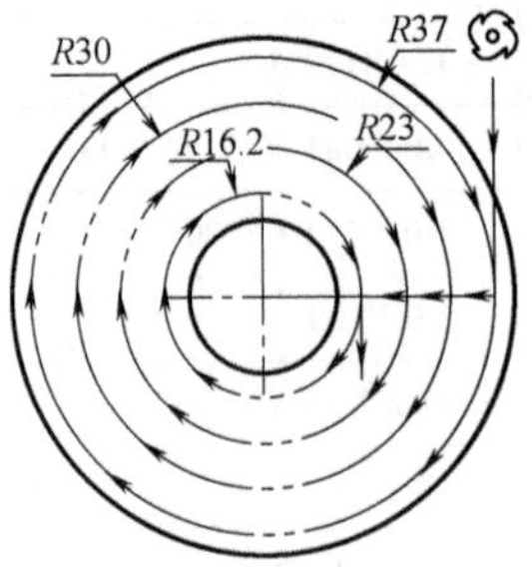
N0660	G91 G1 Z-11 F500	
N0670	G90 G1 Y0 F100	
N0680	G02 X37 Y0 I-37	
N0690	G01 X30	
N0700	G02 X30 Y0 I-30	
N0710	G01 X23	
N0720	G02 X23 Y0 I-30	
N0730	G01 X16.2	
N0740	G02 X16.2 Y0 I-16.2	
N0750	G01 Y-5	
N0760	G91 G00 Z10	
N0770	G90 X37 Y45	
N0780	M99	
%3		粗铣槽轮外圆子程序
N0790	G00 G41 X35 Y45 D2	调用 2 号半径补偿参数（4.2mm）粗铣槽轮外圆，留下 0.2mm 余量 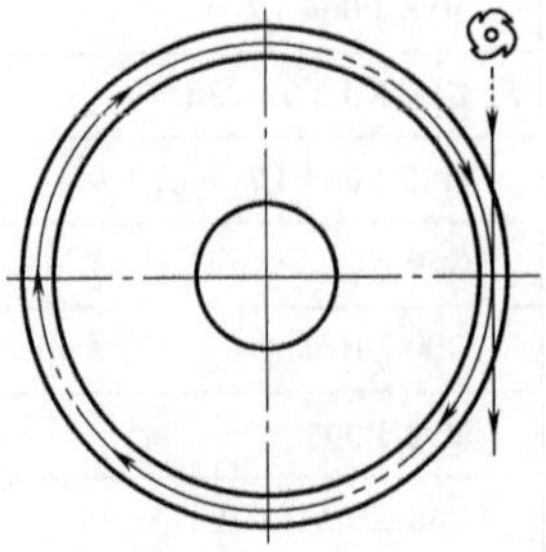
N0800	G91 G01 Z-14 F500	
N0810	G90 Y0 F100	
N0820	G02 X35 Y0 I-35	
N0830	G01 Y-5	
N0840	G91 G00 Z13	
N0850	G90 G40 X35 Y45	
N0860	M99	

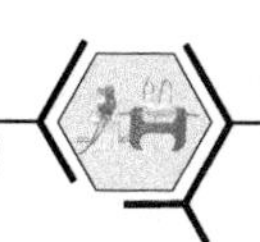

（续）

程序段号	加　工　程　序	说　明
%4		粗铣槽轮轮廓子程序
N0870	G00 G41 X48 Y5 D2	调用 2 号半径补偿参数（4.2mm）粗铣槽轮轮廓，留下 0.2mm 余量
N0880	G91 G1 Z-14 F500	
N0890	G90 X21 F100	a　x48，y5 b　x21，y5 c　x21，y-5 d　x39，y-5 e　x36，y-13.8 f　x24，y-30.8
N0900	G03 Y-5 R5	
N0910	G01 X39	
N0920	X36 Y-13.8	
N0930	G03 X24 Y-30.8 R10	
N0940	G00 G91 Z13	
N0950	G90 G40 X48 Y5	
N0960	M99	
%5		精铣槽轮轮廓子程序
N0970	G00 G41 X48 Y5 D3	调用 3 号半径补偿参数（4mm）粗铣槽轮轮廓
N0980	G91 G1 Z-14 F500	
N0980	G90 X21 F100	
N0990	G03 Y-5 R5	
N1000	G01 X39	
N1010	X36 Y-13.8	
N1020	G03 X24 Y-30.8 R10	
N1030	G00 G91 Z13	
N1040	G90 G40 X48 Y5	
N1050	M99	

注意事项：

1）本次加工任务需要进行两次装夹，两次运行加工程序，在第二次运行程序之前必须重新对刀。因为两次装夹导致工件的零点不重合；而 3 号立铣刀在两次加工中都有用到，所以需要重新设置 G54 坐标和刀具高度补偿值。

2）程序运行过程中，必须清楚整个程序运行的所有环节，并时刻与实际运行动作相比对，包括起刀点、进刀点、主轴转速、进给速度、背吃刀量、进给路线等，若有与预期不符的情况，应立刻暂停运行，查明原因。

3）第一次加工时，在粗加工结束后根据测量结果改变精加工刀具半径补偿值。

知识拓展

数控铣削加工对象通常是各种不同的面域轮廓，在加工过程中除了要铣削轮廓线，还要铣削轮廓线内或线外的面域。在铣削这些面域时，一般都需要编程人员自行设定铣削路线，下面介绍几种常用的面域铣削路线和方法。

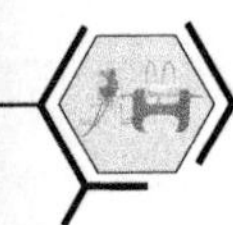

1. 刀具半径补偿偏移

刀具半径补偿偏移是通过设置不同的刀具半径补偿值，实现偏移加工面域的方法，如图 3-30 所示。其特点是应用简单，不需要进行节点计算，只粗略估计其偏移的距离即可；缺点是不是所有轮廓都能使用该方法，有些轮廓偏移后会产生刀具干涉而无法偏移，另外该方法通常会有空刀，加工效率不高。

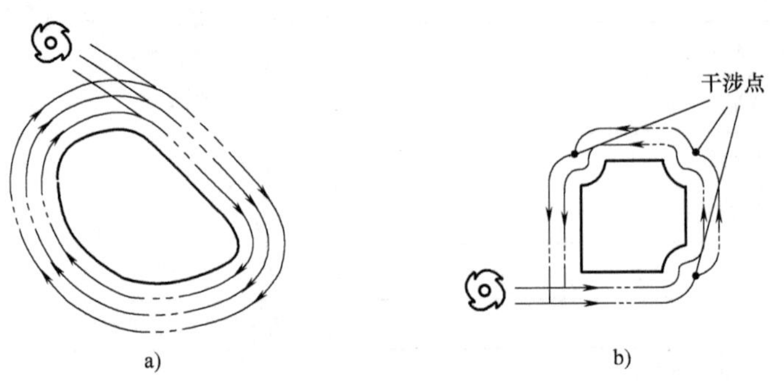

图 3-30 刀具半径补偿偏移
a）无刀具半径干涉（适用） b）刀具半径干涉（不适用）

2. 等距偏移

等距偏移的方法是根据所加工的轮廓，按照略小于刀具直径的距离偏移出加工轨迹，从而实现面域的加工，如图 3-31 所示。该方法的特点是需要计算偏移轨迹上的节点坐标，一般适用于简单的矩形或圆形轮廓；缺点是对于较复杂轮廓不适用，因为不便于计算其偏移节点坐标。

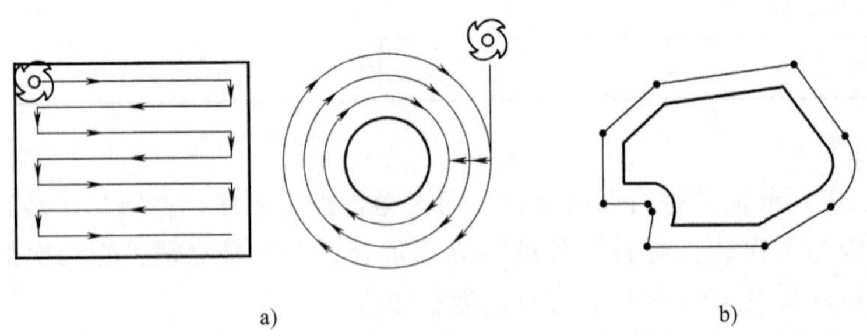

图 3-31 等距偏移
a）节点计算简单（适用） b）节点计算困难（不适用）

3. 软件辅助路径规划

软件辅助路径规划是指运用软件绘图工具（如 CAD、CAXA 等）绘制加工轨迹，并查找轨迹上的节点坐标。在本节任务的讲解中就使用了这种方法。该方法的特点是适用于任何复杂轮廓，且加工轨迹规划自由，坐标查找方便。

任务评价（见表 3-19）

表 3-19　使用旋转功能铣削编程加工评分表

工种	数控铣工	图号	SKX-3	单位				
定额时间	150min	起始时间		结束时间		总得分		
序号	考核项目	考核内容及要求		配分	评分标准	检测结果	扣分	得分	备注
1	长度	$10^{+0.022}_{0}$mm	IT	15	超差不得分				
2		(54±0.03)mm	IT	9	超差不得分				
3	高度	18mm	IT	3	超差不得分				
4		4mm(2 处)	IT	6	超差不得分				
5	深度	7mm	IT	3	超差不得分				
6	孔	$\phi12^{+0.027}_{0}$mm	IT	10	超差不得分				
7	形状轮廓	ϕ80mm	IT	5	超差不得分				
		ϕ70(2 处)	IT	6	超差不得分				
8		$\phi24^{0}_{-0.033}$mm	IT	10	超差不得分				
9		R10mm(5 处)	IT	15	超差不得分				
10		平行度 0.02mm	IT	4	超差不得分				
11	表面粗糙度	Ra3.2μm	Ra	10	每降一级扣 2 分				
12	技术要求	锐边去毛刺		4	未做不得分				
13	其他项目	工件须完整，局部无缺陷（如夹伤等）						扣分不超过 5 分	
14	程序编制	程序中有严重违反工艺者取消考试资格，其他视情况酌情扣分						扣分不超过 5 分	
15	加工时间	每超过 10min 扣 5 分							
16	安全生产	按国家颁布的有关规定						每违反一项从总分中扣 10 分	
17	文明生产	按单位规定						每违反一项从总分中扣 2 分	
记录员		监考员		检评员		复核员			

课后练习

根据本任务所学内容，对图 3-32 所示零件进行工艺分析，编制数控加工程序并完成零件加工。

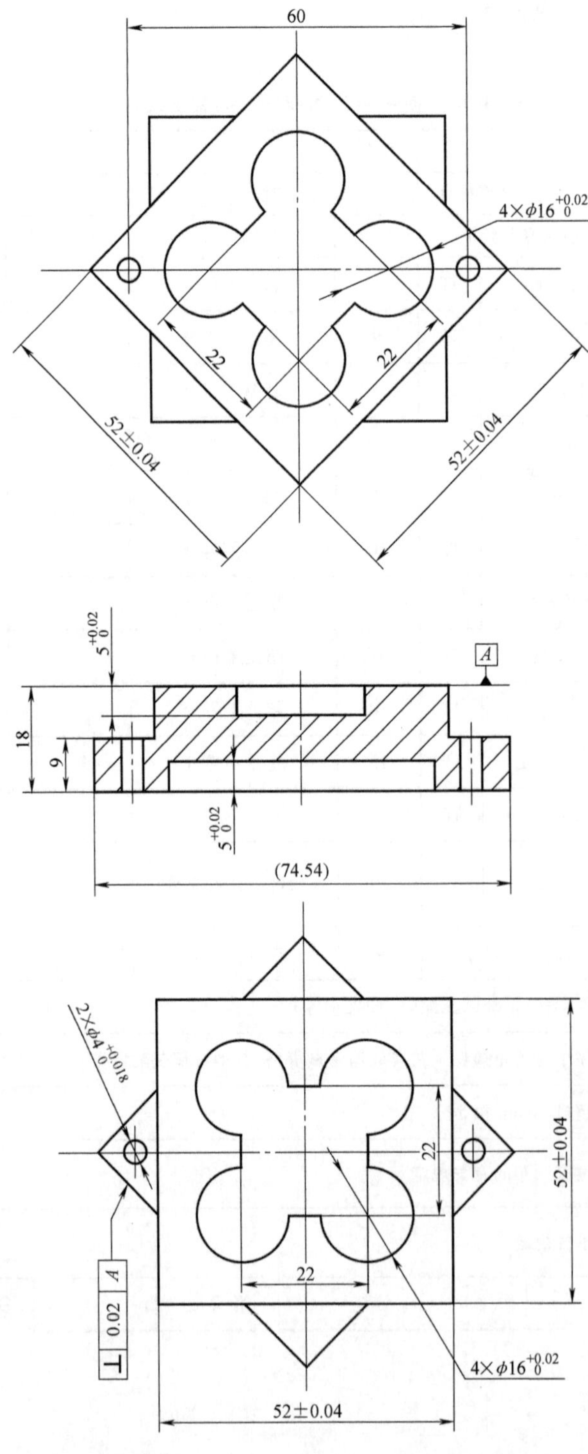

图 3-32　旋转功能练习零件图

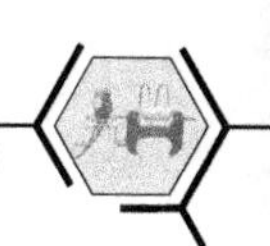

任务四　使用缩放功能及宏程序铣削编程加工

学习目标

1. 知识目标

1）掌握缩放功能指令的编程方法。

2）了解变量的简单应用。

2. 技能目标

1）掌握零件上曲面加工及配合的加工工艺。

2）学会选用曲面铣削加工的刀具及合理的切削用量。

3）能够正确使用定位元件。

4）能够正确设置工件坐标系。

5）能够完成本次零件加工任务。

任务描述

分析零件图 3-33 和图 3-34，学习缩放功能指令 G50、G51 的编程方法，学习宏变量的简单应用。结合 M98、M99 等指令，完成零件上曲面及配合的铣削加工工艺的制订，并编写加工程序单，完成零件的加工和检测。

知识链接

1. 缩放功能指令 G50、G51

（1）功能　G50 指令用于建立缩放，G51 指令用于取消缩放。G50、G51 均为 04 组模态指令，可相互注销。

（2）指令格式

G51 X __ Y __ Z __ P __

G50

（3）格式说明

1）X 、Y 、Z：缩放中心坐标。

2）P：缩放倍数。

3）G69：取消缩放功能。

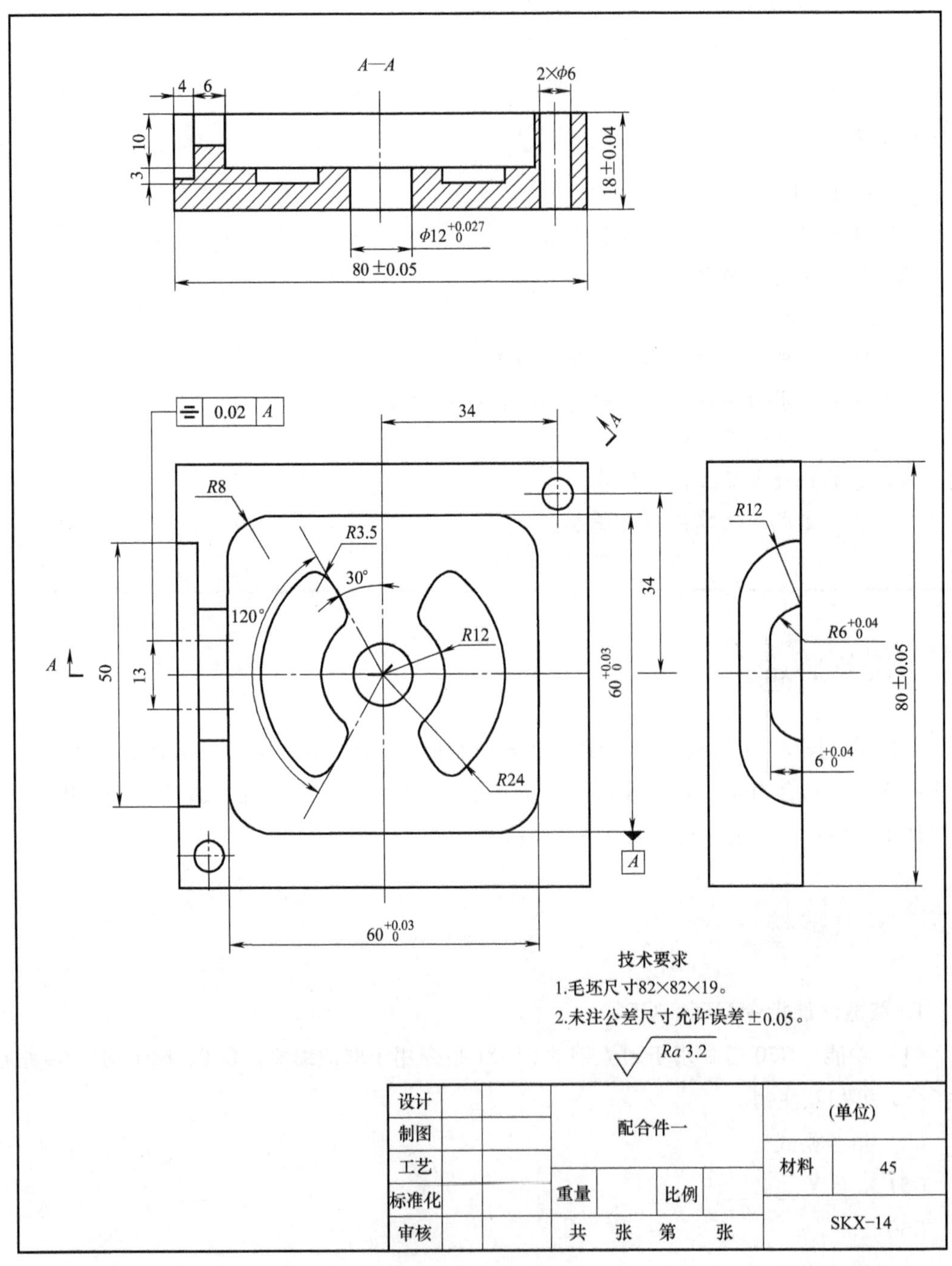

图 3-33 配合件一零件图

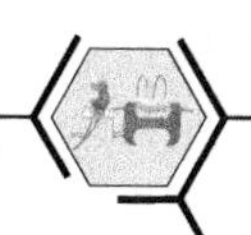

技术要求

1.毛坯尺寸82×82×19。

2.未注公差尺寸允许误差±0.05。

$\sqrt{Ra\ 3.2}$

设计			配合件二				(单位)	
制图								
工艺							材料	45
标准化			重量		比例			
审核			共　张		第　张		SKX-3-5	

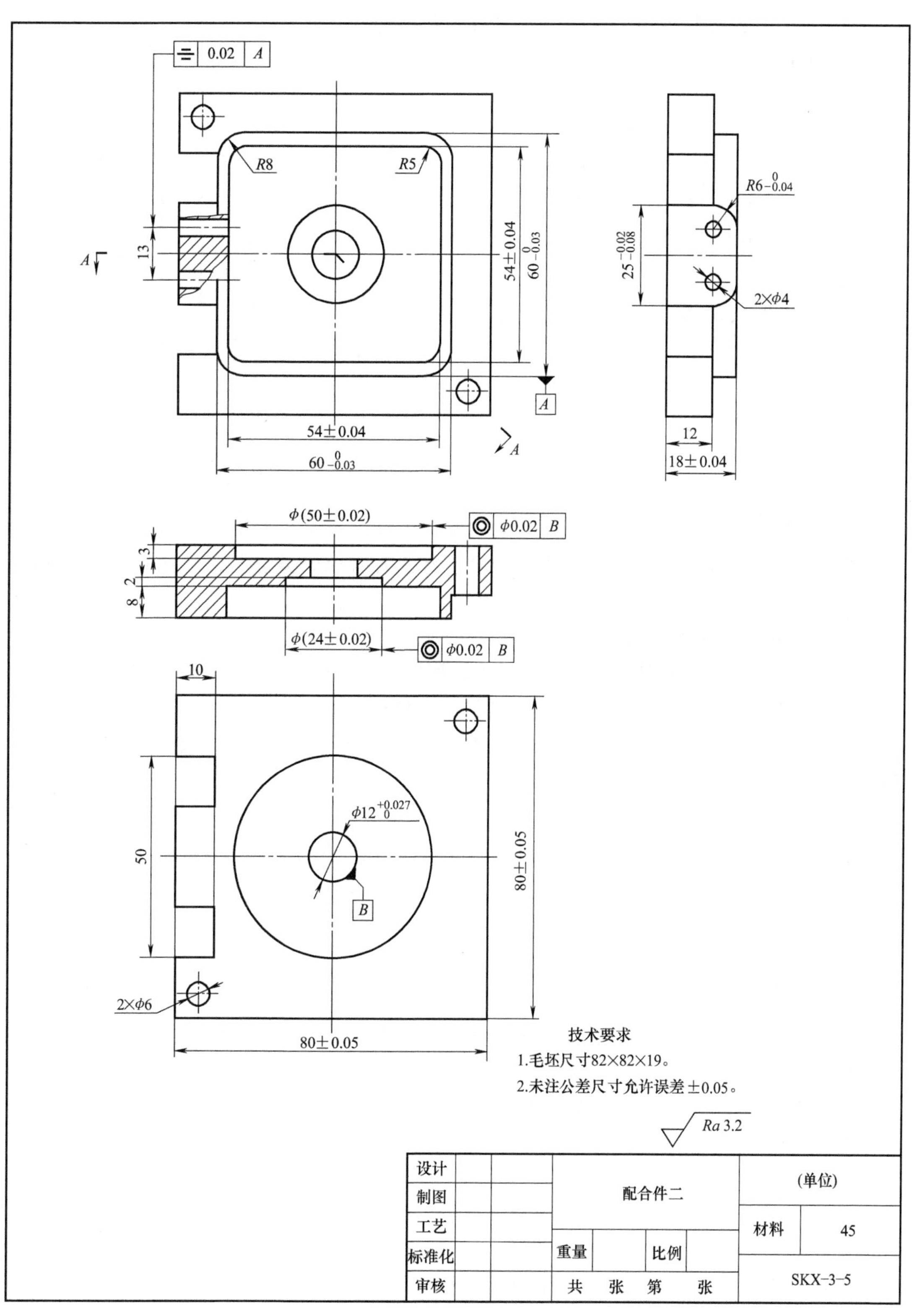

图 3-34　配合件二零件图

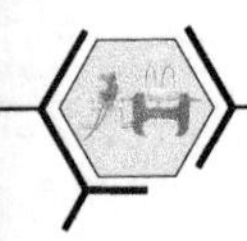

利用缩放功能编写图 3-35 所示零件的加工程序，示例如下：

%00011(主程序号)

…

G00　Z10　(定位到 Z10 的安全距离)

M98　P02　(调用子程序运行轨迹)

G00　Z8　(定位到 Z8 的安全距离)

G51　X0 Y0 P0.5(建立缩放中心(X0,Y0),缩放比例为 0.5)

M98　P02　(调用子程序运行轨迹)

G50(取消缩放)

…

%00022(子程序号)

…

M99(子程序结束并返回主程序)

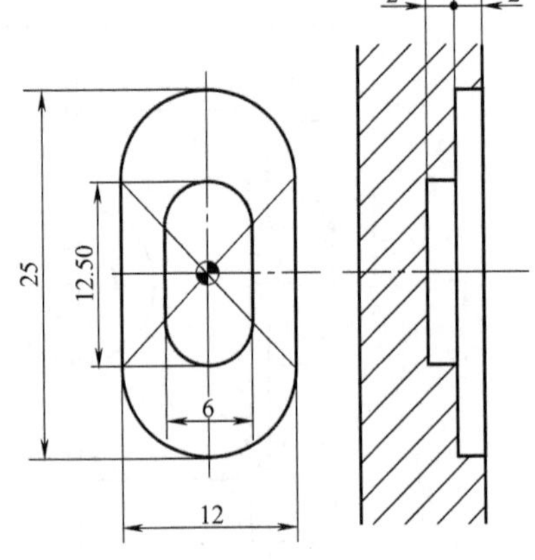

图 3-35　缩放功能编程示意图

注意：在缩放指令的运用中应注意避免半径干涉，如果在大轮廓中采用半径补偿编程，那么在小轮廓中调用时就可能发生半径干涉。要避免此类情况，可以采用中心轨迹编程。

2. 变量在程序中的使用

编程时使用变量可以使一些程序变得更加简单。例如在前面的章节中，需要调用子程序 A 进行粗铣，还要调用子程序 B 进行精铣，比较这两个子程序可以发现，它们几乎是相同的，只是调用的半径补偿序号和进给速度不一样。如果用一个变量替代补偿序号或进给速度，则只需要编写一个子程序即可。下面将举例说明变量的使用方法。

变量的格式为#+数字，如#1、#23。常用的变量有局部变量（#0~#49）和全局变量(#50~#199)，尽量不使用其他未知的变量序号，否则可能改变系统参数而导致机床不能正常运行。

利用宏变量编写图 3-36 所示零件的加工程序，示例如下：

```
%0001              (主程序号)
…
G00  Z10.2         (定位到 Z10.2 的安全距离)
#1=3               (为变量 1 赋值“3”)
#2=80              (为变量 2 赋值“80”)
M98  P0002 L5      (调用子程序粗铣)
G00  Z10           (定位到 Z10 的安全距离)
#1=4               (为变量 1 赋值“4”)
#2=100             (为变量 2 赋值“100”)
M98  P0002         (调用子程序精铣)
…
M30                (程序结束)
```

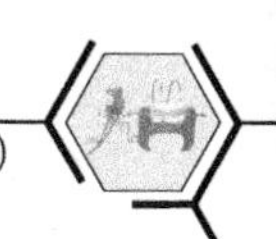


```
%0002                    (子程序号)
G00 G41 X35 Y50 D[#1]    (半径偏置量调用#1)
G91 Z-11                 (相对坐标下降 11mm)
G90 G01 Y-35 F[#2]       (进给速度调用#2)
X-35                     (横向铣削到 X-35)
Y35                      (纵向铣削到 Y35)
X45                      (横向铣削切出轮廓)
G91 G00 Z10              (相对坐标上抬 10mm)
G90 G40 X35 Y50          (取消半径补偿,返回起点)
M99                      (子程序结束并返回主程序)
```

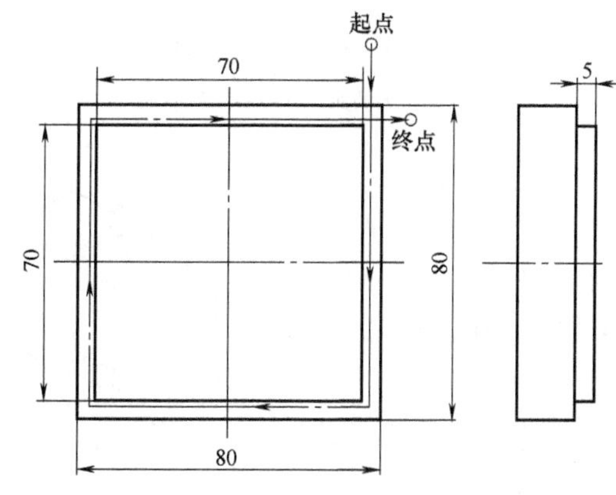

图 3-36　宏变量编程示意图

任务实施

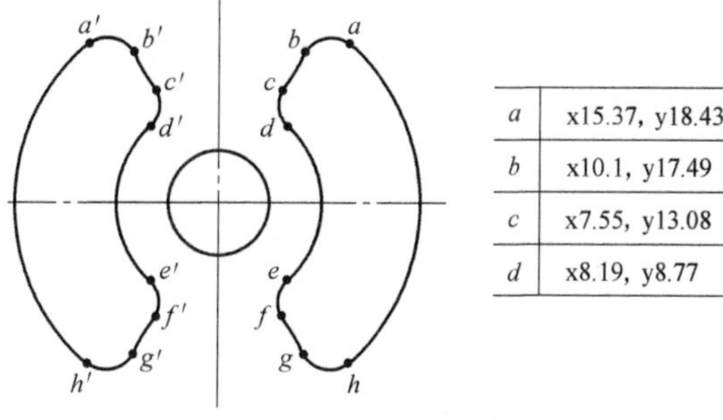

a	x15.37, y18.43
b	x10.1, y17.49
c	x7.55, y13.08
d	x8.19, y8.77

图 3-37　节点坐标示意图

1. 确定零件加工方案

（1）零件图分析

1）图 3-34 和图 3-35 所示零件均为腔类零件，除需加工型腔外，还需加工侧面，因此需要进行两次装夹。侧面轮廓关于正面轮廓有对称度要求，在第二次装夹时须保证零件的位置精度。

2）零件正面轮廓中有一对圆弧槽，可以使用旋转功能指令（旋转 180°）或镜像功能指令（设置 Y 轴为镜像轴），然后调用子程序的方式加工，节点坐标如图 3-37 所示。

3）从左视图中可看出零件侧面两轮廓相似，通过计算可知它们的轮廓大小正好相差一倍。因此，可以使用本任务中学习的缩放功能指令，调用子程序进行加工。

4）根据图中通孔尺寸公差（H8），仍然按中心钻定心、麻花钻钻通和铰刀精加工成形的顺序进行加工。

(2) 工件装夹

1) 件一装夹方案。使用平口钳装夹，第一次装夹时底部垫两块窄的平行垫块，垫块处让出中间和两边打孔位置。为保证侧面轮廓的对称度，两次装夹须使用定位挡块定位，工件一端要紧靠定位挡块，夹紧时使用橡皮锤敲击工件使其与垫块紧密接触，且夹紧力要适中，如图 3-38 所示。

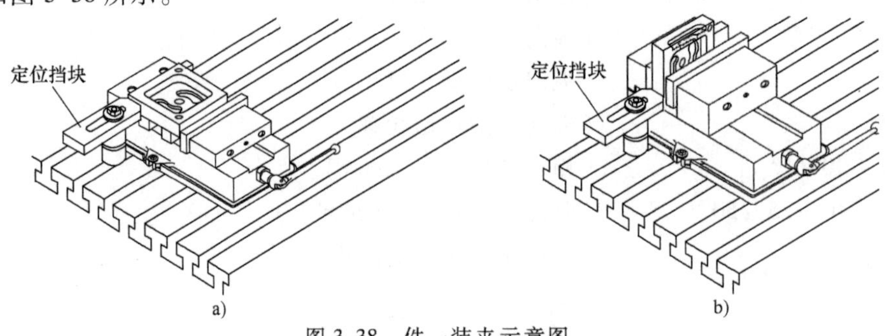

图 3-38 件一装夹示意图

a) 第一次装夹 b) 第二次装夹

2) 件二装夹方案。件二需要进行三次装夹，分别完成底面、顶面和侧面的加工。为保证装夹时工件几个面之间的平行度和垂直度，须预先将毛坯手动铣削到 80mm×80mm×18mm 的外形尺寸。

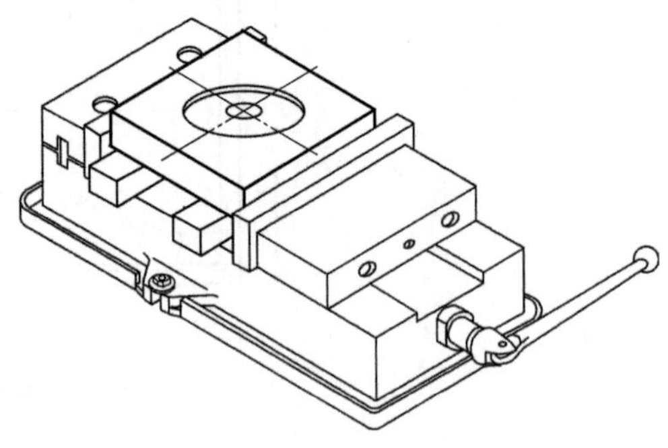
图 3-39 件二第一次装夹示意图

① 第一次装夹加工底面轮廓，使用两块平行垫铁分别垫在工件下两侧，避开中间通孔位置，如图 3-39 所示。

② 第二次装夹加工顶面轮廓，使用一块平行垫铁垫在中间，为保证底面轮廓与顶面轮廓的同轴度，装夹时必须保证中间通孔的垂直度，如图 3-40 所示。可以采用杠杆百分表在内孔壁上上下滑动校正的方法，在通孔的两个相互垂直的位置上使用杠杆百分表测量，要求指针摆动不超过 0.02mm。

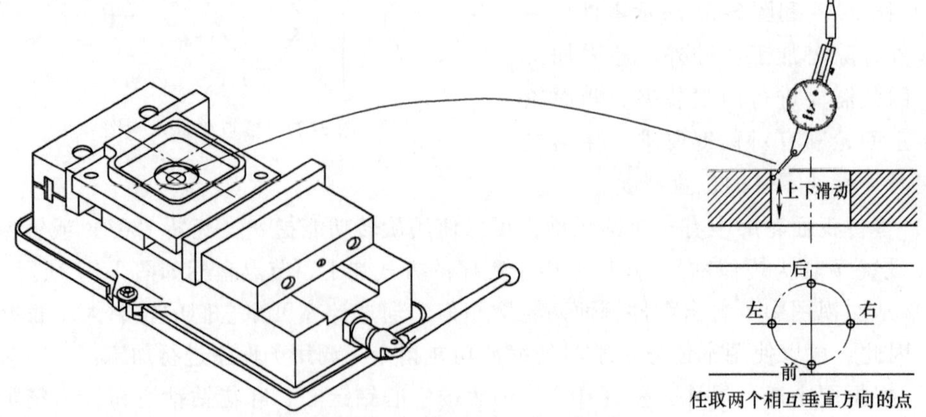

图 3-40 件二第二次装夹示意图

③ 第三次装夹与件一第二次装夹相似，使用定位块对其侧边进行定位，第三次装夹时工件侧边紧靠定位块。另外，由于第二次顶面铣削后其轮廓强度差，故不能用平口钳直接装夹，可以使用平行垫块辅助装夹，如图 3-41 所示。

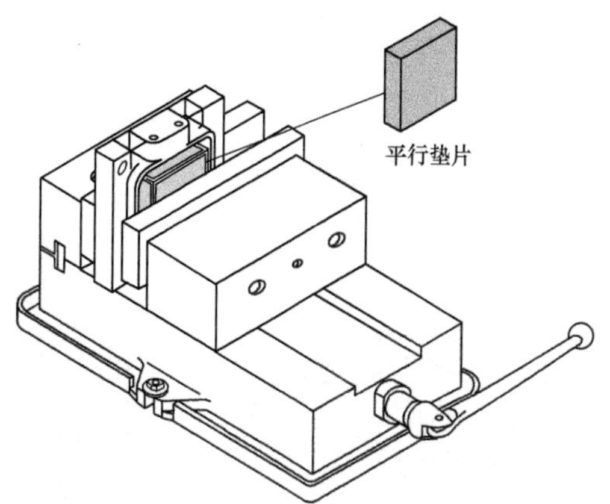

图 3-41　件二第三次装夹示意图

（3）加工顺序

1）件一加工顺序分析如图 3-42 所示。

2）件二加工顺序分析如图 3-43 所示。

（4）进给路线

1）内腔粗铣采用行铣加周铣的方式，先行铣快速去除平面余量，再周铣侧面留下精加工余量，如图 3-44a 所示。

2）内腔精铣采用周铣方式，圆弧切入切出如图 3-44b 所示。

3）腔底圆弧槽轮廓采用周铣方式，直线切入切出，如图 3-45a 所示。

4）侧面轮廓采用周铣方式，直线切入切出，如图 3-45b 所示。

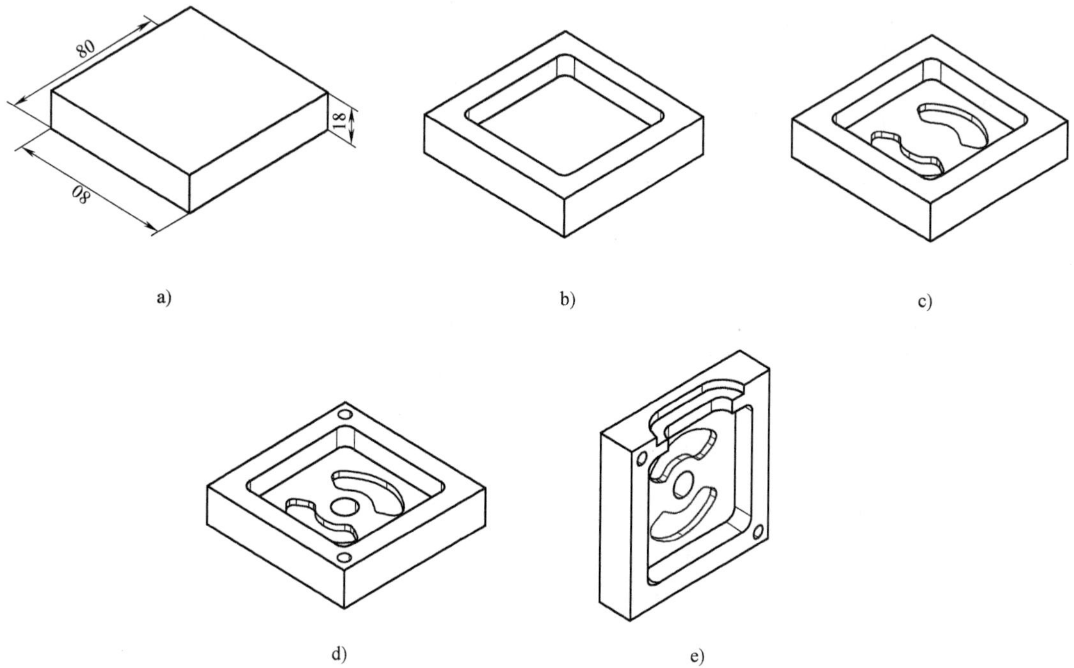

图 3-42　件一加工顺序

a）手动铣削毛坯到 80mm×80mm×18mm　b）粗、精铣内腔　c）粗、精铣圆弧槽

d）钻孔，铰孔　e）粗、精铣侧面轮廓

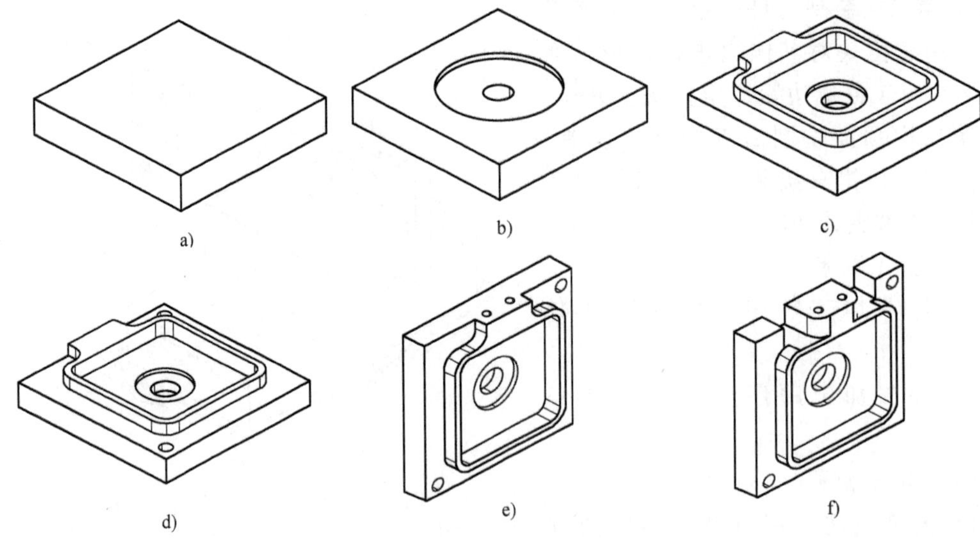

图 3-43　件二加工顺序

a）手动铣削毛坯到 80mm×80mm×18mm　b）粗、精铣底部轮廓　c）粗、精铣上部型腔　d）钻孔　e）侧面钻孔　f）粗、精铣侧面轮廓

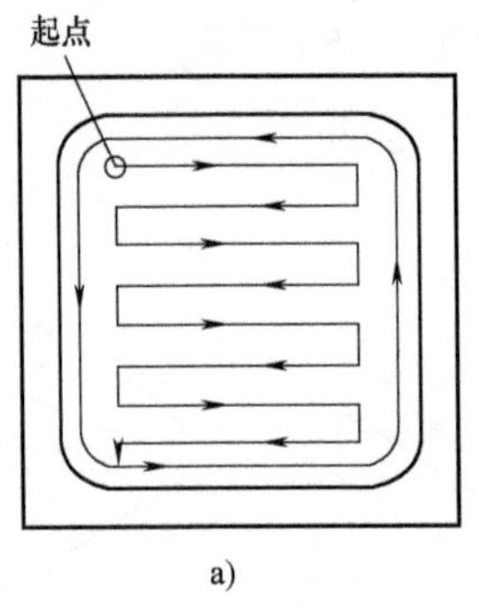

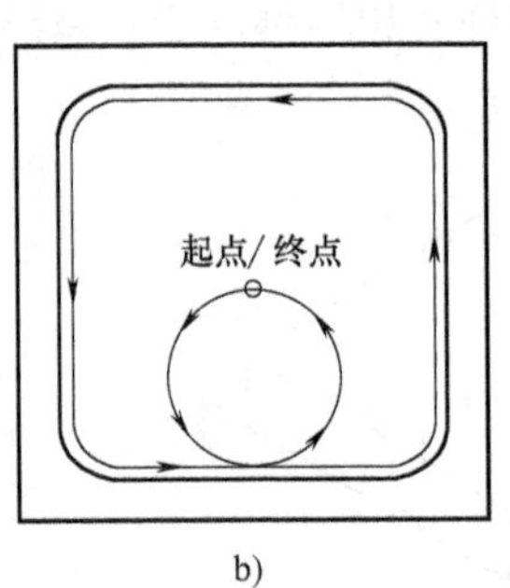

图 3-44　内腔铣削进给路线示意图

a）内腔粗铣　b）内腔精铣

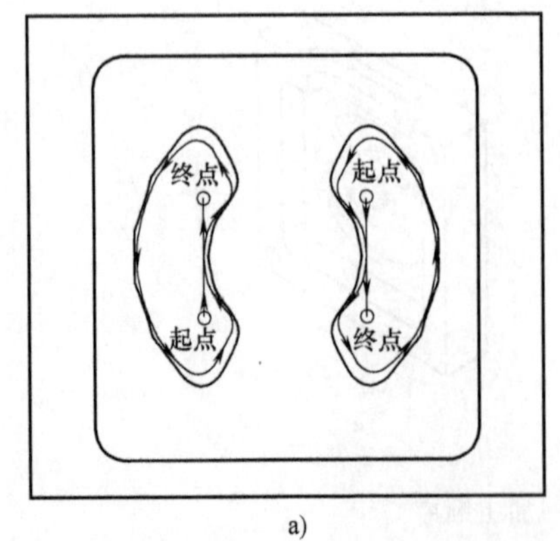

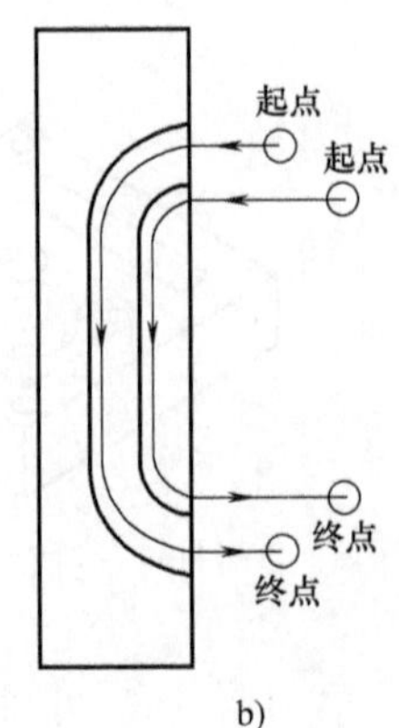

图 3-45　圆弧槽及侧面轮廓铣削进给路线示意图

a）圆弧槽粗、精铣　b）侧面轮廓粗、精铣

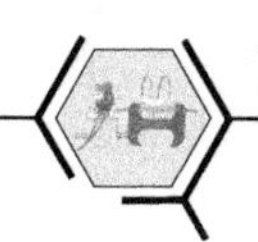

2. 工艺准备（见表 3-20）

表 3-20　曲面及配合零件加工工艺准备表

序号	内　容	备　注
1	认真阅读零件图，并按毛坯图检查坯料尺寸	
2	拟定加工方案，确定加工路线，计算切削用量	
3	检查工具、量具、刃具是否完整	
4	开机，返回参考点	
5	安装机用平口钳，装夹件一毛坯	
6	安装刀具	
7	手动铣削毛坯	
8	对刀，设定工件坐标系	
9	编制加工程序并输入机床，设定刀具半径补偿值	
10	程序校验	
11	粗、精铣内腔	
12	粗、精铣圆弧槽	
13	孔加工	
14	粗、精铣侧面轮廓	
15	结束件一加工	
16	装夹件二毛坯	
17	安装刀具	
18	手动铣削毛坯	
19	对刀，设定工件坐标系	
20	编制加工程序并输入机床，设定刀具半径补偿值	
21	程序校验	
22	粗、精铣底部轮廓	
23	粗、精铣上部型腔	
24	孔加工	
25	侧面孔加工	
26	粗、精铣侧面轮廓	
27	结束件二加工	

3. 工具、量具、刃具清单（见表 3-21）

表 3-21　曲面及配合零件加工工具、量具、刃具清单

序号	名称	规格/mm	单位	数量
1	游标卡尺	0.02/0~150	把	1
2	深度游标卡尺	0.02/0~200		
3	杠杆百分表及表座	0.01/0~10	套	1
4	表面粗糙度样板	N0~N1(12 级)	副	1

（续）

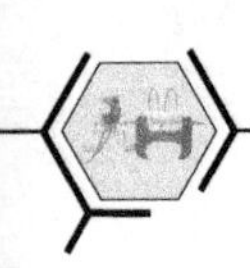

序号	名称	规格/mm	单位	数量
5	半径样板	$R1 \sim R6.5$、$R7 \sim R14.5$	个	各 1
6	塞规	$\phi8H8$	套	1
7	面铣刀	$\phi80$	把	1
8	立铣刀	$\phi6$、$\phi8$、$\phi12$	把	各 1
9	中心钻	A3	枚	1
10	麻花钻	$\phi11.8$	把	1
11	机用铰刀	$\phi12H8$	套	1
12	BT40 刀柄		套	2
13	卡簧	ER32(5~6、7~8、9~10)	个	各 1
14	钻夹头		套	2
15	机用平口钳	200	台	1
16	T 型螺栓及螺母、垫圈		套	1
17	呆扳手		套	1
18	平行垫铁		副	1
19	橡皮锤		把	1

4. 加工工艺过程卡（见表 3-22 和表 3-23）

表 3-22　配合件一加工工艺过程卡

数控加工工艺卡		产品代号		零件名称	材料	零件图号	
					配合件一	45	SKX14
工步号	工步内容	刀具号	刀具规格	主轴转速 n/(r/min)	进给量 f/(mm/min)	背吃刀量 a_p/mm	备注
1	铣削铣削六方体	T01	BT40	400	100	<1	手动
2	粗铣内腔，留 0.2mm 精铣余量	T02	BT40	800	100	1	自动
3	精铣内腔至尺寸要求	T02	BT40	1200	100	0.2	自动
4	粗铣圆弧槽，留 0.2mm 精铣余量	T03	BT40	800	100	1	自动
5	精铣圆弧槽至尺寸要求	T03	BT40	1200	60	0.2	自动
6	钻中心孔	T04	BT40	1000	60		自动
7	钻通孔	T05	BT40	800	100		自动
8	铰孔	T06	BT40	300	50	0.1	自动
9	粗铣侧面轮廓，留 0.2mm 精铣余量	T07	BT40	800	100	1	自动
10	精铣侧面轮廓至尺寸要求	T07	BT40	1200	100	0.2	自动

参照件一加工工序，完成件二数控加工工序卡。

表 3-23　件二数控加工工序卡

工步	工步内容	刀具号	刀具规格/mm	主轴转速/(r/min)	进给速度/(mm/min)	背吃刀量/mm	备注

5. 参考程序（华中数控 HZ）（见表 3-24）

表 3-24　侧面轮廓铣削参考程序

程序段号	加工程序	说　明
%1		侧面加工主程序
N0010	G90 G40 G49 G80	程序初始化设置
N0020	G54 G00 X0 Y0	使用 G54 坐标
N0030	M06 T07	调用 7 号刀(立铣刀 ϕ12mm)
N0040	M08 M03 S800	开切削液，主轴转速为 800r/min
N0050	G00 G43 Z10.2 H7	调用 7 号长度补偿参数
N0060	#1=7	为变量 1 赋值“7”
N0070	#2=80	为变量 2 赋值“80”
N0080	M98 P002 L4	调用子程序 2 粗铣侧面轮廓
N0090	G00 Z6.2	
N0100	G51 X0 Y0 P0.5	
N0110	M98 P003 L6	
N0120	G50	取消缩放
N0130	G00 Z10	指定刀具高度 Z10
N0140	M03 S1200	提高转速
N0150	#1=8	为变量 1 赋值“8”
N0160	#2=100	为变量 2 赋值“100”

（续）

程序段号	加 工 程 序	说　明
N0170	M98 P002	调用子程序 002 精铣侧面轮廓
N0180	G00 Z6	
N0190	G51 X0 Y0 P0.5	
N0200	M98 P003	
N0210	G50	取消缩放
N0220	G00 Z100	返回安全高度
N0230	M30	主程序结束
%2		子程序
N0240	G00 G41 X10 Y25 D[#1]	定位切入起点，并调用 1 号变量半径补偿
N0250	G91 Z-11	相对坐标下降 11mm
N0260	G90 X0 F[#2]	接触到轮廓起点，并调用 2 号变量作为进给速度
N0270	G03 X-12 Y13 R12	铣削侧面轮廓
N0280	G01 Y-13	
N0290	G03 X0 Y-25 R12	
N0300	G01 X10	切出轮廓
N0310	G91 G0 Z10	相对坐标上抬 10mm
N0320	G90 G40 Y25	取消半径补偿并返回程序起点
N0330	M99	子程序结束

注意事项：

1）本次加工任务需手动处理好毛坯到零件外形尺寸，之后的两次装夹对工件 6 个面之间的平行度和垂直度要求较高，否则将影响后续加工的位置精度。上面和侧面的加工需要进行两次装夹，两次运行加工程序，在第二次装夹时，必须使用定位元件来保证 X 坐标的统一，否则将不能保证图样所要求的对称度。

2）在程序运行过程中，必须清楚整个程序运行的所有环节，并时刻与实际运行动作相比对，包括起刀点、进刀点、主轴转速、进给速度、背吃刀量、进给路线等，若有与预期不符的情况，应立刻暂停运行，查明原因。

3）程序校验正确后才能自动进行。

知识拓展

铣削加工的切削用量包括切削速度 v_c、进给速度 v_f、背吃刀量 a_p 和侧吃刀量 a_c。切削用量的选择方法：先选取背吃刀量或侧吃刀量，再确定进给速度，最后确定切削速度。

1. 背吃刀量 a_p、侧吃刀量 a_c

1）工件表面粗糙度要求为 Ra3.2～12.5μm 时，分粗铣、精铣两步加工，粗铣后留 0.5～1.0mm 精铣余量。

2）工件表面粗糙度要求为 Ra0.8～3.2μm 时，可分粗铣、半精铣、精铣三步加工。半精铣

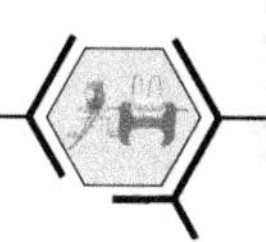

时背吃刀量取 1.5~2mm；精铣时侧吃刀量取 0.2~0.4mm，背吃刀量取 0.3~0.6mm。

2. 进给速度 v_f

进给速度是单位时间内工件与铣刀沿进给方向的相对位移，其单位为 mm/min。它与铣刀转速 n、铣刀齿数 z 及每齿进给量 f_z（单位为 mm/z，参考值见表 3-25）有关，其计算公式为

$$v_f = f_z z n$$

表 3-25　铣刀每齿进给量 f_z 参考值

工件材料	每齿进给量 f_z/(mm/z)			
	粗铣		精铣	
	高速工具钢铣刀	硬质合金铣刀	高速工具钢铣刀	硬质合金铣刀
钢	0.10~0.15	0.10~0.25	0.02~0.05	0.10~0.15
铸铁	0.12~0.20	0.15~0.30		

注：当工件材料的强度、硬度高，表面粗糙度值小，工件或刀具刚性差、强度低时，f_z 取小值。

3. 切削速度

铣削时的切削速度与刀具寿命、每齿进给量 f_z、背吃刀量 a_p、侧吃刀量 a_e 以及铣刀齿数 z 成反比，与铣刀直径成正比。因为当切削刃负荷和切削热增加时，刀具的磨损也急剧增加。铣削时切削速度参考值见表 3-26。

表 3-26　铣削时切削速度参考值

工件材料	硬度(HBW)	切削速度 v_c(m/min)	
		高速工具钢铣刀	硬质合金铣刀
钢	<225	18~42	66~150
	225~325	12~36	54~120
	325~425	6~21	36~75
铸铁	<190	21~36	66~150
	190~260	9~18	45~90
	160~320	4.5~10	21~30

任务评价（见表 3-27）

表 3-27　使用缩放功能及宏程序铣削编程加工评分表

工种	数控铣工	图号	SKX-4-1, SKX-4-2	单位				
定额时间	300min	起始时间		结束时间		总得分		
序号	考核项目	考核内容及要求		配分	评分标准	检测结果	扣分	得分	备注
件一									
1	长度	$60^{+0.03}_{0}$ mm(2 处)	IT	4	超差不得分				
2		(80±0.05) mm (2 处)	IT	4	超差不得分				
3		6mm	IT	2	超差不得分				

（续）

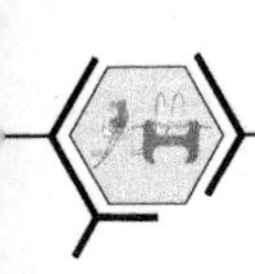

序号	考核项目	考核内容及要求		配分	评分标准	检测结果	扣分	得分	备注
4	高度	(18±0.04)mm	IT	4	超差不得分				
5	深度	3mm	IT	2	超差不得分				
6		4mm	IT	2	超差不得分				
7		$6^{+0.04}_{0}$mm	IT	3	超差不得分				
8		10mm	IT	2	超差不得分				
9	孔	$\phi12^{+0.027}_{0}$mm	IT	4	超差不得分				
10	形状轮廓	R8mm(4处)	IT	4	超差不得分				
		ϕ6mm(2处)	IT	2	超差不得分				
11		ϕ4mm(2处)	IT	2	超差不得分				
12		$\phi12^{+0.027}_{0}$mm	IT	5	超差不得分				
13		R3.5mm(8处)	IT	4	超差不得分				
14		对称度0.02mm	IT	2	超差不得分				
15	表面粗糙度	Ra3.2μm	Ra	2	降级不得分				
件二									
16	长度	$60^{0}_{-0.03}$mm(2处)	IT	4	超差不得分				
17		(80±0.05)mm(2处)	IT	2	超差不得分				
18		(54±0.04)mm(2处)	IT	4	超差不得分				
19		$25^{-0.02}_{-0.08}$mm	IT	2	超差不得分				
20	高度	(18±0.04)mm	IT	2	超差不得分				
21		12mm	IT	2	超差不得分				
22	深度	3mm	IT	2	超差不得分				
23		2mm	IT	1	超差不得分				
24		8mm	IT	2	超差不得分				
25	形状轮廓	R8mm(4处)	IT	4	超差不得分				
26		R5mm(4处)	IT	4	超差不得分				
27		ϕ7mm(2处)	IT	2	超差不得分				
28		ϕ(50±0.02)mm	IT	3	超差不得分				
29		ϕ(24±0.02)mm	IT	3	超差不得分				
30		R6mm(2处)	IT	2	超差不得分				
31		对称度0.02mm	IT	2	超差不得分				
32		同轴度0.02mm(2处)	IT	2	超差不得分				
33	孔	$\phi12^{+0.027}_{0}$mm	IT	3	超差不得分				
34	表面粗糙度	Ra3.2μm	Ra	2	降级不得分				
35	技术要求	锐边去毛刺		4	未做不得分				

（续）

序号	考核项目	考核内容及要求	配分	评分标准	检测结果	扣分	得分	备注
36	其他项目	工件须完整，局部无缺陷（如夹伤等）					扣分不超过 5 分	
37	程序编制	程序中有严重违反工艺者取消考试资格，其他视情况酌情扣分					扣分不超过 5 分	
38	加工时间	每超过 10min 扣 5 分						
39	安全生产	按国家颁布的有关规定					每违反一项从总分中扣 10 分	
40	文明生产	按单位规定					每违反一项从总分中扣 2 分	
记录员			监考员		检评员		复核员	

课后练习

完成本任务中件二数控加工工序卡的编制，将数据填入表 3-23。

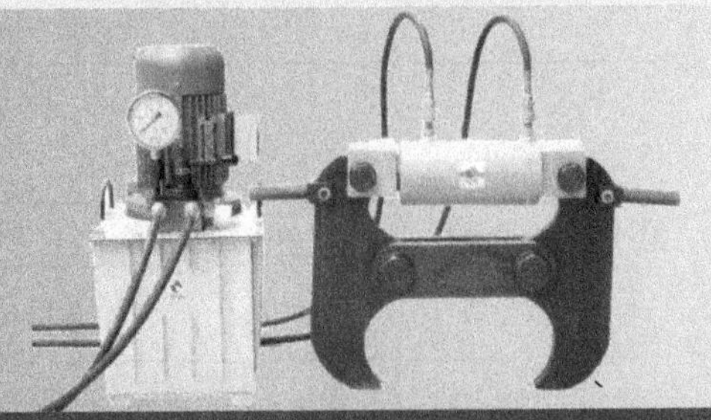

项目四

数控铣加工自动编程

项目描述

本项目以安装华中世纪星数控系统的数控铣床为例，使用 CAXA 制造工程师软件对具有外轮廓、型腔、孔、岛屿等典型形状的零件进行数控铣削加工训练。通过学习应掌握中等复杂程度零件的自动编程方法和编程技巧，完成中等复杂程度零件的加工和质量控制。

任务　CAXA 数控铣两轴半加工实例

学习目标

掌握 CAXA 制造工程师 2011 软件生成加工程序的整个过程。

能力目标

1）能够熟练运用两轴半加工方式及刀具轨迹生成方法。

2）能够生成 G 代码，并将其传送至机床。

3）掌握数控铣床自动编程加工零件的步骤。

任务描述

生成图 4-1 所示零件的粗、精加工轨迹，生成 G 代码，并将其传送至数控铣床，然后对零件进行加工。该零件三维建模如图 4-2 所示。

知识链接

一、CAXA 数控加工的基本过程

1）看懂图样，用曲线、曲面和实体表达工件。

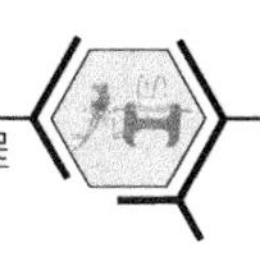

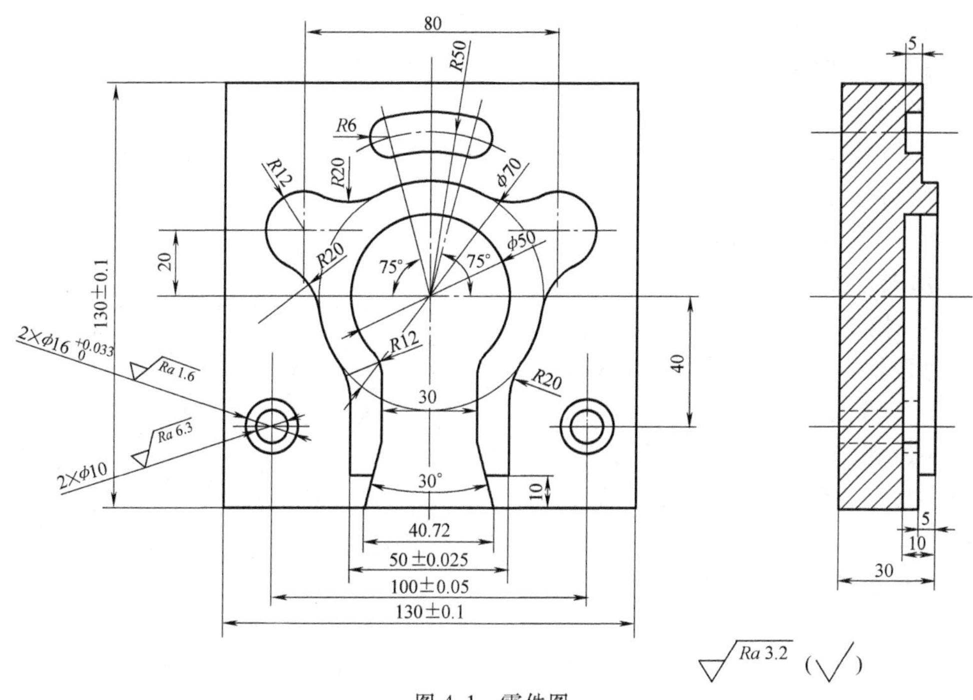

图 4-1　零件图

2）根据工件形状，选择合适的加工方式，生成刀具轨迹。

3）在后置设置里配置好机床。

4）生成 G 代码，并将其传送至机床。

图 4-2　三维建模

二、CAXA 数控铣削可实现的铣削加工

（1）两轴加工　机床坐标系的 X 轴和 Y 轴两轴联动，而 Z 轴固定，即机床在同一高度下对工件进行切削。两轴加工适合铣削平面图形。

（2）两轴半加工　在两轴的基础上增加了 Z 轴的移动，当机床坐标系的 X 轴和 Y 轴固定时，Z 轴可以上下移动。利用两轴半加工可以实现分层铣削，每层在同一高度上进行两轴加工，层间有 Z 向的移动。

（3）三轴加工　机床坐标系的 X、Y 和 Z 三轴联动。三轴加工适合加工各种非平面图形，即一般的曲面加工。

三、数控铣削加工方法

1. 轮廓、区域与岛的关系

轮廓用来界定被加工区域或被加工的图形本身。如果轮廓是用来界定被加工区域的，

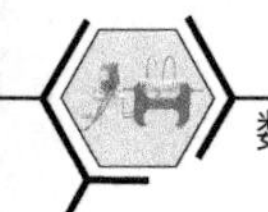

则要求指定的轮廓是闭合的；如果是加工的轮廓本身，则轮廓可以不闭合。

区域是由外轮廓和内轮廓所围成的中间部分区域。其中，外轮廓用来界定区域的外部边界，内轮廓用来界定加工区域的内部边界。

岛屿是由内轮廓所围成的区域，由内轮廓来界定其边界。岛屿用来屏蔽区域内不需要加工或要保留的部分。

轮廓、区域和岛屿的关系如图 4-3 所示。

2. 加工方法

CAXA 制造工程师 2011 软件提供了很多种两轴半加工方法，如平面区域粗加工、区域式粗加工、等高线粗加工、等高线粗加工 2、插铣式粗加工、摆线式粗加工、导动线粗加工、平面轮廓精加工、轮廓导动精加工、轮廓线精加工、等高线精加工等。以下仅介绍常用的几种。

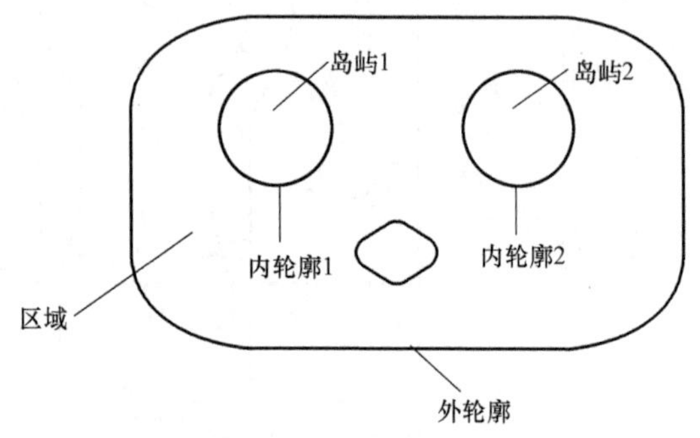

图 4-3　轮廓、区域和岛屿的关系

（1）区域式粗加工　根据给定的轮廓和岛屿，生成分层的加工轨迹。只要加工深度一致，就可以同时选择多个轮廓，多个岛屿。区域式粗加工适用于直壁、平底件的粗加工。

（2）平面区域粗加工　平面区域粗加工与区域式粗加工类似，用于生成区域中间有岛屿的平面加工轨迹。所不同的是，平面区域粗加工只能选择一个轮廓（即单一平面区域），可以无岛屿或有多个岛屿。该功能支持轮廓和岛屿的分别清根设置，可以单独设置各自的余量、补偿和上下刀信息。平面区域粗加工主要应用于铣削平面和槽，可以指定拔模斜度。

（3）平面轮廓精加工　平面轮廓精加工是生成沿加工平面轮廓方向的加工轨迹，只能选择一个轮廓，需要指定进、退刀点。如图 4-4 所示，通过选择箭头方向来实现内轮廓

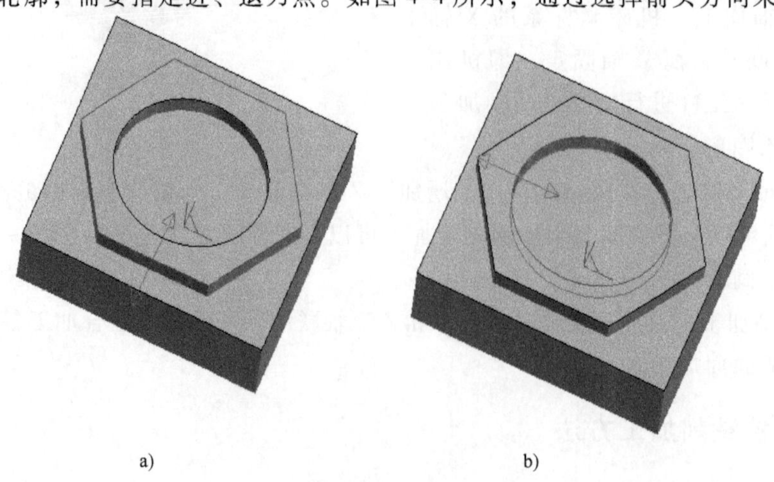

a)　　b)

图 4-4　平面轮廓精加工箭头方向选择

a）精加工外轮廓　b）精加工内轮廓

或外轮廓的精加工，若是精加工外轮廓，则单击指向轮廓外侧的箭头方向（图 4-4a）；若是精加工内轮廓，则单击指向轮廓内侧的箭头方向（图 4-4b）。此方法主要用于加工外形及槽，可以指定拔模斜度。

（4）轮廓线精加工　此方法用于直臂零件的精加工。当加工深度一致时，可以同时选择多个轮廓，无需指定进、退刀点，通过设定加工参数中“偏移类型”和“偏移方向”，配合拾取轮廓时的链搜索方向来实现内轮廓或外轮廓的加工。

（5）孔加工　孔加工有多种方法，其操作步骤为：单击主菜单中的“加工”→“其他加工”→“孔加工”。当采用钻孔循环钻深孔时，钻孔方式为啄式钻孔。如图 4-5 所示，加工参数中的“工件平面”是指钻孔平面的 Z 坐标值；“钻孔深度”是指从钻孔平面开始到钻孔终点的 Z 向距离，为正值。

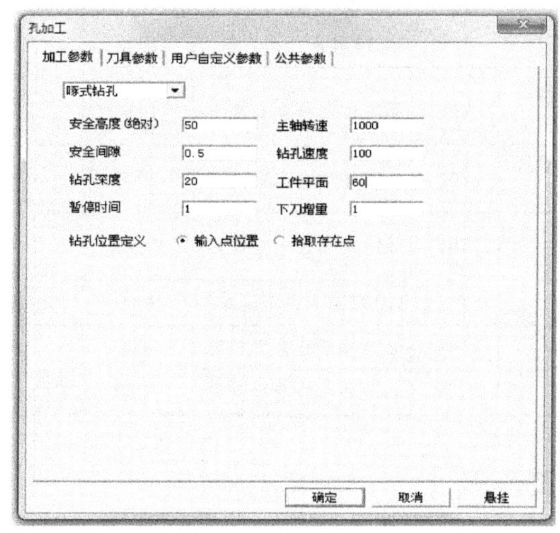

图 4-5　钻孔参数

一、工艺分析

1. 装夹方案

图 4-1 所示零件的毛坯为正方形板料，以毛坯底面、侧面定位，采用机用平口钳装夹。

2. 工件坐标系原点

工件坐标系原点选在零件上表面中心处。

3. 加工方案

该零件由外形凸台、内腔、沉孔、槽等组成。外形凸台和内腔的表面粗糙度值为 $Ra3.2\mu m$，加工余量较大，要分粗、精铣，粗加工有平面区域粗加工和区域式粗加工两种方法可供选用，精加工采用平面轮廓精加工方法；两组沉孔中的 $\phi10mm$ 小孔尺寸为自由

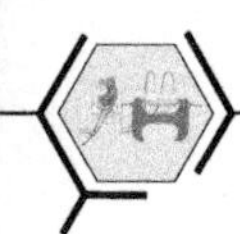

公差、表面粗糙度值为 $Ra6.3\mu m$，采用钻削方法加工；ϕ16mm 孔有公差要求（IT8 级），表面粗糙度值为 $Ra1.6\mu m$，但由于加工余量较小，可一次加工完成，通过合理选用切削用量保证加工精度，选用轮廓线精加工；R6mm 槽加工余量较小，选用平面轮廓精加工方法，一次加工完成。

二、加工过程及参数（见表 4-1）

表 4-1　加工过程及参数

数控加工工序卡			产品代号	零件名称		材料	零件图号	
						45 钢	SKX-1	
工步号	工步内容	刀具号	刀具规格/mm	主轴转速/(r/min)	进给速度/(mm/min)	背吃刀量/mm	备注	
1	粗铣外形凸台，留 1mm 精铣余量	T01	ϕ10 硬质合金立铣刀	1000	70	2.5	自动	
2	粗铣内腔，留 1mm 精铣余量	T01	ϕ10 硬质合金立铣刀	1000	70	2.5	自动	
3	精铣外形凸台至图样规定尺寸	T01	ϕ10 硬质合金立铣刀	2000	150	5	手动	
4	精铣内腔至图样规定尺寸	T01	ϕ10 硬质合金立铣刀	2000	150	5	自动	
5	钻两处 ϕ10mm 孔	T02	ϕ10 高速工具钢麻花钻	2000	80	5	自动	
6	铣两处 ϕ16mm 沉孔	T01	ϕ10 硬质合金立铣刀	1000	150	2.5	自动	
7	铣槽	T01	ϕ10 硬质合金立铣刀	1000	150	2.5	自动	

三、刀具轨迹生成步骤

1. 进行实体造型

实体造型如图 4-2 所示。

2. 绘制加工辅助线

单击“相关线”按钮，在立即菜单中选择“实体边界”，拾取凸台、内腔、孔、槽的边界线，所绘制的加工辅助线如图 4-6 所示。

图 4-6　绘制加工辅助线

3. 设置毛坯

单击屏幕左下角的“加工管理”按钮 加工管理，在出现的加工管理窗口中双击“毛坯”图标 毛坯，出现如图 4-7 所示的“定义毛坯”对话框，在“毛坯定义”单选框内选择“参照模型”选项，单击 参照模型 按钮，屏幕中出现如图 4-8 所示的毛坯位置和几何形状，单击“确定”按钮结束。

4. 建立加工坐标系

单击“创建坐标系”按钮，在弹出的立即菜单中选择“单点”，按“Enter”键，

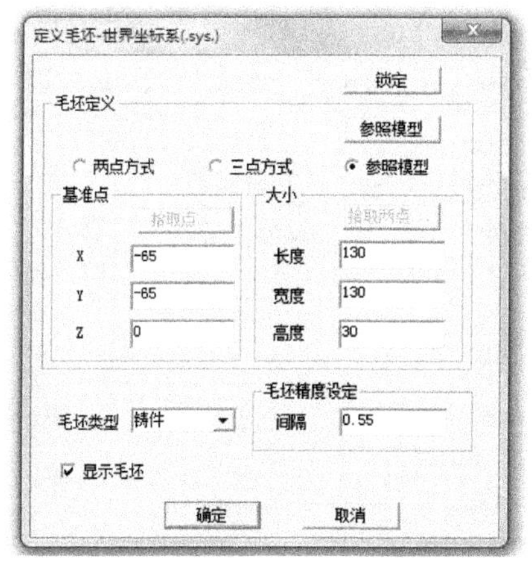

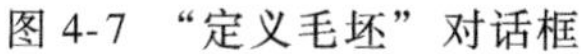
图 4-7　“定义毛坯”对话框

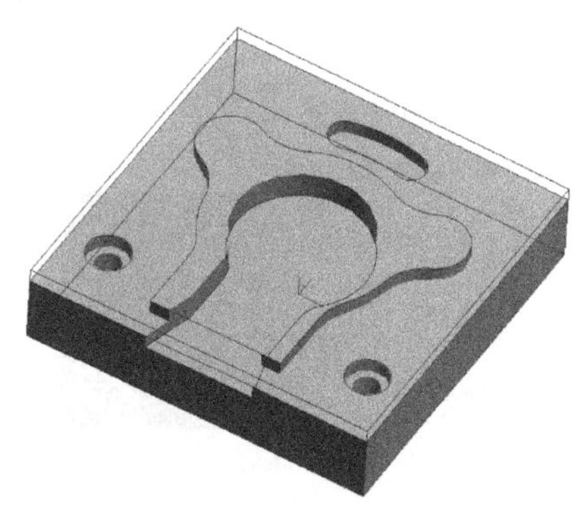
图 4-8　毛坯显示

键入“0，0，30”（即把坐标系建在零件上表面中心），按“Enter”键结束。根据状态栏提示，输入坐标系名称“gjzbx”，按“Enter”键结束。

5. 生成加工轨迹

按加工顺序选择加工方法，填写加工参数，生成加工轨迹。

（1）生成凸台的粗加工轨迹　单击主菜单中“加工”→“粗加工”→“平面区域粗加工”按钮，按图 4-9a 所示设置“加工参数”选项卡，按图 4-9b 所示设置“下刀方式”选项卡，按图 4-9c 所示设置“切削用量”选项卡，按图 4-9d 所示设置“公共参数”选项卡，按图 4-9e 所示设置“刀具参数”选项卡，设置完成后单击“确定“按钮。按状态栏提示拾取轮廓（矩形）→拾取任一指向的箭头→拾取岛屿（凸台轮廓），最后生成如图 4-9f 所示的加工轨迹。

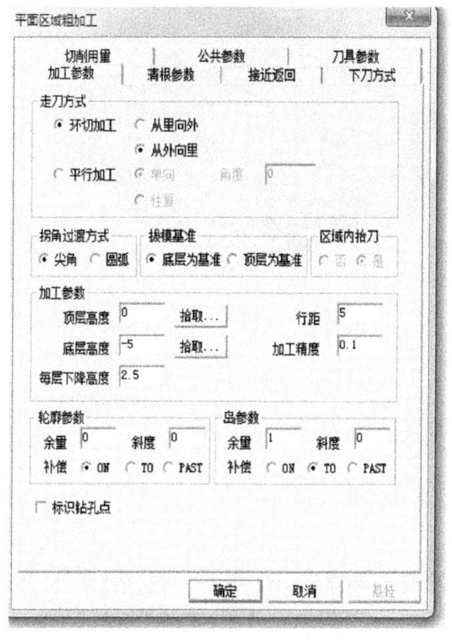

a)

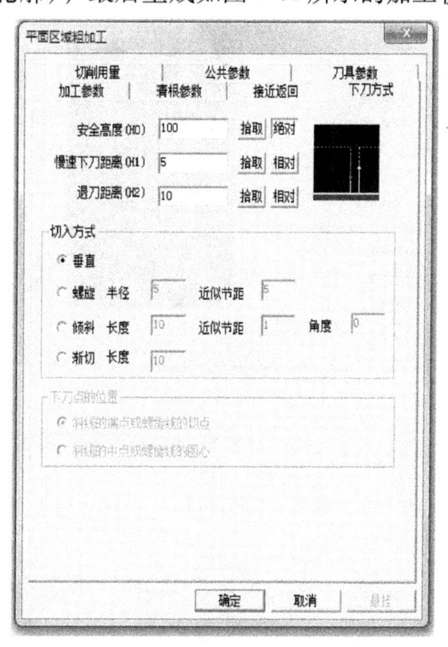

b)

图 4-9　凸台平面区域粗加工参数设置及刀具轨迹

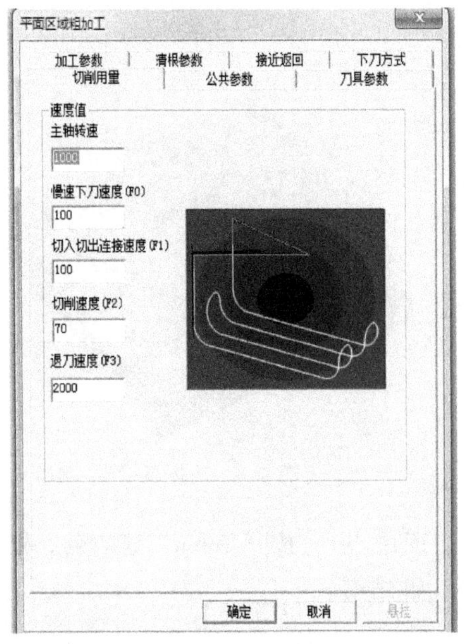

c)

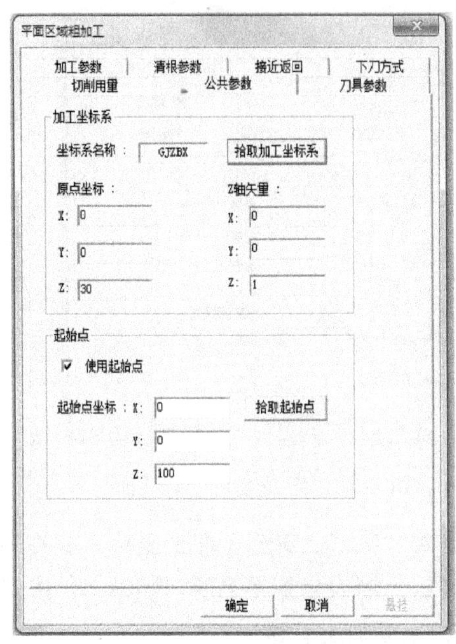

d)

平面区域粗加工
加工参数 清根参数 接近返回 下刀方式
切削用量 公共参数 刀具参数
刀具库：fanuc 共 7 把刀具
增加刀具 编辑刀具

类 型	刀具名	刀具号	刀具半径R	刀角半径r	刀刃长度l
铣刀	B5	1	5.	5.	40.
铣刀	D10	2	5.	0.	40.

预览刀具
类 型 铣刀
刀 具 名 D10
刀 具 号 2
刀具补偿号 2
刀具半径 R 5
刀角半径 r 0
刀柄半径 b 6
刀尖角度 a 120
刀刃长度 l 40
刀柄长度 h 20
刀具全长 L 80
确定 取消 悬挂

e)

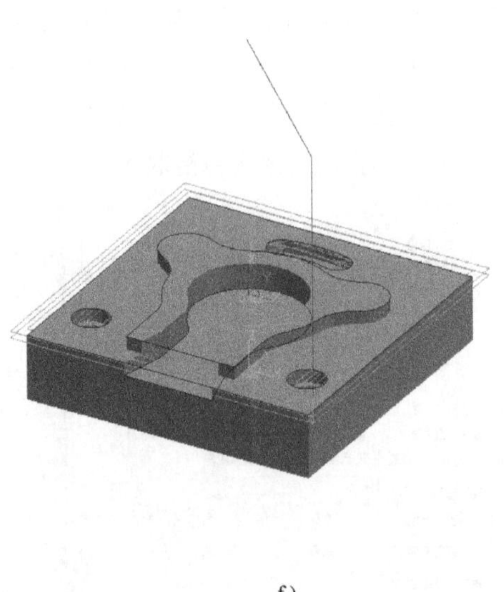

f)

图 4-9 凸台平面区域粗加工参数设置及刀具轨迹（续）

注：图 4-9a 将轮廓参数补偿设为“ON”，即让刀具轨迹与轮廓重合（无刀具补偿），这样可以使轮廓边界有较好的加工效果。

（2）生成内腔的粗加工轨迹 单击主菜单中的“加工”→“粗加工”→“平面区域粗加工”按钮，按图 4-10a 所示设置“加工参数”选项卡，按图 4-10b 所示设置“下刀方式”选项卡，按图 4-10c 所示设置“切削用量”选项卡，按图 4-10d 所示设置“公共参数”选项卡，按图 4-10e 所示设置“刀具参数”选项卡，设置完成后单击“确定”按钮。按

状态栏提示拾取轮廓（内腔轮廓线）→拾取任一指向的箭头→右击（没有岛屿），最后生成如图 4-10f 所示的加工轨迹。

（3）生成凸台的精加工轨迹　单击主菜单中的“加工”→“精加工”→“平面轮廓精加工”按钮，按图 4-11a 所示设置“加工参数”选项卡，按图 4-11b 所示设置“切削用量”选项卡，按图 4-11c 所示设置“公共参数”选项卡，按图 4-11d 所示设置“刀具参数”选项卡，设置完成后单击“确定”按钮。拾取凸台轮廓→拾取任一指向的箭头→拾取指向凸台外侧的箭头→拾取进刀点→拾取退刀点→右击，最后生成如图 4-11e 所示的加工轨迹。

平面区域粗加工
切削用量　公共参数　刀具参数
加工参数　清根参数　接近返回　下刀方式
走刀方式
环切加工　从里向外　从外向里
平行加工　单向　角度 0　往复
拐角过渡方式　尖角　圆弧
拔模基准　底层为基准　顶层为基准
区域内抬刀　否　是
加工参数
顶层高度 0　拾取...　行距 5
底层高度 -10　拾取...　加工精度 0.1
每层下降高度 2.5
轮廓参数　余量 1　斜度 0　补偿 ON TO PAST
岛参数　余量 0　斜度 0　补偿 ON TO PAST
标识钻孔点
确定　取消　悬挂

a)

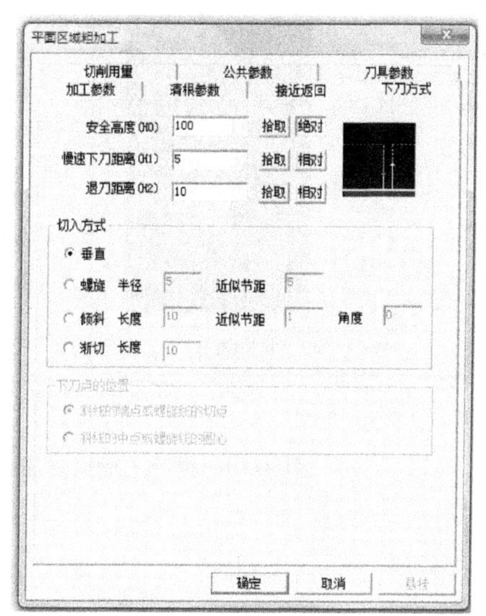

b)

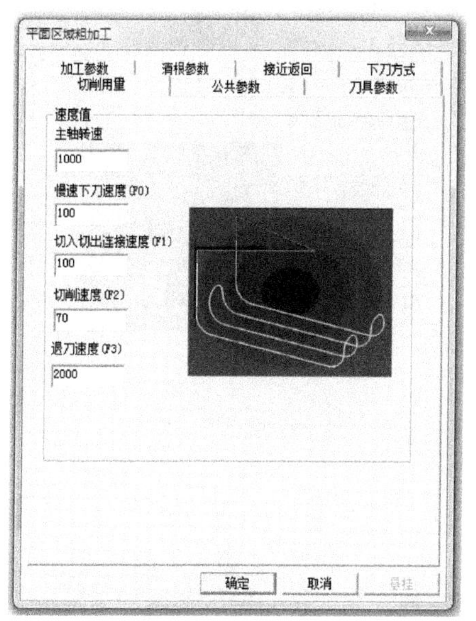

c)

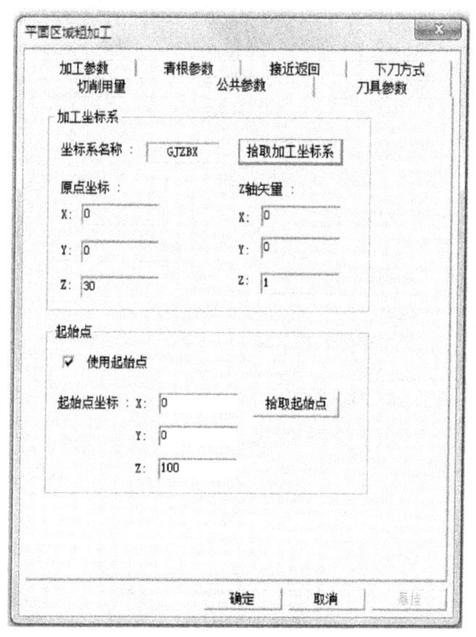

d)

图 4-10　内腔平面区域粗加工参数设置及刀具轨迹

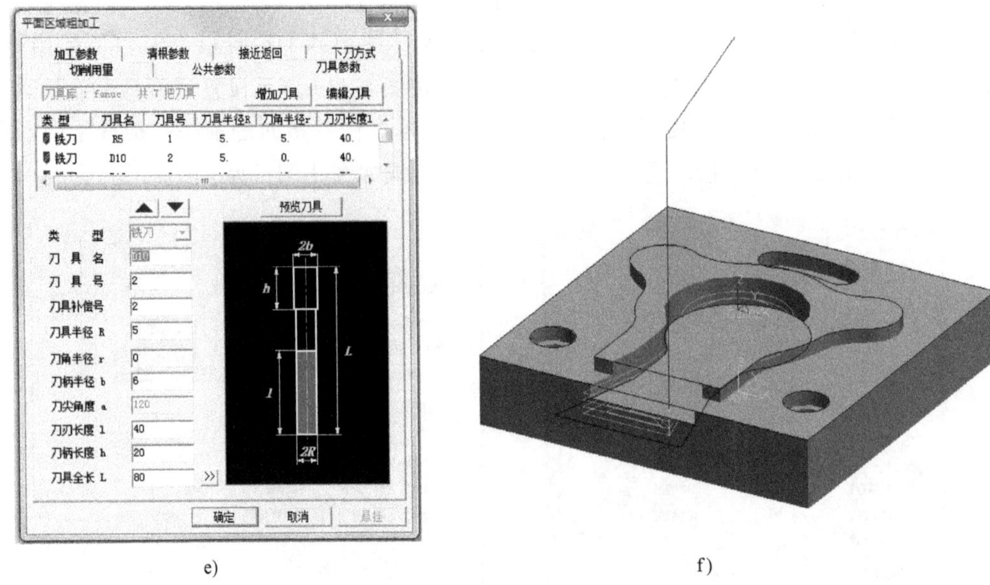

e)　　f)

图 4-10　内腔平面区域粗加工参数设置及刀具轨迹（续）

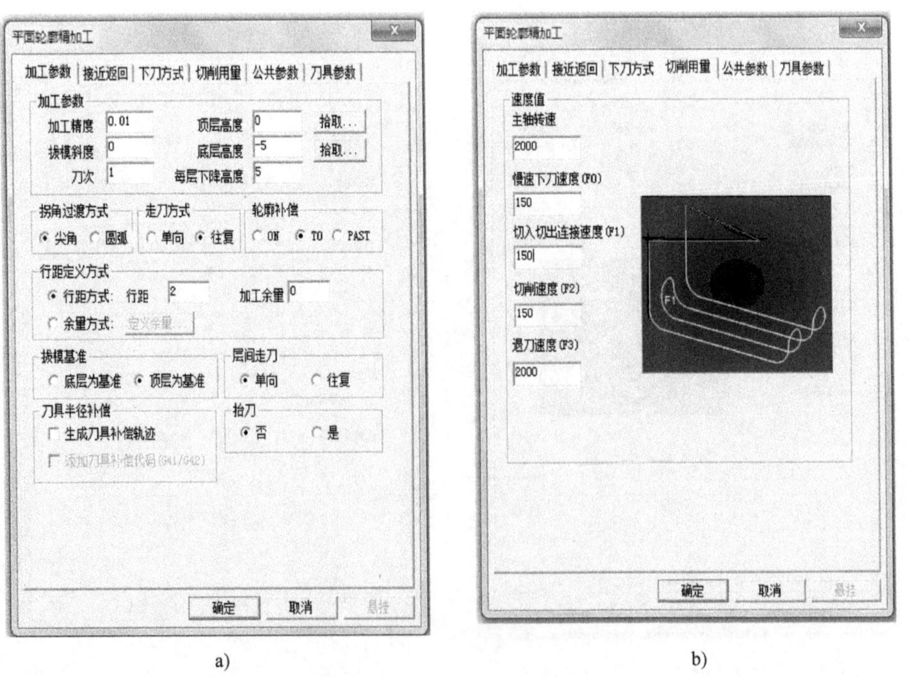

a)　　b)

图 4-11　凸台平面轮廓精加工参数设置及刀具轨迹

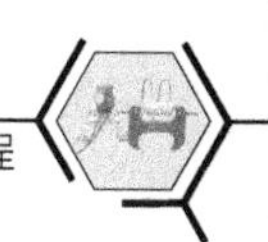

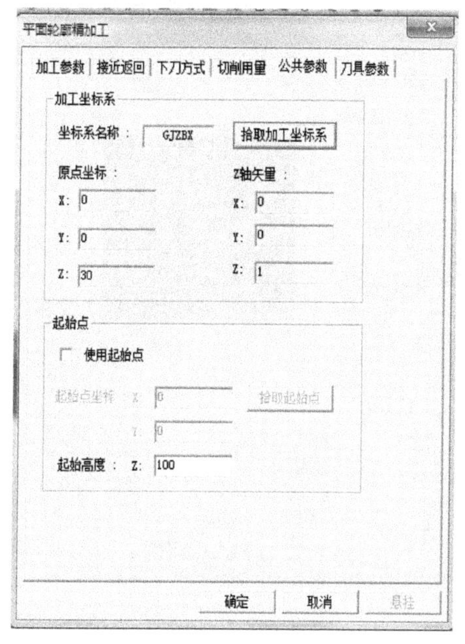

c)

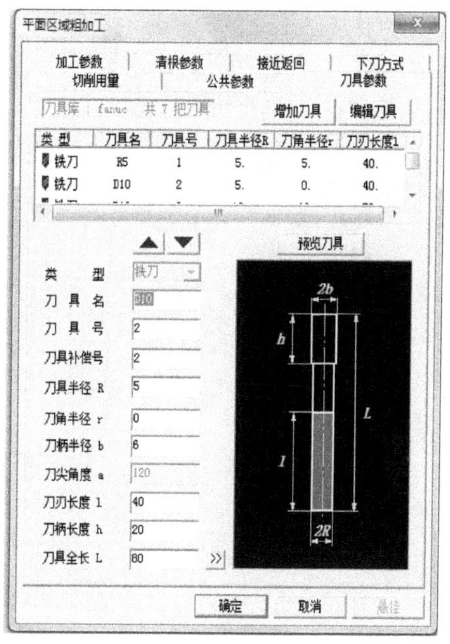

d)

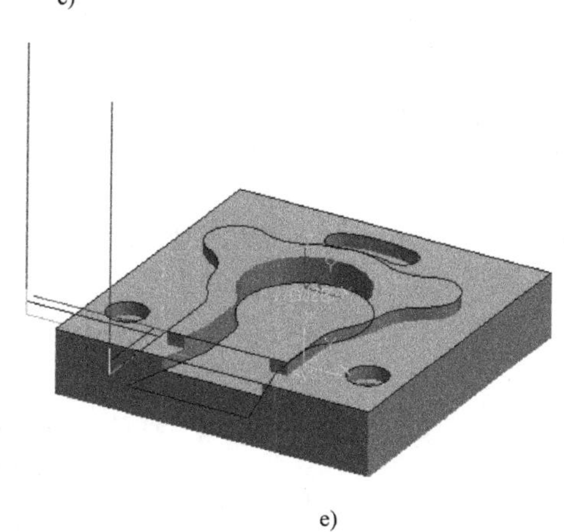

e)

图 4-11　凸台平面轮廓精加工参数设置及刀具轨迹（续）

（4）生成内腔的精加工轨迹　单击主菜单中的“加工”→“精加工”→“平面轮廓精加工”按钮，按图 4-12a 所示设置“加工参数”选项卡，按图 4-12b 所示设置“切削用量”选项卡，按图 4-12c 所示设置“公共参数”选项卡，按图 4-12d 所示设置“刀具参数”选项卡，设置完成后单击“确定”按钮。拾取内腔轮廓→拾取任一指向的箭头→拾取指向内腔内侧的箭头→拾取进刀点→拾取退刀点→右击，最后生成如图 4-12e 所示的加工轨迹。

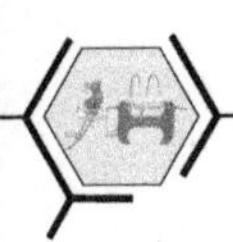

a)

b)

c)

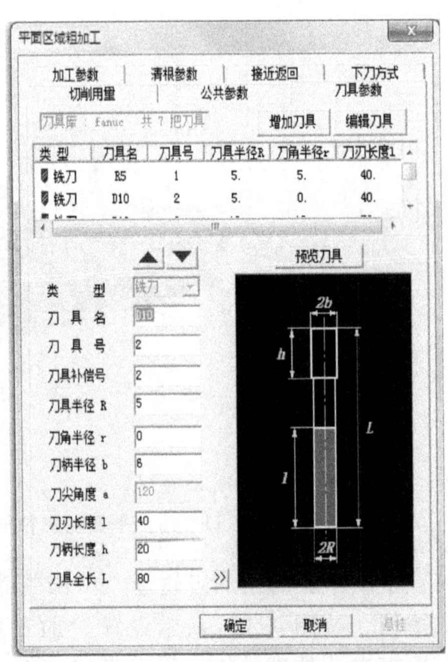

d)

图 4-12　内腔平面轮廓精加工参数设置及刀具轨迹

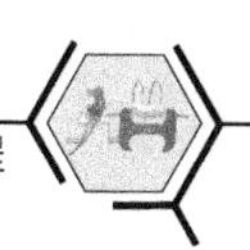

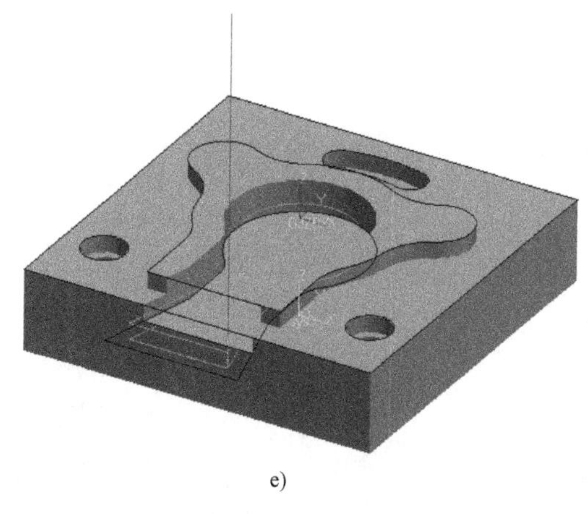

e)

图 4-12　内腔平面轮廓精加工参数设置及刀具轨迹（续）

（5）生成两个 ϕ10mm 孔的加工轨迹　单击主菜单中的“加工”→“其他加工”→“孔加工”按钮，按图 4-13a 所示设置“加工参数”选项卡，按图 4-13b 所示设置“刀具参数”选项卡，按图 4-13c 所示设置“公共参数”选项卡，设置完成后单击“确定”按钮。依次拾取两个 ϕ10mm 孔中心→右击，最后生成如图 4-13d 所示的加工轨迹。

（6）生成两个 ϕ16mm 孔的加工轨迹　单击主菜单中的“加工”→“精加工”→“轮廓线精加工”按钮，按图 4-14a 所示设置“加工参数”选项卡，按图 4-14b 所示设置“切削用量”选项卡，按图 4-14c 所示设置“加工边界”选项卡，按图 4-14d 所示设置“公共参数”选项卡，按图 4-14e 所示设置“刀具参数”选项卡，设置完成后单击“确定”

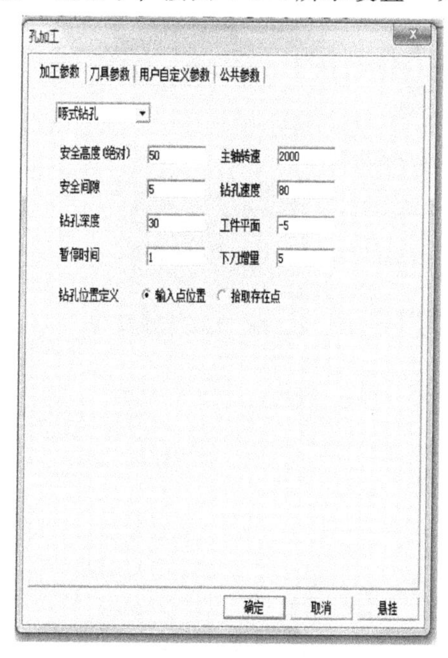

a)

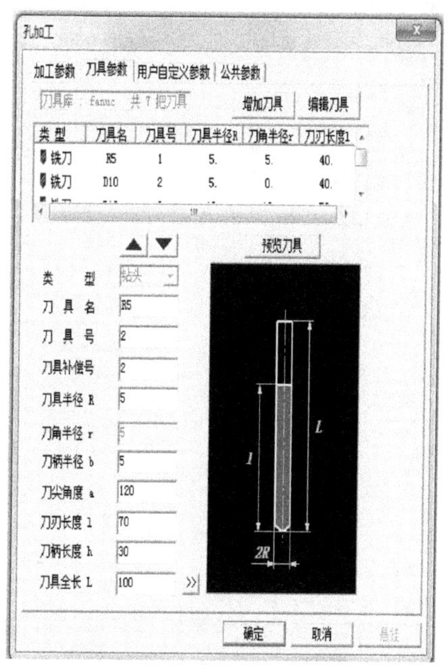

b)

图 4-13　ϕ10mm 孔钻孔加工参数设置及刀具轨迹

c)　　　　　　　　　　　　　　d)

图 4-13　ϕ10mm 孔钻孔加工参数设置及刀具轨迹（续）

按钮。拾取其中一个 ϕ16mm 孔的轮廓线→拾取顺时针方向箭头→拾取另一个 ϕ16mm 孔的轮廓线→拾取顺时针方向→右击，最后生成如图 4-14f 所示的加工轨迹。

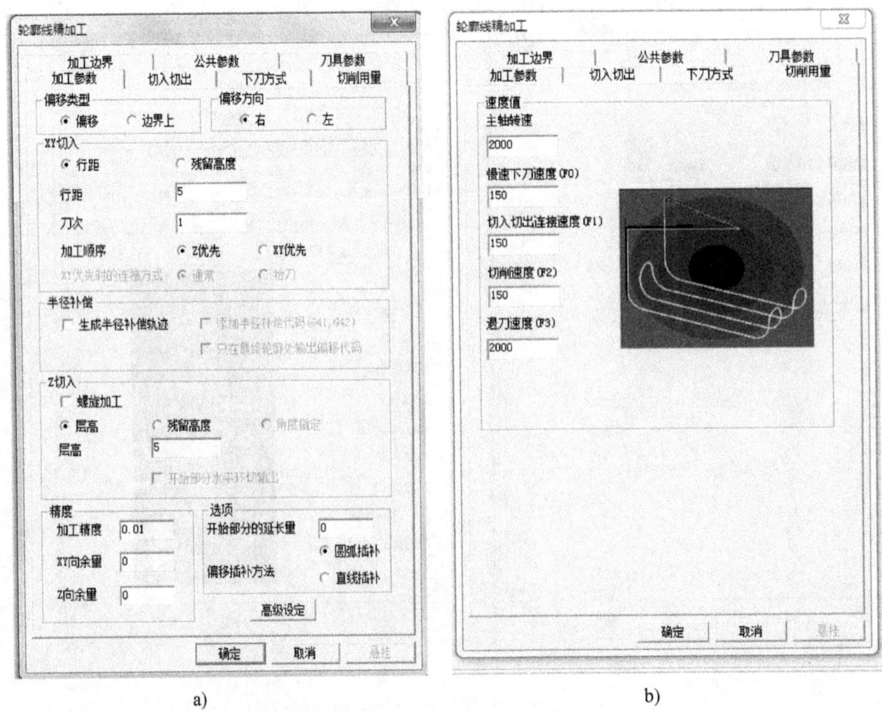

a)　　　　　　　　　　　　　　b)

图 4-14　ϕ16mm 孔轮廓线精加工参数设置及刀具轨迹

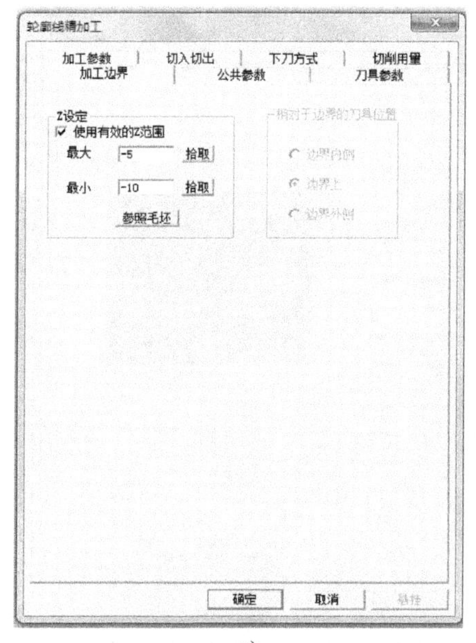

c)

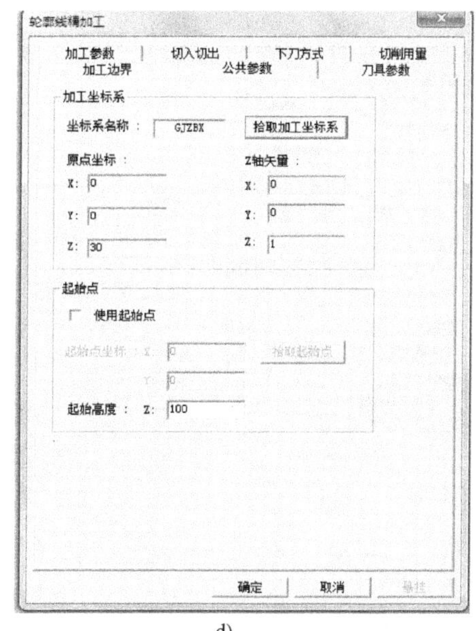

d)

e)

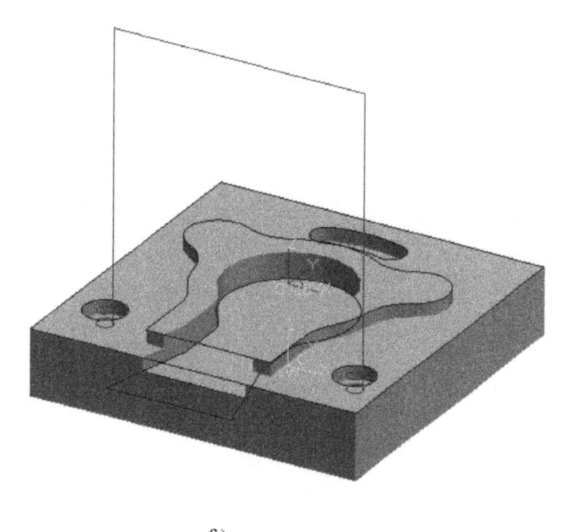

f)

图 4-14 ϕ16mm 孔轮廓线精加工参数设置及刀具轨迹（续）

（7）生成槽的加工轨迹 单击主菜单中的“加工”→“精加工”→“平面轮廓精加工”按钮，按图 4-15a 所示设置“加工参数”选项卡，按图 4-15b 所示设置“切削用量”选项卡，按图 4-15c 所示设置“公共参数”选项卡，按图 4-15d 所示设置“刀具参数”选项卡，设置完成后单击“确定”按钮。拾取内腔轮廓→拾取任一指向的箭头→拾取指向槽内侧的箭头→右击（默认系统定的进刀点）→右击（默认系统定的退刀点）→右击，最后生成如图 4-15e 所示的加工轨迹。

a)

b)

c)

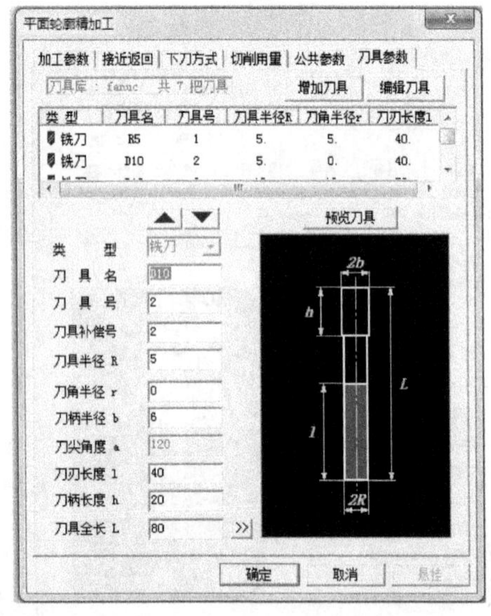

d)

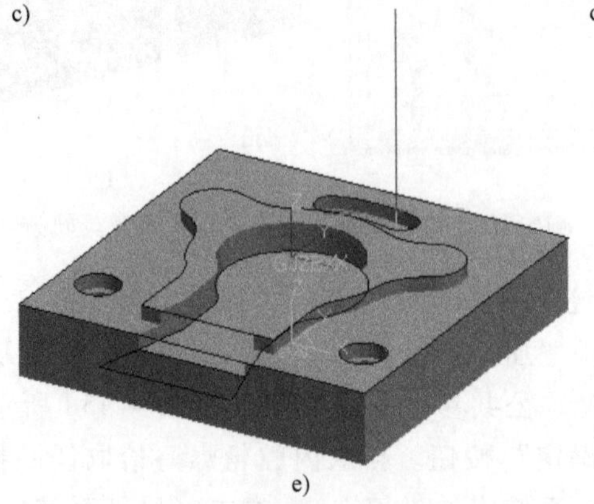

e)

图 4-15　槽平面轮廓精加工参数设置及刀具轨迹

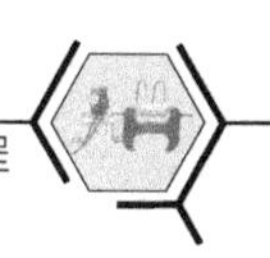

四、仿真加工

1）单击主菜单中的“加工”→“实体仿真”→拾取刀具轨迹（如图 4-16 所示，在加工轨迹树上点选刀具轨迹）→右击，稍等即自动切换到图 4-17 所示的“CAXA 轨迹仿真”窗口。

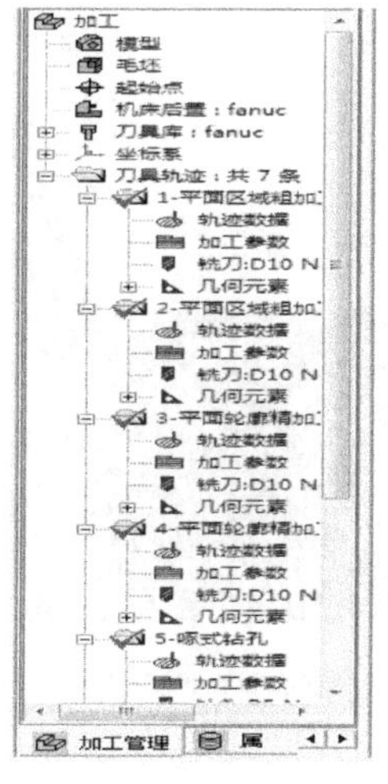

图 4-16　加工轨迹树

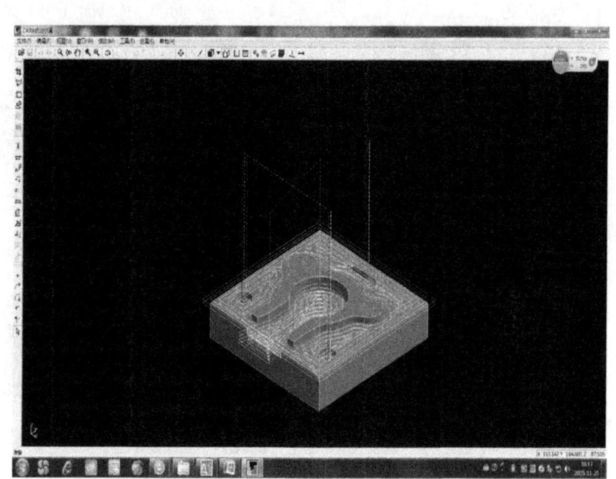

图 4-17　“CAXA 轨迹仿真”窗口

2）单击“仿真加工”图标，弹出图 4-18 所示的“仿真加工”对话框→单击“播放”按钮，开始仿真加工，仿真加工结果如图 4-19 所示。

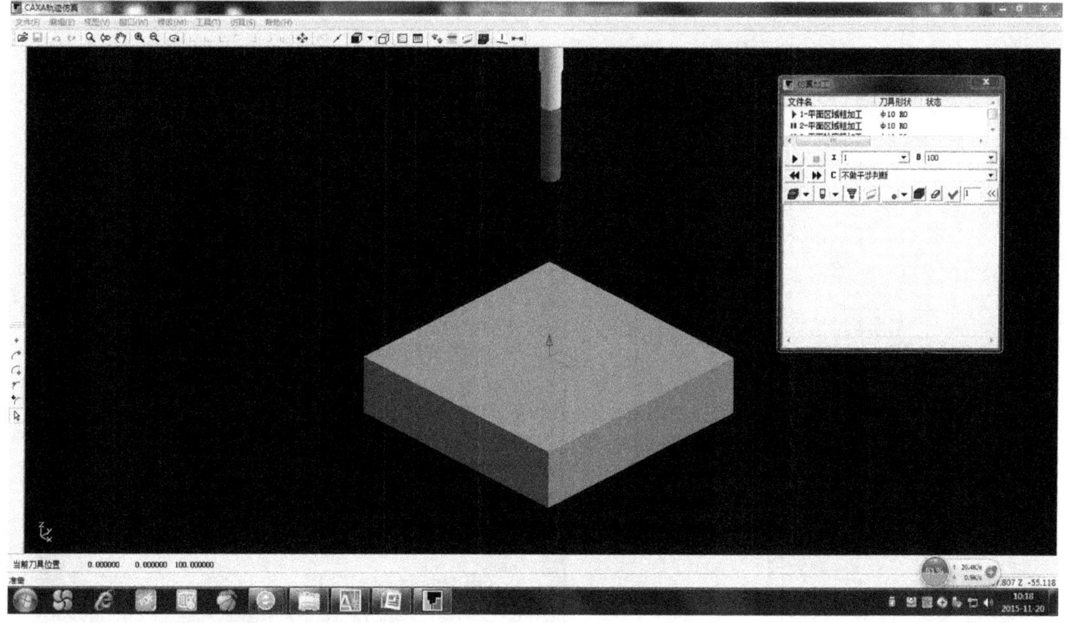

图 4-18　“仿真加工”对话框

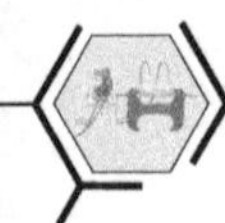

3）单击主菜单中的“文件”→“退出”，回到初始工作界面。

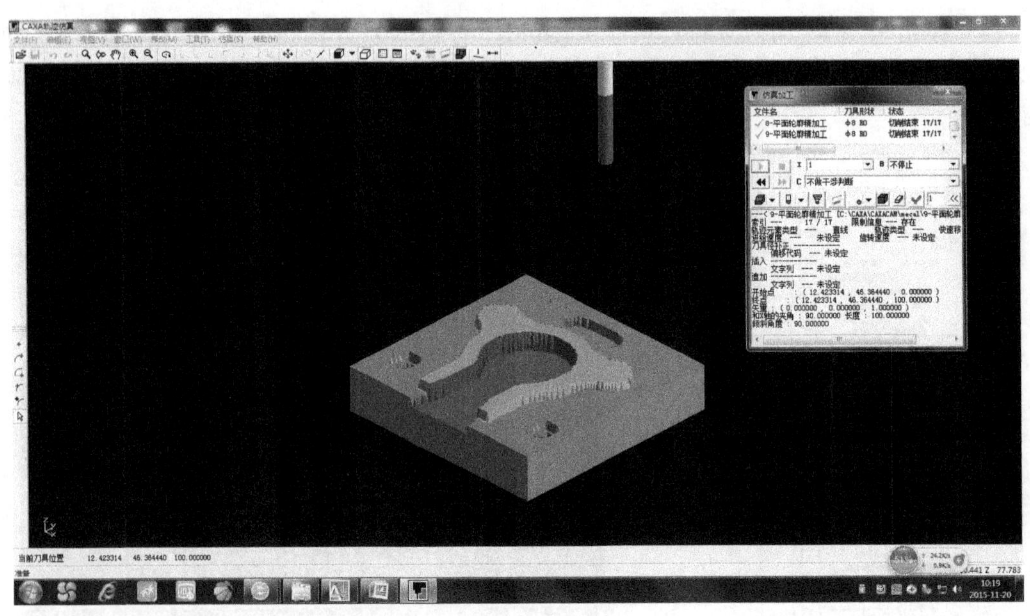

图 4-19　仿真加工结果

五、生成 G 代码

在图 4-20 所示加工轨迹树窗口中勾选需要生成 G 代码的加工轨迹，然后单击主菜单中的“加工”→“后置处理”→“生成 G 代码”→弹出如图 4-21 所示的对话框，选择数控系统“huazhong”→单击“确定”→继续拾取刀具轨迹→右击，生成的 G 代码如图 4-21 所示。根据实际情况修改程序开头和结束部分，修改后如图 4-22 所示。

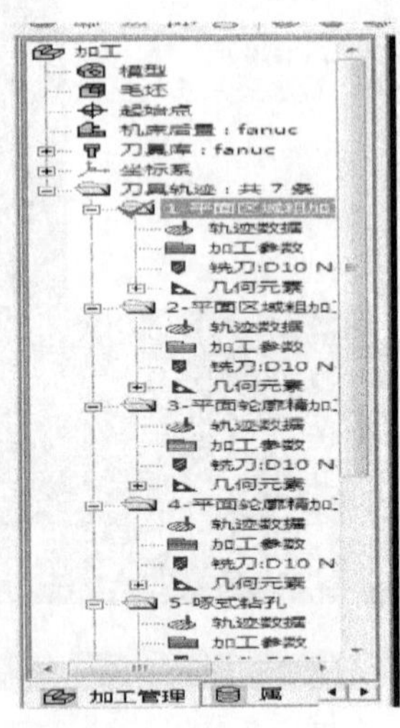

图 4-20　加工轨迹树窗口

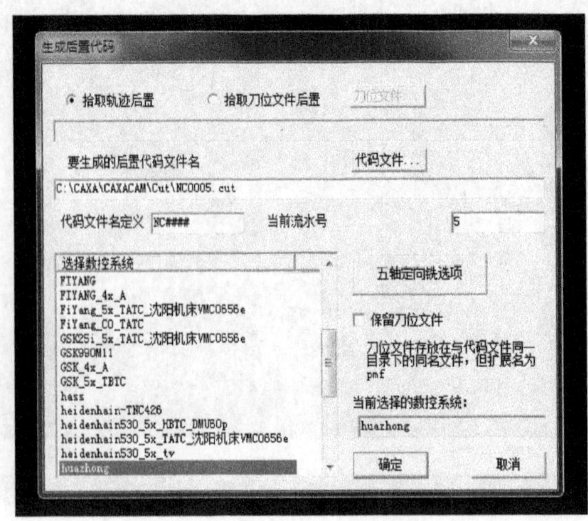

图 4-21　“生成后置代码”对话框

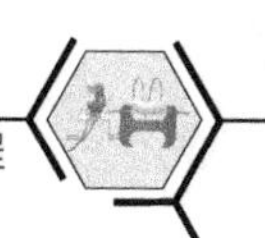

```
NC0005 - 记事本
文件(F) 编辑(E) 格式(O) 查看(V) 帮助(H)
%0005
N10 T2 M6
N12 G90 G54 G0 X0. Y0. S1000 M03
N14 G43 H2 Z100. M07
N16 X70. Y-70.
N18 Z2.5
N20 G01 Z-2.5 F100
N22 X-70. F32
N24 Y70.
N26 X70.
N28 Y-70.
N30 X65. Y-65.
N32 X-65.
N34 Y65.
N36 X65.
N38 Y-65.
N40 X60. Y-60.
N42 X31.
N44 Y-31.623
N46 G17 G02 X33.545 Y-23.573 I14. J0.
N48 G03 X40.494 Y-6.423 I-33.545 J23.573
N50 G02 X48.055 Y3.903 I13.827 J-2.193
N52 G03 X31.956 Y36.103 I-8.055 J16.097
N54 G02 X19.158 Y36.249 I-6.257 J12.524
N56 G03 X-19.158 I-19.158 J-36.249
N58 G02 X-31.956 Y36.103 I-6.542 J12.378
N60 G03 X-48.055 Y3.903 I-8.044 J-16.103
```

图 4-22 生成的 G 代码

```
NC0005 - 记事本
文件(F) 编辑(E) 格式(O) 查看(V) 帮助(H)
%0005
N12 G90 G54 G0 X0. Y0. S1000 M03
N14 G43 H2 Z100. M07
N16 X70. Y-70.
N18 Z2.5
N20 G01 Z-2.5 F100
N22 X-70. F32
N24 Y70.
N26 X70.
N28 Y-70.
N30 X65. Y-65.
N32 X-65.
N34 Y65.
N36 X65.
N38 Y-65.
N40 X60. Y-60.
N42 X31.
N44 Y-31.623
N46 G17 G02 X33.545 Y-23.573 I14. J0.
N48 G03 X40.494 Y-6.423 I-33.545 J23.573
N50 G02 X48.055 Y3.903 I13.827 J-2.193
N52 G03 X31.956 Y36.103 I-8.055 J16.097
N54 G02 X19.158 Y36.249 I-6.257 J12.524
N56 G03 X-19.158 I-19.158 J-36.249
N58 G02 X-31.956 Y36.103 I-6.542 J12.378
N60 G03 X-48.055 Y3.903 I-8.044 J-16.103
N62 G02 X-40.494 Y-6.423 I-6.265 J-12.52
```

图 4-23 修改后的 G 代码

六、程序传送至数控铣床

将 CAXA 制造工程师 2011 软件生成的 G 代码文件传送至华中数控铣床的步骤如下：

按机床面板上的“F7”键→根据提示，按编程软键盘上的“Y”键（图 4-24）→进入等待传输的状态→按图 4-25 所示步骤在 CAXA 制造工程师 2011 上进行操作，找到代码文件后单击“确定”，等待提示“发送文件结束”→转回机床操作，按“X”键退出等待传输状态→按图 4-26 所示步骤导入所接收的程序（文件名必须以字母“O”开头，且与 G

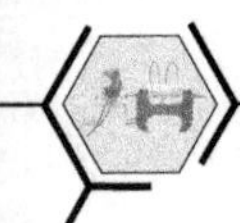

代码文件名一致，加扩展名“.cut”）。

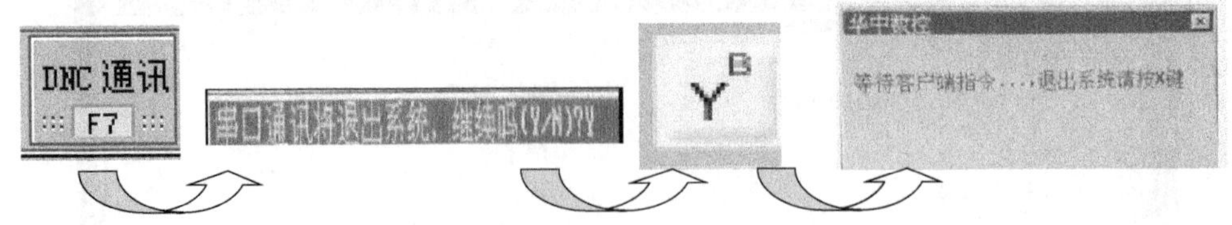

图 4-24　G 代码文件传送至华中数控铣床步骤 1（机床上操作）

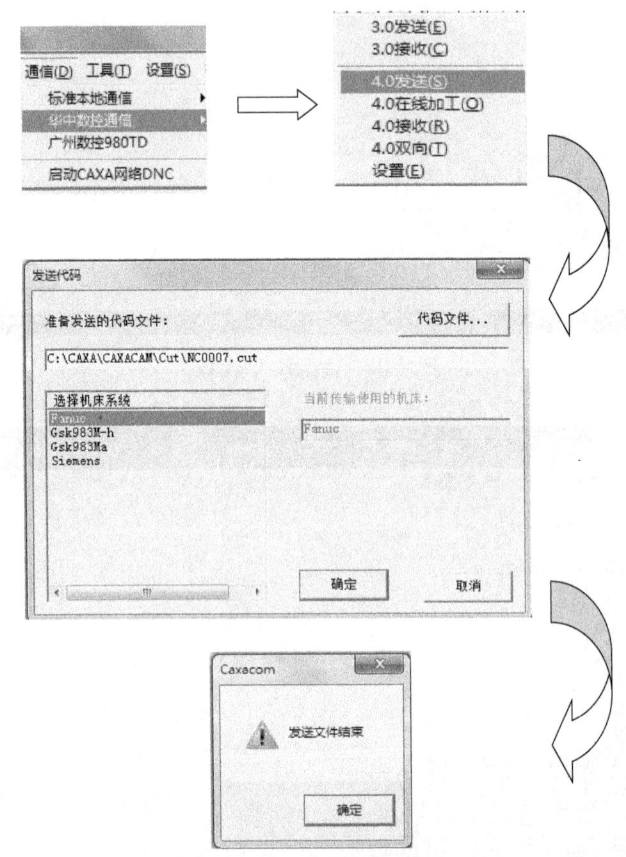

图 4-25　G 代码文件传送至华中数控铣床步骤 2（CAXA 制造工程师 2011 上操作）

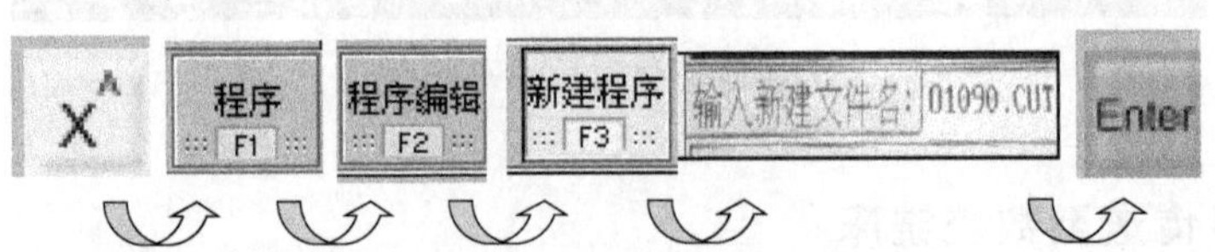

图 4-26　G 代码文件传送至华中数控铣床步骤 3（机床上操作）

注意：1）该零件没有曲面，可以不用生成实体，直接利用线框生成加工程序即可，这样可以大大节省生成程序的时间，在实际生产中尤其应注意使用此种方法。

2）对于加工中的进、退刀点，可以提前作辅助线，这样在生成加工轨迹时方便拾取。

3）精加工时，加工余量设为“0”；精加工后，检测尺寸，若尺寸偏大，则修改加工

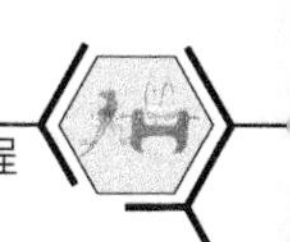

参数中的加工余量。例如加工孔时，测量孔径尺寸，发现孔径尺寸大了 0.2mm，则把加工参数中的加工余量改为-0.1mm；反之，若孔径尺寸小 0.2mm，则把加工参数中的加工余量改为 0.1mm。

知识拓展

CAD：Computer Aided Design，即计算机辅助设计；CAM：Computer Aided Manufacturing，即计算机辅助制造。

自动编程软件是集 CAD/CAM 技术于一体的计算机专用软件。自动编程是相对于手工编程而言的，它利用计算机专用软件编制数控加工程序。将输入计算机的零件设计和加工信息自动转换成为数控装置能够读取和执行的指令（或信息）的过程就是自动编程。

常用的数控自动编程软件主要有：

1）UG（Unigraphics NX）：开发者 Siemens PLM Software。

2）Pro/ENGINEER：开发者美国参数技术公司（PTC）。

3）Mastercam：开发者美国 CNC Software Inc. 公司。

4）CAXA：开发者北京数码大方科技有限公司。

手工编程的工作量很大，通常只对一些简单的零件进行手工编程。对于几何形状复杂，或者虽不复杂但程序量很大的零件（如一个零件上有数千个孔），手工编程的工作量是相当繁重的，这时手工编程便很难胜任，即使能够编制出加工程序，也是相当费时的，而且容易出错。

与手工编程相比，自动编程使用 CAD 软件制作零件或产品模型，再利用软件的 CAM 功能生成数控加工程序。编程人员只需根据零件图样和零件的加工工艺进行建模和选择加工方式进行加工，由计算机自动地进行数值计算及后置处理，生成零件加工程序，加工程序通过直接通信的方式传送到数控机床，指挥机床工作。自动编程使得一些计算繁琐、手工编程困难或无法编出的程序能够顺利地完成。

任务评价（见表 4-2）

表 4-2　数控铣削加工自动编程评分表

<table>
<tr><td>工种</td><td colspan="2">数控铣工</td><td>图号</td><td>SKX-1</td><td>单位</td><td colspan="4"></td></tr>
<tr><td colspan="2">定额时间</td><td>240min</td><td>起始时间</td><td></td><td>结束时间</td><td></td><td colspan="2">总得分</td><td></td></tr>
<tr><td>序号</td><td>考核项目</td><td colspan="2">考核内容及要求</td><td>配分</td><td>评分标准</td><td>检测结果</td><td>扣分</td><td>得分</td><td>备注</td></tr>
<tr><td>1</td><td rowspan="6">凸台</td><td>(50±0.025)mm</td><td>IT</td><td>5</td><td>超差 0.01mm 扣 5 分</td><td></td><td></td><td></td><td></td></tr>
<tr><td>2</td><td>20mm</td><td>IT</td><td>3</td><td>超差不得分</td><td></td><td></td><td></td><td></td></tr>
<tr><td>3</td><td>80mm</td><td>IT</td><td>3</td><td>超差不得分</td><td></td><td></td><td></td><td></td></tr>
<tr><td>4</td><td>5mm</td><td>IT</td><td>5</td><td>超差不得分</td><td></td><td></td><td></td><td></td></tr>
<tr><td rowspan="2">5</td><td rowspan="2">R12mm</td><td>IT</td><td>4</td><td>超差不得分</td><td></td><td></td><td></td><td></td></tr>
<tr><td>Ra</td><td>4</td><td>降一级扣 2 分</td><td></td><td></td><td></td><td></td></tr>
</table>

（续）

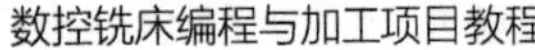

序号	考核项目	考核内容及要求		配分	评分标准	检测结果	扣分	得分	备注
6	凸台	*R*20mm	IT	4	超差不得分				
			Ra	4	降一级扣 2 分				
7		*ϕ*70mm	IT	4	超差不得分				
			Ra	5	降一级扣 2 分				
8	型腔	40.72mm	IT	3	超差不得分				
9		30°	IT	4	超差不得分				
10		30mm	IT	4	超差不得分				
11		10mm	IT	5	超差不得分				
12		*R*12mm	IT	3	超差不得分				
13			*Ra*	3	降一级扣 2 分				
14		*ϕ*50mm	IT	3	超差不得分				
			Ra	3	降一级扣 2 分				
15	孔	*ϕ*10mm	IT	2	超差不得分				
16			*Ra*	2	降一级扣 2 分				
17		5mm		2	超差不得分				
18		*ϕ*16mm	IT	5	超差不得分				
19			*Ra*	5	降一级扣 2 分				
20	槽	*R*6mm	IT	5	超差不得分				
			Ra	5	降一级扣 2 分				
21		5mm	IT	5	超差不得分				
22	安全文明生产	按有关规定每违反一项从总分扣 3 分，发生重大事故取消考试资格							扣分不超过 10 分
23	其他项目	工件须完整，局部无缺陷（如夹伤等）							扣分不超过 5 分
24	程序编制	程序中有严重违反工艺者取消考试资格，其他视情况酌情扣分							扣分不超过 20 分
25	加工时间	每超过 5min 扣 5 分							
记录员		监考员		检评员		复核员			

课后练习

生成图 4-27 所示零件的加工轨迹，生成 G 代码，并将其传送至机床，然后加工出零件。

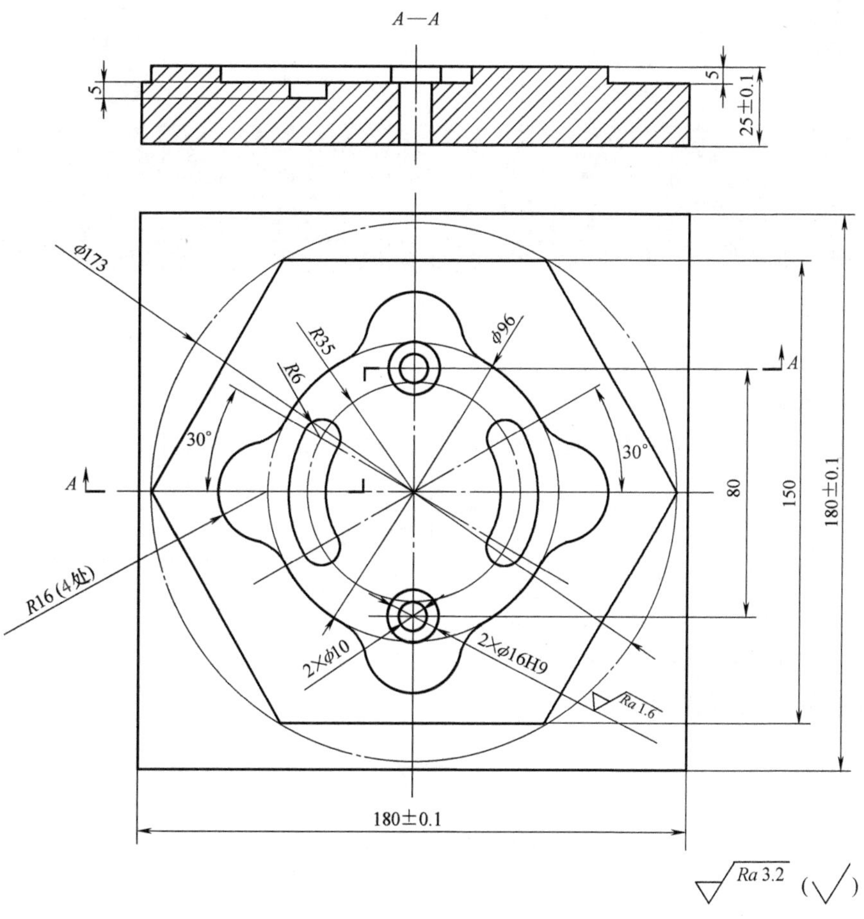
A—A
5
5
25±0.1
ϕ173
R35
ϕ96
R6
30°
30°
A
A
80
150
180±0.1
R16 (4处)
2×ϕ10
2×ϕ16H9
Ra 1.6
180±0.1
Ra 3.2 (√)

图 4-27 课后练习图

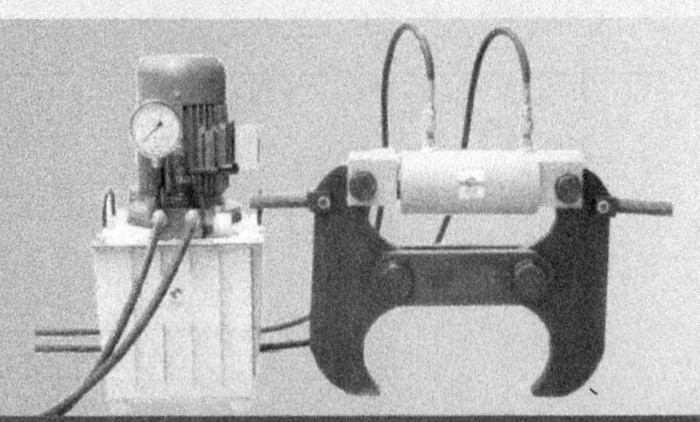

附录

铣削用量的选择

1. 铣削速度

铣削速度 v 是指铣刀旋转时的圆周线速度，单位为 m/min。其计算公式为

$$v=\frac{\pi dn}{1000}$$

式中 d——铣刀直径，mm；

N——主轴（铣刀）转速，r/min。

由上式可得主轴（铣刀）转速为

铣削速度推荐值见附表 1。

$$n=\frac{1000v}{\pi d}$$

附表 1 铣削速度 v 推荐值

工件材料	硬度(HB)	铣削速度 v/(m/min)	
		高速钢铣刀	硬质合金铣刀
低、中碳钢	<220 255~290 300~425	21~40 15~36 9~15	60~150 54~115 36~75
高碳钢	<220 225~325 325~375 375~425	18~36 14~21 8~12 6~10	60~130 53~105 36~48 35~45
合金钢	<220 225~325 325~425	15~35 10~24 5~9	55~120 37~80 30~60
工具钢	200~250	12~23	45~83
灰铸铁	110~140 150~225 230~290 300~320	24~36 15~21 9~18 5~10	110~115 60~110 45~90 21~30
可锻铸铁	110~160 160~200 200~240 240~280	42~50 24~36 15~24 9~21	100~200 83~120 72~110 40~60

（续）

工件材料		硬度(HB)	铣削速度 v/(m/min)	
			高速钢铣刀	硬质合金铣刀
铸钢	低碳	100~150	18~27	68~105
	中碳	100~150 160~200 200~240	18~27 15~21 12~21	68~105 60~90 53~75
	高碳	180~240	9~18	53~80
铝合金		—	180~300	360~600
铜合金		—	45~100	120~190
镁合金		—	180~270	150~600

2. 进给量

在铣削过程中，工件相对于铣刀的移动速度称为进给量。进给量有三种表示方法：

1）每齿进给量 a_f：铣刀每转过一个刀齿，工件沿进给方向移动的距离，单位为mm/z。

2）每转进给量 f：铣刀每转过一转，工件沿进给方向移动的距离，单位为mm/r。

3）每分钟进给量 v_f：铣刀每旋转1min，工件沿进给方向移动的距离，单位为mm/min。

三种进给量的关系为

$$v_f = fn = a_f zn$$

式中　n——铣刀（主轴）转速，r/min；

z——铣刀齿数。

铣刀每齿进给量推荐值见附表2

附表2　铣刀每齿进给量 a_f 推荐值　　（单位：mm/z）

工件材料	硬度(HB)	高速钢铣刀		硬质合金铣刀	
		立铣刀	端铣刀	立铣刀	端铣刀
低碳钢	<150 150~200	0.04~0.20 0.03~0.18	0.15~0.25 0.15~0.22	0.07~0.25 0.06~0.22	0.20~0.40 0.20~0.35
中、高碳钢	<220 225~325 325~425	0.04~0.20 0.03~0.15 0.03~0.12	0.15~0.25 0.10~0.20 0.08~0.15	0.06~0.22 0.05~0.20 0.04~0.15	0.15~0.35 0.12~0.25 0.10~0.20
灰铸铁	150~180 180~220 220~300	0.07~0.18 0.05~0.15 0.03~0.10	0.20~0.35 0.15~0.30 0.10~0.15	0.12~0.25 0.10~0.20 0.08~0.15	0.20~0.50 0.20~0.40 0.15~0.30
可锻铸铁	110~160 160~200 200~240 240~280	0.08~0.20 0.07~0.20 0.05~0.15 0.02~0.08	0.20~0.40 0.20~0.35 0.15~0.30 0.10~0.20	0.12~0.20 0.10~0.20 0.08~0.15 0.05~0.10	0.20~0.50 0.20~0.40 0.15~0.30 0.10~0.25
合金钢	<220 220~280 280~320 320~380	0.05~0.18 0.05~0.15 0.03~0.12 0.02~0.10	0.15~0.25 0.12~0.20 0.07~0.12 0.05~0.10	0.08~0.20 0.06~0.15 0.05~0.12 0.03~0.10	0.12~0.40 0.10~0.30 0.08~0.20 0.06~0.15

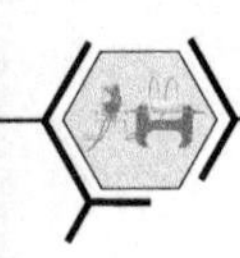

（续）

工件材料	硬度(HB)	高速钢铣刀		硬质合金铣刀	
		立铣刀	端铣刀	立铣刀	端铣刀
工具钢	退火状态 <36HRC 35~36HRC 46~56HRC	0.05~0.10 0.03~0.08	0.12~0.20 0.03~0.08	0.08~0.15 0.05~0.12 0.04~0.10 0.03~0.08	0.15~0.50 0.12~0.25 0.10~0.20 0.07~0.10
铝镁合金	95~100	0.05~0.12	0.20~0.30	0.08~0.30	0.15~0.38

3. 铣削用量

1）铣削宽度 a_e：铣刀在一次进给中所切掉的工件表层宽度，单位为 mm。

一般立铣刀和端铣刀的铣削宽度约为铣刀直径的 50%~60%。

2）背吃刀量 a_p：铣刀在一次进给中切掉的工件表层厚度，即工件的已加工表面和待加工表面间的垂直距离，单位为 mm。

一般立铣刀粗铣时背吃刀量以不超过铣刀半径为原则，一般不超过 7mm，以防止背吃刀量过大而造成刀具损坏；精铣时背吃刀量为 0.05~0.30mm。端铣刀粗铣时背吃刀量为 2~5mm，精铣时为 0.10~0.50mm。

参 考 文 献

[1] 郑书华，张凤辰．数控铣削编程与操作训练［M］．2版．北京：高等教育出版社，2004.
[2] 徐夏民．数控铣工实习与考级［M］．北京：高等教育出版社，2004.
[3] 王吉连，王吉庆．数控铣削编程与加工［M］．北京：外语教学与研究出版社，2011.